EVA ROSSMANN

Heißzeit 51

Weitere Titel der Autorin:

Ausgejodelt
Freudsche Verbrechen
Kaltes Fleisch
Ausgekocht
Mörderisches Idyll
Wein & Tod
Verschieden
Wahlkampf
MillionenKochen
Russen kommen
Leben lassen
Evelyns Fall
Unterm Messer
Unter Strom
Männerfallen
Alles Rot
Fadenkreuz
Gut, aber tot
Im Netz

Über die Autorin:

Eva Rossmann, 1962 in Graz geboren, lebt im Weinviertel/Österreich. Sie arbeitete als Verfassungsjuristin, dann als politische Journalistin, u. a. beim ORF und bei der NZZ; seit 1994 ist sie freischaffende Autorin und Publizistin, seit ihren Recherchen für den Krimi »Ausgekocht« darüber hinaus Köchin in einem Michelin-Lokal im österreichischen Weinviertel. »Heißzeit 51« ist der zwanzigste Kriminalroman um die Journalistin und begeisterte Hobbyköchin Mira Valensky und ihre bosnische Putzfrau und Freundin Vesna Kraijner. Eva Rossmanns Krimis spielen nicht an exotischen Orten, aber ihr Ermittlerteam hat so viel Charme und Witz, dass die Romane schon Kultstatus haben.

EVA ROSSMANN

HEISSZEIT 51

Kriminalroman

lübbe

Die Bastei Lübbe AG verfolgt eine nachhaltige Buchproduktion. Wir verwenden Papiere aus nachhaltiger Forstwirtschaft und verzichten darauf, Bücher einzeln in Folie zu verpacken. Wir stellen unsere Bücher in Deutschland und Europa (EU) her und arbeiten mit den Druckereien kontinuierlich an einer positiven Ökobilanz.

FSC
www.fsc.org
MIX
Papier | Fördert gute Waldnutzung
FSC® C014496

Neu überarbeitete und aktualisierte Taschenbuchausgabe

Lizenzausgabe mit Genehmigung des FOLIO Verlags, Wien Bozen

Umschlaggestaltung: Massimo Peter-Bille
Einband-/Umschlagmotiv: © shutterstock: Olga Gavrilova | VallaV
Satz: hanseatenSatz-bremen, Bremen
Gesetzt aus der Adobe Garamond Pro
Druck und Verarbeitung: GGP Media GmbH, Pößneck

Printed in Germany
ISBN 978-3-404-18959-5

2 4 5 3 1

Sie finden uns im Internet unter:
luebbe.de
Bitte beachten Sie auch: lesejury.de

Vorbemerkung der Autorin:

Die erste Ausgabe meines Klima-Krimis wurde im Jahr 2019 als Hardcover im Folio-Verlag veröffentlicht. Seither hat sich unglaublich viel getan, auch wenn – leider – anderes beim Alten blieb.

Aktualisierte Ausgaben sind im Sachbuch-Bereich üblich. Bei Romanen nicht. Aber da sich mein Buch auch stark mit unserer Zeit und mit Fakten beschäftigt, habe ich das Experiment gewagt und die Taschenbuchausgabe unserem Wissens- und Erfahrungsstand des Jahres 2022 angepasst.

Der Plot ist derselbe geblieben: Mira Valensky und ihre Freundin Vesna Kainer müssen klären, was hinter dem Tod einer weltbekannten Klimaschutz-Heldin steckt. Venedig, diese einzigartige Stadt in der bedrohten Lagune, spielt dabei eine besondere Rolle.

1

Dreimal Wasser auf dem Markusplatz. Das eine ist unbezwingbare Kraft, es schwemmt auf, was nicht stark und schwer genug ist, es steigt und steigt, bis es über allem steht. Das andere fällt herab, nimmt die Luft und dringt in jede Ritze, macht Schirme lächerlich und Menschen kalt. Das dritte setzt die Welt hinter Schleier, so als ob sie nicht real, sondern gemalt und verwaschen wäre.

In diesen Wässern steht eine junge Frau und hält ein Schild hoch. Orange würde es im Sonnenlicht sein, hier haben sich die Signalfarben aufgelöst. CHANCE! steht auf dem Schild, große schwarze Blockbuchstaben und ein Rufzeichen am Ende. Was für eine Chance? Hier in der Sintflut von Venedig? Die Haare der Frau hängen triefend bis über die Schultern, das weiße Sweatshirt liegt eng am durchnässten Körper an, ihr gut geformter Busen zeichnet sich ab. Die Taille kann keiner taxieren, so hoch ist das Wasser bereits. Neben ihr stehen andere, viele sind es. Erschöpfte Wasserwesen, auch ein paar Kinder, denen die Fluten schon fast bis zum Hals reichen. Ein Transparent treibt Richtung Café Florian, RETTET DIE ERDE – JETZT.

»Konnte sie nicht schwimmen?«

Meine Freundin Vesna schüttelt den Kopf. »Man hat sie vergiftet. Mit Kohlenmonoxid. Im Auto.«

»Ich dachte, sie hat seit zwei Tagen am Markusplatz gestanden.«

»Nicht in der Nacht. Sie haben ihr Hauptquartier eine Stunde weg von Venedig. Jana sagt, du musst etwas tun.«

»Kohlenmonoxid. Wie passend, wo sie gegen zu viel Kohlendioxid gekämpft hat. Und wenn sie im Auto eingeschlafen ist?«

»Bei laufendem Motor und Heizung auf Volltouren? Du glaubst wohl selbst nicht. Außerdem ist Sterben gar nicht mehr so einfach, seit Autos Katalysatoren haben. Es dauert lange, bis genug Gas im Auto ist. Und ihr Handy ist auch weg.«

»Müsste so eine wie sie kein Elektroauto fahren?«

»Macht sie. Aber Venedig ist weit weg. Man muss schnell sein. CHANCE! hat auch normale Autos.«

»Elektroautos sind nicht abnormal.«

»Du, lass uns anderes Mal darüber diskutieren. Ich mache mir Sorgen um Jana. Sie will dortbleiben. In ihrem Zustand.«

»Italien ist kein Entwicklungsland. Jana ist bloß schwanger.«

»Bloß? Das kannst auch nur du sagen. Sie kommt heim aus Libanon und will nicht erzählen, wer der Vater ist, und will ihn auch nicht sehen, weil es nicht gepasst hat. Und dann geht sie zu CHANCE!. Und jetzt ist die Chefin tot.«

Ich schaue vom Laptop auf und seufze. »Deine Tochter ist erwachsen. Ich verstehe, dass du dir Sorgen machst, aber was könnte ich tun?«

»Wir haben oft schon etwas getan.«

»CHANCE! ist eine sehr populäre Bewegung. Alle Welt versucht herauszufinden, wie Julia Melis ums Leben gekommen ist.«

»Sie spekulieren, das tun sie. Niemand will wissen, was wirklich war. MOSE, das Schleusensystem: Warum hat die Stadt es nicht aktiviert? Oder hat es nicht funktioniert? Die einen schreiben, die Klimaschützer haben es gehackt. Die anderen, dass die Schleusentore verrostet sind.«

»Und die Regionalverwaltung hat eine Nachrichtensperre verfügt. Gleichzeitig werfen sie dem beratenden Meteorologen vor, er hat sie nicht rechtzeitig vor dem Sturm gewarnt. Schon interessant, dass gerade er MOSE massiv kritisiert hat. Er sagt, dass durch das Ausbaggern und Betonieren die Strömung und die Wellen stärker geworden sind, und dass MOSE das Ökosystem der Lagune zerstört.«

»Eines ist schon klar: CHANCE! hat das Hochwasser genützt. Alle haben die Bilder gebracht. Auch in Amerika, in Asien. Jana war ganz begeistert. Bilder, die aufwecken. Julia im Hochwasser. Und immer mehr Menschen, die am Markusplatz gegen die Klimakatastrophe protestieren. Weil man sie nicht mit mehr Eingriffen in die Natur aufhalten kann, sondern nur mit neuer Politik.«

»Spontan war es jedenfalls nicht. CHANCE! hat dazu aufgerufen, mit ihr im Wasser zu stehen. Es ist eine Kampagne.«

»Natürlich. Von nix kommt nix. Julia war eine sehr einflussreiche Influencerin. Mit mehr als fünf Millionen Followern. Am nächsten Tag, sagt Jana, es wären noch viel mehr Menschen gekommen. Mehr, als auf den Markusplatz gehen.«

»Menschenüberschwemmung statt Wasserüberschwemmung.«

»Ich finde es nicht witzig.«

»Was weiß Jana? Sie war doch in ihrer Nähe.«

»Sie ist persönliche Assistentin, keine Kammerfrau, oder wie das heißt, für eine Königin. In der Nacht war sie nicht bei ihr. Sonst fast immer, es hat dieser Julia gefallen. Julia und Jana. Jana, die schwangere Frau, die mit ihr gegen Klimawahnsinn kämpft. Mir ist es ein bisschen viel, wenn du verstehst. Dick aufgetragen.«

»Dir hat es nicht gefallen, dass sie Jana als Migrantin der zweiten Generation verkauft hat, als Aufsteigerin. Die Tochter der Putzfrau aus Ex-Jugoslawien, die ein Doppelstudium abgeschlossen hat. Und jetzt ihre Assistentin ist.«

»Mir egal, kannst du mir glauben, auch wenn ich solche Laden nicht mag.«

»Schubladen.«

»Ja, Frau Besserwisserin. Ich mache mir Sorgen wegen Baby.«

»Jana hat nicht mit im Wasser gestanden.«

»Nein, das nicht. Sie hat organisiert. Sie sagt, Julia hat schon eine schwere Erkältung gehabt, aber es war ihr egal, sie wollte noch einen Tag weitertun. Nur einen, weil dann sinkt das Wasser wieder.«

Ich nicke. »Ohne starke Bilder taugt eine Kampagne nichts.«

»Jana hat gemeint, vielleicht erkennst du jemanden auf dem Video.«

»Du meinst, jemand hat mit ihr protestiert und sie dann ermordet? Wie unlogisch ist das denn? Noch dazu, wo auch jede Menge Kamerateams dort waren.«

»Eben. Es gibt viel Material, das nicht gesendet worden ist. Man muss es durchsehen.«

»Ich bin nicht mehr beim ›Magazin‹.«

»Du bist Journalistin. Und sage nicht, du hast es immer nur für Geld getan.«

»Ich soll die Biografie von Rosa Prager schreiben.«

»Ja, eben.«

»Was, ja eben? Niemand kann glauben, dass eine sechsundneunzigjährige Schauspielerin etwas mit dem Tod von Julia zu tun hat. Auch wenn ihr viel zuzutrauen ist.«

»Nein. Aber ihr Enkel.«

»Oh, ihr Enkel, der Aussteiger. Der sitzt irgendwo im Weinviertel und züchtet hitzeverträgliche Bohnen.«

»Sie haben sich gekannt.«

»Und mochten einander nicht.«

»Da weiß niemand etwas Näheres, sagt Jana. Was schon seltsam ist. Vielleicht er war in Venedig.«

»Weil er ihr beim Nasswerden zusehen wollte? Oder hat er MOSE sabotiert?«

»Du kannst die Schauspielerin fragen.«

»Kann ich. Logischer wäre es, wenn einer der Hassposter dahintersteckt. Sie ausgerechnet mit einer Kohlenstoffverbindung zu töten. Das war kein Zufall. Die Klimaleugner haben einen Riesenzorn auf alle Engagierten. Weißt du, was ich mich auch frage? Warum vor allem die Rechten die Erderwärmung leugnen. Sonst beschwören sie irgendwelche alten Werte.«

»Weil sie die Ökos hassen. Jana hat jede Menge Hasspostings gekriegt, eine andere Art der Verschmutzung, aber auch gefährlich, das sage ich dir.«

»Es gab doch lange auch eine bürgerliche Öko-Bewegung.«

»Die hat die Industrie gekauft, sagt Jana.«

»Vielleicht steckt jemand von der Erdöl-Lobby hinter Julias Tod?«

»Die haben andere Möglichkeiten. Auf alle Fälle hat sie viele Gegner gehabt. Ist auch kein Wunder. Sie war erfolgreich. Und anders als diese Greta ist sie kein halbes Kind mehr, sondern eine Frau. Den neuen Ökos wie Last Generation hat sie zu viele Kompromisse gemacht, den anderen war sie zu radikal. Und alle Parteien fürchten sich, dass sie für die Wahlen eine Empfehlung abgibt.«

Ich nicke. »Es gibt genug Menschen, die sauer sind und aus Protest rechts wählen. Wenn auch nur ein Teil von ihnen diesmal wählt, was Julia vorschlägt, gehen den Rechten Stimmen verloren.«

»Jana hat von Attacken auf Julia und CHANCE! erzählt. Shitstorms, Verleumdung, falsche Videos, einfach alles. Sogar über eine Agentur, die auf so etwas spezialisiert ist. Wer dahintersteckt, wissen sie nicht.«

»Und wenn die mit Julias Tod zu tun haben? Erinnere dich an die Cyberlegion, die sind auch nicht bloß beim Posten und virtuellen Attacken geblieben.«

»Ist im Netz wie außerhalb: Du deckst etwas auf, aber es gibt immer noch etwas dahinter. Und Neues. Und die großen Bösen erwischst du nicht.«

»Ich bin ja auch nicht Superwoman.«

»Aber gemeinsam mit mir ganz gut.«

Ich lächle meine Freundin an. »Ich rede mit Martin Prager. Vielleicht hat er eine Idee. Und Jana hört sich im Hauptquartier von CHANCE! um. Was ist übrigens mit den vielen Menschen, die gekommen sind, um mit ihr im Regen zu stehen?«

»Die meisten sind weg. So schnell, als ob das Wasser schuld war an Julias Tod.«

Nachdem Vesna gegangen ist, sehe ich mir die Bilder von Julia am Markusplatz noch einmal genau an. Könnte es nicht doch sein, dass ich bei den Menschen rund um den Star von CHANCE! irgendwen entdecke? Müde, blasse, regennasse Gesichter. Keines, das mir bekannt vorkommt. Aber wer stellt sich mit ihr auf den Markusplatz, um sie danach umzubringen? Was, wenn sie mehr über das Versagen von MOSE gewusst hat? Aber das hätte sie wohl öffentlich gemacht. Noch mehr Reichweite, noch mehr Aufmerksamkeit. Wenn es stimmt, was Jana erzählt hat, dann könnte es ein geplanter Mord gewesen sein. Julia hat sich nicht einfach brav ins Auto gesetzt und gewartet, bis sie bewusstlos wurde. Quasi als ultimativer Selbstversuch dafür, wie schädlich Kohlenstoffverbindungen sind. Und wenn es doch genau so war? Ich habe sie nur flüchtig gekannt. Konnte sie mit ihrer Popularität umgehen? Mit der Macht, die sie plötzlich hatte, weil die Medien sie wichtig genommen haben? Eine attraktive Frau, knapp über dreißig, die es geschafft hat, viele, nicht nur Junge, für den Kampf gegen die Erderwärmung zu begeistern? Es ist nicht lange her, dass ich mit ihr ein großes Interview gemacht habe. Julia Melis war mir nicht unsympathisch. Aber ich bin ihr auch nicht wirklich nahe gekommen. Wahrscheinlich geht das nicht, wenn man im Stundentakt Medientermine hat. Von CHANGE! zu CHANCE! – nur ein Buchstabe, aber eine ganz andere Denkweise, hat sie gesagt. Es gehe nicht darum, gegen etwas zu sein, sondern die letzte Chance zu nutzen, die Erde zu retten. Sie besser zu machen, für alle. Mit Worten konnte sie umgehen. Und das auf Deutsch, Italienisch und Englisch offenbar gleich gut.

Ich sehe durch das große Fenster nach draußen. Es ist Anfang November und wir haben über zwanzig Grad. Das Wetter spielt verrückt. Da beginnen mehr Menschen an eine Klimaveränderung zu glauben. Erderhitzung muss das heißen, sagt der Enkel von Rosa Prager. Um klarzumachen, in welche Richtung es geht. Klimawandel sei viel zu indifferent. Julia Melis hat das Wort Klimawandel besser gefunden. Sie hat es erst gestern in einem Live-Chat vom Markusplatz erklärt. »Wer kann verstehen, dass ich wegen der Erderhitzung in Venedig im Wasser stehe? Vielleicht, um mich abzukühlen? Klimawandel ist viel mehr als bloß Erhitzung. Er ist eine Lawine, die heranrollt. Er ist Chaos.« Ich sollte zu Martin Prager fahren. Ein eigenartiger Typ. Er hat ganz jung eine Professur an der Columbia University bekommen. Umweltökonom, so talentiert, dass man ihm Chancen bis hin zum Nobelpreis ausgerechnet hat. Und dann kommt er retour nach Österreich und geht aufs Land. Zieht sich zurück. Offenbar mit Gleichgesinnten. Macht eigentlich genau das Gegenteil von dem, was Julia getan hat. Da Öffentlichkeit total. Dort Verweigerung. Aber dieser Gegensatz ist wohl kaum ein Mordmotiv.

Ich weiß, dass der Hof von Martin Prager nicht weit von Treberndorf entfernt ist. Dort lebt meine Freundin Eva. Und produziert gemeinsam mit ihrer Tochter Martina großartige Weine. Martinas Mann. Ein Fall, in dem sich Gegensätze anziehen. Oder wo es trotz aller Gegensätze doch viel Gleichklang gibt? Wo die unterschiedlichen Obertöne den gemeinsamen Sound voller und vielfältiger machen? Dominik ist nach wie vor Veganer. Aber er hat nichts dagegen, wenn ihre gemeinsame Tochter auch tierische Lebensmittel isst. Sofern sie fair und mit Respekt vor den Tieren entstanden sind. Fleisch ist ohnehin nicht dabei, Susi ist noch kein Jahr alt.

Ich sehe hinüber zu unserer wunderbaren Terrasse. Luft und Grün, mitten in der Stadt. Als die kleine Nebenwohnung frei geworden ist, hat Oskar sie gemietet. Weil er mehr von daheim aus arbeiten möchte, hat er gesagt. In Wirklichkeit ist hier mein neues Arbeitszimmer. Und er hat es so geplant. Aber er war sich nicht sicher, wie ich reagiere. Wegen meiner Liebe zur Unabhängigkeit. Dabei habe ich jetzt ohnehin jede Menge davon, wenn auch in anderem Zusammenhang. Ich arbeite nicht mehr beim »Magazin«. Mit der neuen Führung ging das einfach nicht mehr. Statt Inhalte gibt's jetzt »Content« – hieße ja eigentlich dasselbe, aber was zählt, ist nicht, ob der Content gut oder gar richtig ist, sondern ob man ihn online schnell findet. Und ob die Werbung rundum richtig platziert ist. Ich kneife die Augen zusammen. Vui sitzt mitten im Blumenkasten mit Thymian. Und der ist direkt auf dem Geländer. Unsere Wohnung liegt im Dachgeschoss eines hohen Wiener Gründerzeithauses. Ich will gar nicht wissen, wie viele Meter es nach unten geht. Zu viele, auch für eine Katze. Ich renne nach drüben. Ich sperre die Tür zur Hauptwohnung auf, hetze Richtung Terrasse, bleibe in der geöffneten Tür stehen. Vui hat den Blumenkasten verlassen und geht seelenruhig auf dem Geländer spazieren. Sein Protest, dass ich ihn nicht mit nach drüben nehme. Dass er einen seiner liebsten Schlafplätze verloren hat. Meinen Laptop.

Ich locke unseren überdimensionalen Main-Coon-Kater mit Miez-Lauten, die mir lächerlich erscheinen. Er ignoriert sie höflicherweise.

»Faschiertes«, säusle ich. Faschiertes frisst er am liebsten. Wahrscheinlich, weil es am wenigsten Arbeit ist.

Vui blinzelt mich an und schnurrt. Er scheint sich darüber zu freuen, dass er mich genau dort hat, wo er mich haben möchte. Besorgt in seiner Nähe, bereit, ihn zu füttern. Man soll Tiere nicht vermenschlichen, aber das sehe ich ihm einfach an.

»Komm runter, Kätzchen, Süßer …« Na gut, mit Kätzchen kann er sich nicht angesprochen fühlen, er wiegt inzwischen zehn

Kilo. Und ich glaube, beim letzten Wiegen hat er den Bauch eingezogen. »Vui, kluger Kater …«

Vui hebt den Kopf. Ein blaues und ein braunes Auge. Beide freundlich aufmerksam. Wenn er ausrutscht und fällt, dann ist es vorbei.

»Faschiertes, ehrlich«, säusle ich.

Mit einem eleganten Sprung landet er auf den Fliesen, kommt her und wummert mir den Kopf in die Kniekehle. Er wird mir nicht von der Seite weichen, bis er sein Faschiertes hat. Also gehen wir in die Küche und holen welches aus dem Kühlschrank.

»Es ist zu kalt«, sage ich zu ihm.

Er sieht Richtung Terrasse.

»Terrorist.«

Er schnurrt.

Ich gebe die eine Hälfte in seine Schüssel, die andere lege ich wieder in den Kühlschrank.

Vui sieht mich empört an. Oder vielleicht doch einfach hungrig. Obwohl ich ihn heute schon gefüttert habe. Ich stelle die Schüssel auf den Boden und im gleichen Augenblick ist da ein großer weißer Kopf. Der bleibt da, bis die Schüssel klinisch sauber ist. Ich schließe rasch die Tür zur Terrasse. Abendsonne. Wenn es bloß darum ginge, dass wir öfter im November solches Wetter haben, ich hätte kein Problem mit der Klimaveränderung. Besonders nicht mit der Erderhitzung. Aber da hängt etwas mehr dran als meine persönliche Wohlfühltemperatur.

Telefon. Ich höre es ganz leise aus der Nebenwohnung. Noch hab ich mich an den neuen Arbeitsplatz nicht gewöhnt. Tür zu, Tür auf und natürlich ist das Smartphone inzwischen stumm. Aber weil es ja so smart ist, teilt es mir mit, wer angerufen hat. Und wie lange es geläutet hat. Und wann ich zuletzt mit der Anruferin telefoniert habe. Wahrscheinlich könnte es mir noch viel mehr erzählen, aber wer braucht das schon. Ich zumindest nicht. Sam von ECCO, das reicht. Sam Mayer ist Chefredakteurin und

Miteigentümerin von ECCO, einem Onlinemagazin, für das ich nun hin und wieder arbeite. Sam ist groß, schlank, androgyn und hat dunkle kurze Haare. Ich vermute, sie ist lesbisch. Aber danach fragt man nicht. Warum eigentlich nicht? Jedenfalls ist sie klug und sachlich und fair. Quasi das Gegenprogramm zu meinem letzten Chefredakteur, einem aufgeblasenen Typ, den Vesna immer nur »das Männchen« nennt. Er trägt Slim-Fit-Anzüge. Offenbar hat ihm keiner gesagt, dass die längst wieder out sind.

»Mörderischer Populismus, du verstehst, was ich meine?«

»Sollten wir nicht recherchieren, wer und was hinter dem Tod von Julia Melis steckt?«

»Das machen alle. Wir brauchen eine andere Perspektive. Außerdem hängt es zusammen. Man kann wohl davon ausgehen, dass sie ums Leben gekommen ist, weil sie so populär war. Und sie hat es darauf angelegt, populär zu sein.«

»Sie hat sich also quasi selbst auf dem Gewissen?«

»Nein, natürlich nicht. Aber unser Verhalten hat Folgen. Das hat gerade sie immer wieder propagiert.«

»Nicht bös sein, Sam, aber das ist mir zu abgehoben. Außerdem: Heißt das, man sollte sich lieber nicht für eine wichtige Sache engagieren?«

»Es geht um das Wie.«

»Mörderischer Populismus. Könnte ja auch sein, dass sie ein anderer Populist weghaben wollte. Weil sie besser war.«

»Kann sein. Muss aber nicht. Die Frage ist: Wie viel Inszenierung ist im Sinne einer guten Sache zulässig?«

»Ich kannte sie kaum. Aber ich mache aus ihr sicher keine Mitschuldige.«

»Die Tochter deiner Freundin ist sicher, dass sie ermordet wurde?«

»Selbstmord zu begehen, um zu beweisen, wie giftig Kohlenstoffverbindungen sind, wäre doch etwas extrem.«

»Ja, und so eine selbstlose Heldin war sie wohl auch wieder nicht.«

»Du mochtest sie nicht besonders.«

»Ich bin skeptisch bei Populismus, egal, woher er kommt.«

»Wenn Kinder fürs Klima auf die Straße gehen, ist das nett.«

»Klar, die haben den Unschulds-Bonus. Und wenn sich die von Last Generation irgendwo festkleben oder geschützte Gemälde verzieren, ist es auch okay. Weil die Klimakatastrophe viel krasser ist als ein Stau oder Ketchup auf Glasscheiben.«

»Aber bei Julia Melis war es Populismus?«

»Je größer die Bewegung, desto genauer müssen wir hinsehen. Schon was von unabhängigen Medien gehört? Werden immer exotischer, ich weiß. Aber man kann es besser machen. Deswegen gibt's ECCO.«

»Entzückend. Ich bin dabei.«

»Na also. Du weißt, wir können keine Reisekosten zahlen. Und auch sonst nur den üblichen Satz. Aber wir freuen uns, wenn du für ECCO schreibst.«

»Quasi als Hobby.«

»Quasi als dein Beitrag zur Rettung der Welt.«

»Okay. Aber bevor ich die Welt rette, will ich wissen, was da bei Venedig passiert ist.«

»Das wollen wir auch. Aber wir wollen mehr als bloß den Täter. Oder die Täterin. Wir wollen die Zusammenhänge, die Ursachen.«

»Unbescheiden auch noch. Und das bei dieser Gage.«

»Dafür wird es auch für ECCO Italia übersetzt. Und für ECCO Europe.«

»Das gibt's doch noch gar nicht.«

»Wir fangen an. Nur extra zahlen können wir nichts.«

»Wer hätte sich das gedacht.«

»Küsschen.«

Und trotzdem. Ich habe jetzt wieder viel mehr Spaß an meiner Arbeit. Auch wenn ich davon nicht leben könnte. Rosa Prager. Ich soll ihre Biografie schreiben. Ob sie ein Bestseller wird? »Zu Tode gefürchtet ist auch gestorben«. Was für ein Titel. Aber auf dem besteht sie. Wie auch sonst auf so einigem. Sie ist eine sture, alte, rechthaberische und unberechenbare Person. Das sagen nicht nur ihre Feinde. Ihre Freunde ergänzen, dass sie wunderbar lebendig ist, witzig, eigenständig, manchmal sogar weise. Und eine großartige Schauspielerin. Und sie hat einen Enkel, mit dem ich dringend reden sollte. Jetzt auch, weil sein Zugang zu Populismus ähnlich sein könnte wie der von Sam Mayer.

Anstelle von Rosa Prager geht jemand ans Telefon, dessen Namen ich nicht verstehe. Rosa Prager sei bei Dreharbeiten. Und sie habe keine Zeit, das lasse sie mir ausrichten.

»Sagen Sie, dass es um ihren Enkel geht.«

Stille in der Leitung. Ich will schon auflegen. »Rosa Prager. Was gibt's?«

»Du hast ja doch Zeit.«

»Was ist mit meinem Enkel?«

»Ich sollte mit ihm reden. Dringend.«

»Und deswegen störst du mich?«

»Hast du mitbekommen, dass Julia Melis ermordet worden ist?«

»Ich bin ja noch nicht tot. Sie spielen es überall rauf und runter. Wie hat man sie ums Eck gebracht? Das steht noch nirgends. Wahrscheinlich hat's mit diesen Schleusen zu tun, die nicht funktioniert haben. Da hat es schon vor Jahrzehnten einen riesigen Korruptionsskandal in Italien gegeben. Aber da warst du ja noch ein Baby.«

»Ist dein Enkel daheim?«

»Was bin ich, sein Kindermädchen? Er ist fünfunddreißig. Wie ist sie gestorben?«

»Warum interessiert dich das?«

»Weil ich eine neugierige alte Hexe bin.«

»Das leuchtet mir ein. Man hat sie quasi erstickt. Mit Kohlenmonoxid. In einem Auto.«

»Böser geht es nimmer. Das war der Putin. Der ist es immer. Das reimt sich sogar. Das schreiben wir am besten gleich auf. Für die Biografie.«

»Dein Enkel hat Julia gekannt, oder?«

»Ja klar. Schon lange. Aber ich weiß nicht, ob sie sich gemocht haben. Martin ist da eigen.«

»Kann es sein, dass er überhaupt etwas eigenartig geworden ist?«

»Aber sicher kein Mörder.«

»Das hat auch niemand behauptet. Ich brauche ihn, weil er sich auskennt in der Szene. Und die Leute einschätzen kann.«

»Mira Valensky wieder einmal auf Mörderjagd. Wir haben einen Vertrag, schon vergessen?«

»Okay, ich komme sofort und wir machen weiter.«

»Du weißt, dass ich keine Zeit hab momentan.«

»Eben.«

»Also gut. Es ist ein paar Tage her, dass ich mit Martin telefoniert habe. Ich fahr dort nicht so gern hin, es ist mir zu weit.«

»Sagt die Frau, die vor zwei Wochen in London war.«

»Dienstlich. Weil mich dieser schreckliche Allahyari hingeschleppt hat.«

»Den du über alles liebst.«

»Ha! Liebe! Er ist eben der Einzige, mit dem ich halbwegs drehen kann. Er ist ganz verständig. Im Allgemeinen.«

»Er ist im Hauptberuf Psychiater.«

Ich höre Rosa Prager lachen. »Er ist ein guter Regisseur. Und zu Martin fahr ich nicht so gern, weil die seltsam sind. Wenn du ihn dort rausholen kannst, freue ich mich. Ich zahle extra.«

»Was ist das? Ein Entführungsauftrag?«

»Warum nicht? Schau dir die dort an. Sag ihm nicht, was ich gesagt habe. Er ist so klug, aber manchmal eben gar nicht. Eher das Gegenteil. Baba, ich muss jetzt drehen.«

Und damit ist es still in der Leitung. Baba. Ein Wort, das ausstirbt. Wiener Verabschiedungsfloskel. Ich gebe es in meine Suchmaschine ein. Erhellend sind die Anmerkungen dazu nicht. Es soll sich aus »Grüße an den Herrn Papa!« entwickelt haben. Oder aus dem Litauischen stammen. Auch recht.

Inzwischen ist es finster geworden. Im November sind die Tage kurz, daran kann keine warme Sonne etwas ändern. Es reicht wohl auch, wenn ich morgen zum Hof von Martin Prager fahre. Eigentlich Professor Doktor Martin Prager. Warum hat er seine amerikanische Universitätskarriere sein lassen? Rosa Prager hat nicht zum ersten Mal so geklungen, als würde sie sich um ihren Enkel Sorgen machen. Was sind das für Leute, mit denen er jetzt lebt? Was, wenn es sich tatsächlich um eine Sekte handelt? Oder um Öko-Terroristen?

Auf meinem Smartphone poppen die neuesten Nachrichten auf. Venedig mal drei. Einmal mit Meldungen zum Hochwasser, »das nur langsam zurückgeht«, einmal mit »Spekulationen über das Versagen von MOSE« und dann mit »Fragen zum Tod der Klima-Kämpferin«.

Julias Vater stammt aus Italien, aufgewachsen ist sie freilich in Wien und studiert hat sie in Berlin, London, New York. Vielleicht die Gelegenheit, endlich wieder einmal ins Veneto zu fahren. Wunderbares Hinterland von Venedig. Das Hauptquartier von CHANCE! liegt knapp daneben im Friaul. Auch nicht schlecht. Allerdings denke ich bei Veneto und Friaul eher an feines Essen, entspannte Umgebung, mittelalterliche Städtchen und gutes Wetter. Nicht an Hochwasser, Mord, hysterische Medien. Und Oskar kann sicher nicht mitfahren. Er hat momentan so viel zu tun, dass er oft sehr spät heimkommt. Arbeitet er mehr, weil ich weniger verdiene? Unsinn. Seine Anwaltskanzlei ist klein, aber er hat gute Klienten und er kann sie sich weitgehend aussuchen. Auch in Zeiten von Pandemie, Inflation, Krieg und Energiekrise gibt es genug Unternehmen, die wachsen.

Ich sollte etwas Feines kochen. Wenn ich schon daheim bin. Nicht aus schlechtem Gewissen. Und schon gar nicht, weil ich das Gefühl habe, Oskar entschädigen zu sollen. Einfach, weil ich es gerne tue. Und weil ich dabei nachdenken kann.

Eine Abwandlung der venetischen Sarde in saor. Diesmal eben nicht mit frischen Sardinen. Ich hab Branzinofilets im Tiefkühler. Für alle Fälle. Mit viel Zwiebel und Weißwein und Öl tun es auch die gefrorenen Fische. Zwei Minuten auf halber Leistung in die Mikrowelle, nur zum Antauen. Gourmets würden entsetzt sein. Aber ich will heute essen und nicht morgen. Demnächst, das nehme ich mir vor, gibt es wieder einmal ein richtiges Festmahl. Samt hochwertigen frischen Produkten. Natürlich umweltfreundlich. Klimaschonend. All das. Ich bin ja dafür. Aber ich bin bei keiner Sekte. Weder bei den Heiligen Köchinnen noch bei Wir-retten-die-Erde-durch-Biokarotten.

Die Mikrowelle klingelt und für einen Moment bin ich irritiert. Da macht noch etwas Lärm. Telefon. Man sollte es manchmal einfach ausschalten. Komplett. Jetzt hab ich keine Zeit. Das Läuten ist hartnäckig. Na gut.

»Mira. Bitte geh sofort ins CHANCE!-Büro in Wien. Mam ist schon auf dem Weg.« Jana. Sie klingt panisch.

»Gibt's was Neues?«

»Da ist jemand. Du wohnst um die Ecke. Bitte. Mach schnell.«

»Ist keiner von euren Leuten dort?«

»Momentan sind alle hier. In Italien. In unserem Büro in Wien sind Kameras. Ich hab einen Alarm bekommen, dann waren die Kameras dunkel.«

»Du bist noch in Venedig?«

»In Risano. Im Hauptquartier.«

»Und Polizei?«

»Lieber nicht. Mach schon!«

»Was weißt du?«

»Gar nichts! Das ist es eben.«

Vielleicht ist es ja bloß ein Stromausfall. Ich stehe keuchend vor dem Haus. Gegensprechanlage. Firmen, Privatpersonen, das größte Schild ist von CHANCE!. Wo ist Vesna? Ist sie schon drinnen? Ich weiß nicht, wann Jana sie angerufen hat. Direkt vor mir? Dann braucht sie noch mindestens zehn Minuten. Wie komme ich hier rein? Oder soll ich einfach warten, bis jemand herauskommt? Und was dann? Ihn fotografieren? Nach dem Ausweis fragen? Ich sehe nach oben. Kein Stromausfall. In einigen Fenstern brennt Licht. In welchem Stockwerk ist das Büro? Ich war bloß einmal hier, ich kann mich nicht erinnern. Ich bin für so etwas nicht geschaffen. Ich zucke zusammen, als die Tür aufgestoßen wird. Vor mir steht eine Frau, die eine Schwester von Rosa Prager sein könnte. Ich versuche ein Lächeln und krame in meiner Tasche, als ob ich einen Schlüssel suchen würde.

»Was feiert ihr?«, fragt sie. »Bei euch geht's heute ja schön zu, du bist doch eine von denen, von den Klimaschützern, oder?«

Ich nicke irritiert und bin drin. Wie sieht man aus, wenn man »von den Klimaschützern« ist? Und warum passe ich dazu? Es ist also jemand im Büro und macht Lärm. Vesna. Aber warum sollte sie Lärm machen? Und geflogen kann sie auch nicht sein. Superwoman. Darüber haben wir vor Kurzem gescherzt. Die Treppen hinauf in den ersten Stock. Da. Das Schild. Die Tür. Sie ist bloß angelehnt. Jetzt ist alles still. Wie ist die Nummer der Polizei? Jana wollte nicht, dass ich sie verständige. Aber das muss ich entscheiden. Ist Vesna doch schon drinnen? Hatte der Lärm mit ihr zu tun? War sie zu unvorsichtig? Sie hat mich mehr als einmal vor Schlimmerem beschützt, jetzt bin ich dran. Ich hole so heftig Atem, dass ich gerade noch einen Hustenanfall vermeiden kann. Vorraum. Groß, hell, Plakate, Fotos von Julia. Sie war der Star. Aufgetürmte Kartons, wohl mit Werbematerial. Ein Geräusch. Aus einem der Räume weiter hinten. Ich bewege mich vorsichtig. Suche nach einem Gegenstand, mit dem ich mich verteidigen könnte. Mit einer Plakatrolle kann man niemanden niederschlagen. Die nächste Tür ist halb offen. Ich drücke mich an die Mauer. Spähe hinein. Die beiden Gestalten sind viel zu groß für Vesna. Sie kämpfen auch nicht mit ihr, sie kämpfen mit dem Schreibtisch. Offenbar ist er versperrt. Der Inhalt der Wandschränke liegt auf dem Boden. Chaos wie nach einem Tornado. Hinaus. Polizei. Das ist ein Einbruch. – Oder italienischer Geheimdienst? Was, wenn CHANCE! doch mit dem Versagen des Schleusensystems zu tun hat?

»He!«

Sie haben mich bemerkt. Weg, durch das Vorzimmer, die Treppen – hinauf oder hinunter? Man müsste schreien, aber ich kann nicht alles gleichzeitig tun. Sie werden mich … Ich höre die Schritte der beiden. Auf die Straße, sonst sitze ich in der Falle. Ich stolpere über eine Stufe, kann mich nicht mehr am Geländer festhalten, ich stürze, mein Knöchel, ich hebe die Hände, sie werden mich nicht … Sie drängen an mir vorbei. Schwarze, große, breitschultrige Gestalten mit Strumpfmasken über dem Gesicht. Der eine dreht sich noch einmal um, der andere zieht ihn am Ärmel. »Scheiß auf die Alte.« Nach Italiener klingt das nicht. Kurz sehe ich ein Tattoo auf der Innenseite des Unterarms. So etwas wie ein schwarzer Blitz.

Dann höre ich, wie die Eingangstür zufällt. Ich habe versagt. Wie kommt Jana auch auf die Idee … Ich rapple mich auf. Der linke Knöchel schmerzt, aber ich kann auftreten. Langsam hinke ich die Treppe nach oben. Zurück ins Büro von CHANCE!. Jetzt steht die Tür weit offen. Ich habe sie gestört und sie sind geflüchtet. Wer waren die beiden? »Scheiß auf die Alte.« Akzentfrei. Warum hab ich nicht wenigstens nach ihnen getreten? Ich stehe im

Vorzimmer, hole mein Telefon heraus und tippe auf Janas Kontakt. Sie geht nicht dran. Ich tippe auf Vesnas Kontakt. Sie geht nicht dran. Dann werde ich allein nachsehen. Da ist keiner mehr. Ich habe sie vertrieben. So könnte man das Ganze positiv formulieren. War Julia nicht die Königin der positiven Formulierungen? Vielleicht färbt der Ort ab. Ich habe die beiden vertrieben. Ich sehe hinter die erste Tür. Chaos. Die Schreibtischladen aufgerissen, Papier auf dem Boden, alles mögliche Bürozeugs auch. Und ein grünes Stoffkrokodil. Im nächsten Raum ein ähnliches Bild, nur dass da zwischen dem Papier und den Ordnern und Prospekten und herausgerissenen Laden einige Familienfotos liegen. Eine junge blonde Frau mit einem Kinderwagen, ein junger Mann neben einem Fahrrad. Der PC scheint unberührt. Wer kümmert sich heutzutage um Papier und lässt den Computer stehen? Und: Sollte CHANCE!, wenn sie gegen die Klimakrise arbeiten, überhaupt so viel Papier haben?

Wo ist das Büro von Julia Melis? Oder hatte sie gar kein eigenes? Das Hauptquartier ist in diesem Ort im Friaul, eine Stunde vor Venedig. Wo ist das Büro von Jana? Da war etwas. Schritte. Ich sehe mich nach einem Versteck um. Vor dem Schreibtisch ist viel Papier, wenn ich hinter den Schreibtisch krieche … Sie sind zurückgekommen. Die »Alte« war ihnen doch zu gefährlich. Oder sind es andere? Was ist das hier? Durchgangsbahnhof für Feinde der Klimafreundinnen? Jetzt merke ich wieder, wie sehr mein Knöchel schmerzt. Ich ducke mich trotzdem hinter den Schreibtisch, versuche den Sessel so vorzuziehen, dass er mir zusätzlich Sichtschutz gibt. Ich taste nach dem Smartphone. Vesna. Wenn sie hört, was los ist, kann sie mir vielleicht helfen. Warum bin ich zurückgekommen? Ich habe die beiden vertrieben. So ein Unsinn. Man sollte nichts schönreden. Das fällt auf einen zurück. Immer bei der Wahrheit …

Ich kippe vor Schreck auf die Seite, als draußen ein Telefon losgeht.

»Ja? Was ist?«
Das ist Vesna. Am Telefon. Aber auch noch wo. Wie ein Echo.
»Vesna?«
»Was ist? Du bist …«
Ich sehe Beine. Jeans und Turnschuhe.
»Vesna.«
Das sage ich jetzt nicht mehr ins Telefon.
»Was machst du da?«, fragt meine Freundin.
»Einbrecher verjagen«, antworte ich.
»Hinter dem Schreibtisch.«
»Davor. Das war davor.«

2

Wir haben Jana per Skype mit auf unseren Rundgang genommen. Unwahrscheinlich, dass dieser Einbruch und der Tod von Julia Melis nichts miteinander zu tun haben. Seltsam ist allerdings, dass es die beiden nicht auf Laptops und darauf gespeicherte Informationen, sondern auf etwas anderes abgesehen hatten. Oder habe ich sie einfach zu früh gestört? Nicht nur ich, auch Vesna bewegt sich so vorsichtig durch die Räume, als ob irgendwo noch jemand sein könnte.

»Unsinn«, sagt Vesna. »Ein Mensch ist nicht mehr da. Ich bin vorsichtig, weil es kann eine Sprengfalle da sein.«

Ich bleibe abrupt stehen.

»Ist eine Möglichkeit«, ergänzt meine Freundin trocken. »Sie locken welche von CHANCE! her und dann: Bumm!«

Mir wird heiß, von den Beinen her aufsteigend, winzige Schweißperlen. Und niemand soll sagen, das habe mit den Wechseljahren zu tun.

»Andere Möglichkeit«, fährt Vesna ungerührt fort, »sie sind Trottel. Wer macht Lärm, wenn er einbricht? Und wer rennt dann davon?«

»Sie sind davongerannt, weil ich gekommen bin.«

»Eben.«

»Du meinst, wären sie klug gewesen, hätten sie mich niedergeschlagen?«

»Wäre logischer gewesen.«

»Danke. Außerdem war ich schon im Stiegenhaus.«

»Warum?«

»Weil ich nicht niedergeschlagen werden wollte.«

Janas Gesicht kommt ganz nah an den Bildschirm. »Hallo! Hallo! Hört ihr mich? Könntet ihr das bitte später miteinander ausmachen?«

Vesna sieht auf ihr Smartphone. »Ist eine wichtige Diskussion, Jana. Es geht um Psychologie der Einbrecher. Profiling, noch nie was davon gehört? Du musst alles erzählen. Wegen nichts brechen auch Trottel nicht ein. Und sage nicht, es war Zufall. Was ist los bei euch?«

»Julia ist tot, reicht das nicht?«

»Schlimm, aber deswegen durchsucht keiner das Büro.«

»Wir wissen es nicht. Ehrlich. Und dass sie das Schleusensystem in Venedig nicht aktiviert haben, dafür können wir nichts. Gar nichts. Wäre ja auch irre. Wir machen Hochwasser? Wir sind diejenigen, die gegen Katastrophen kämpfen! Es hat in letzter Zeit einiges an Unruhe gegeben. Die Drohungen sind schlimmer geworden. Und intern gab es die eine oder andere Auseinandersetzung über Methoden. Julia ist eine großartige Anführerin. In der Öffentlichkeit. Aber sie ist keine, die einem Verwaltungsapparat … Sie war keine. Ich kann es noch immer nicht …«

»Was für Drohungen? Was für Streit?«

»Streit ist zu viel gesagt. Die einen wollen, dass wir uns enger mit Last Generation und ähnlichen Klimabewegungen verbinden. Den anderen ist es wichtiger, dass wir möglichst viele Menschen aktivieren können. Und Drohungen … das Übliche, Shitstorms im Internet, Idioten, die uns erklären wollen, dass die Erderhitzung eine Erfindung von Geheimdiensten, Islamisten, Linkslinken, Fortschrittsfeinden ist.«

»Sagt auch Trump«, mischt sich Vesna ein. »Er glaubt, die Chinesen sind schuld.«

»Die Angriffe sind mehr geworden, seit Julia öffentlich überlegt hat, eine Wahlempfehlung abzugeben. Laut Umfragen ist es für achtunddreißig Prozent der jüngeren Menschen in Österreich wichtig, was sie empfiehlt. In Deutschland sind es immerhin noch einunddreißig Prozent. Für Frankreich und Italien gibt's keine Umfragen, aber gefühlsmäßig liegen wir da ähnlich gut.«

»Nur dass bei uns bald Wahlen sind«, ergänze ich.

»Habt ihr eine rote Mappe gesehen? Sie ist im zweiten Zimmer links, im Schreibtisch. Ich weiß es, ich hab sie dort eingesperrt.«

»Nein, was soll drin sein?«

»Drohbriefe. Wahrscheinlich von irgendwelchen rechten Splittergruppen, die Angst davor haben, dass ihre geliebte Partei beim nächsten Mal schlechter abschneidet, wenn CHANCE! ihr Proteststimmen wegnimmt.«

»Weil solche auf Julia hören werden«, spottet Vesna.

»Doch, tun sie. Da geht's ja auch um die Bewahrung der Erde, und das gefällt einem Teil von denen durchaus. Die wollen was, an das sie glauben können. Die möchten wenigstens wichtig sein, indem sie ein Teil von irgendwas sind. Darum ist es übrigens auch bei den internen Auseinandersetzungen gegangen. Ob wir alle dabeihaben wollen. Wie viel wir dem Zweck unterordnen dürfen.«

Ich nicke und schiebe meinen Kopf näher an Vesnas Telefon. »Als ich das Interview mit Julia gemacht habe, war sie sehr vorsichtig, was Kritik an politischen Parteien betrifft. Sie hat gesagt, ihr gehe es um eine positive Botschaft und damit habe sie genug zu tun. Gemeinsam könnten wir die Erde retten und unser aller Leben besser machen, oder so in der Art.«

»Für sie waren das Strategien und notwendige Kompromisse, damit der Kampf gegen die Erderhitzung eine ganz breite Bewegung wird.«

»Und welche Partei hätte sie empfohlen?«, fragt Vesna dazwischen.

»In Wirklichkeit keine. Eben weil es ihr um breite Unterstützung geht. Worauf vor allem unsere grünen Aktivisten im engeren Kreis ziemlich sauer reagiert haben.«

»Auch noch kein Mordmotiv, oder?«, mische ich mich ein.

»Nein.« Ich sehe, wie Jana den Kopf schüttelt, etwas verwaschen, zeitverzögert, wie im Regen.

»Ich suche nach der Mappe«, sagt Vesna.

»Aber vielleicht war es ein Einbruchsmotiv?«, frage ich Jana.

»Kaum. Es gibt da noch etwas. Herbert Steinkellner.«

»Mister Steinreich. Der unterstützt euch doch, oder?«

»Ja eben. Sehr sogar. Er hat als Investor viele Projekte am Laufen. Nicht alle sind unbedingt klimafreundlich. Und er stellt uns auch eine Agentur zur Verfügung, an der er Anteile hält. CoConcept. Das sind so Girls mit Neusprech, denen Inhalte eigentlich egal sind, die bewerben und verkaufen alles. Sicher Profis, aber …«

»Aber auch nicht gerade deine Freundinnen.«

»Nein, kann man nicht sagen. Vor allem ist diese Agentur über Anteilsgeschäfte mit Hutchton-Forbes verbunden. Das ist eine Lobbying-Organisation der schlimmsten Sorte. Sie sitzen unter anderem in Brüssel und machen Stimmung für Atomkraftwerke. Als klimaschonendes Zukunftsmodell, gerade in Zeiten der Energiekrise. Gleichzeitig vertritt ein anderes ihrer Büros Ölkonzerne und stellt den Klimawandel als Lüge dar.«

»Und solche beraten euch?«

»Steinkellner sagt, CoConcept hat mit denen nichts zu tun, in der heutigen Wirtschaft gäbe es nun einmal komplizierte Eigentümerstrukturen, auf das operative Geschäft hätten sie keinen Einfluss. Und klar. Wir haben CoConcept gratis. Vor allem damit wir mehr Spenden kriegen. Sie kümmern sich um entsprechende Aktionen.«

Ich höre Vesna kommen.

»Das ist die Mappe?«, fragt sie und hält einen roten Umschlag Richtung Telefon.

»Das ist sie«, bestätigt Jana. »Ich weiß nicht, ob ihr alles lesen dürft …«

»Und warum nicht?«

»Es ist quasi der Giftschrank. Die schlimmsten Anfeindungen, altmodisch via Post, aber auch Screenshots der irrsten Beschimpfungen.«

»Die sind sowieso online.«

»Wer ist jetzt eigentlich verantwortlich bei CHANCE!?«, frage ich dazwischen.

Jana seufzt. »Das weiß niemand.«

»Könnte es um einen Konkurrenzkampf gegangen sein?«

»Vergiss es. Wir haben genau das gegenteilige Problem. Niemand hat Julia die Führungsrolle streitig gemacht, auch wenn nicht alle mit allem einverstanden waren. Aus der zweiten Reihe zu nörgeln ist ja auch einfacher.«

Vesna sitzt auf der Tischkante und liest und schüttelt immer wieder den Kopf.

Ich drehe das Telefon in ihre Richtung.

»Kranke Hirne. Perverse«, murmelt sie.

»Sag ich doch, das ist heftig. Julia hat sich nicht gefürchtet. Sie hat gesagt, da ärgern sich die Richtigen«, antwortet ihre Tochter.

»Und warum sollten die einbrechen?«, frage ich.

»Es ist nur eine Möglichkeit. Sucht die klassischen Drohbriefe raus. Die mit den ausgeschnittenen Buchstaben. Wir haben letzte Woche gepostet, dass wir wissen, wer dahintersteckt. Und dass die Hintermänner massive Probleme kriegen werden, weil wir damit an die Öffentlichkeit gehen.«

»Und? Wer steckt dahinter?«, frage ich.

»Es war ein Versuchsballon, wir wissen es nicht. Wir gehen davon aus, dass sie von einer nationalistischen Vorfeldorganisation kommen. Fran hat einen Algorithmus gebastelt, der die Reaktionen auf unsere Posts und Tweets im Zusammenhang mit

Hasspostings gegen uns analysiert. In der Hoffnung, dass wir dann wirklich was rausfinden.«

»Dein Bruder arbeitet auch für CHANCE!?«

»Tut er nicht. Der hat mit seiner IT-Firma mehr als genug zu tun. Außerdem sind wir ein wenig aneinandergeraten, als ich ihm erzählt habe, wie viel an Energie die Netzaktivitäten brauchen. Gerade dass er nicht etwas in Richtung Zurück-auf-die-Bäume-ihr-Affen gesagt hat.«

Vesna hält einen Zettel in einer Klarsichtfolie zwischen mein Gesicht und das Smartphone. Aus Zeitungen und Zeitschriften ausgeschnittene Buchstaben. »Das da?«, fragt sie ihre Tochter.

HEISSE SAU. WIR WERDEN DICH GRILLEN. WIR MACHEN DIE ERDE SAUBER! GROSSER AUSTAUSCH, SO WIE ER RICHTIG IST.

»Ist böse, aber muss nicht von Rechtsextremen sein, oder?«, redet Vesna weiter.

»Die Sache mit dem ›großen Austausch‹ ist eine ihrer Chiffren. Es gibt noch so einen Drohbrief. Er ist weiter hinten.«

Vesna kramt und liest. »Dumme Sexgewaltfantasie. Plus Rassismus. Plus natürlich Verachtung von Frauen. Ich glaube nicht, dass das von einer Partei kommt, nicht einmal von den Rechten.«

Wir sehen wieder, wie Jana verwaschen den Kopf schüttelt. »Das wohl nicht. Aber wenn es zwischen diesen Typen und der Partei eine Verbindung gibt?

Vesna nimmt mir das Telefon aus der Hand. »Kann es sein, du sagst nicht alles? Du versuchst jemanden zu schützen?«

»Mam! Dann bitte ich euch doch nicht um Hilfe.«

»Was ist mit dem Mann von deinem Kind?«

Das Kopfschütteln wird heftiger. Als wäre sie in einem Sturm. »Und was soll der damit zu tun haben? Völlig idiotisch. Hör auf mit so etwas. Ich muss weiter. Macht einfach die Tür zu. Morgen kommen Leute von uns.«

Skype-Verbindung unterbrochen.

Vesna faucht etwas auf Bosnisch. Habe ich schon lange nicht mehr von ihr gehört.

»Wundern brauchst du dich nicht«, sage ich zu meiner Freundin.

»Was wundern? Sie kommt zurück aus dem Libanon und sagt, sie kriegt ein Kind und den Vater gibt es nicht. Der ist dort und wird dortbleiben. Der interessiert sie nicht. Und dann ist sie schwanger bei dieser Organisation, wo sie einbrechen und morden.«

»Du hast deine Kinder auch allein großgezogen.«

»Nein. Ich hatte Mann. Nur nicht Vater. Und nicht für immer.«

»Ich kann mich erinnern.«

»Also.«

»Und nicht CHANCE! mordet und bricht ein, sondern ihre Feinde.«

»Was ist das? Später Deutschkurs? So habe ich es natürlich gemeint. Trotzdem. Wir werden nicht zusperren. Wir werden alles durchsehen.«

»Das dauert Wochen.«

»Egal. Wir haben bis morgen. Und wenn du nicht willst, dann tue ich allein.«

»Die wichtigen Unterlagen haben sie sicher in ihrem Hauptquartier in Italien.«

»Der Verein ist in Österreich angemeldet. Dieser Herr Steinreich ist auch verdächtig. Er taucht überall auf. Vielleicht hat er mehr gehabt mit Julia?«

»Er ist deutlich über sechzig. Und sie …«

»Na und? Wer Geld hat, hat Möglichkeiten.«

»Du meinst, er hat Sex gegen finanzielle Unterstützung erpresst? Und als sie das öffentlich machen wollte, musste sie sterben?«

Vesna sieht mich verblüfft an. »Du hast mehr Fantasie, als ich Ideen habe. Ich glaube nicht, dass er Sex erpressen muss.«

»Ich auch nicht.«

»Aber ob es automatisch wieder Rechte waren, weiß ich auch nicht.«

»Seit wann nimmst du sie in Schutz?«

»Tue ich nicht. Aber ist so bequem. Klassischer Lieblingsfeind. Von dir, von Ökos, von allen, die so engagiert sind. Wer weiß, ob die Drohbriefe mit Einbruch zu tun haben. Und ob Einbrecher auch Mörder waren. Man soll sich auch bei den angeblichen Freunden umschauen.«

Oskar ist bereits daheim. Er sieht mich besorgt an und erst jetzt wird mir klar, wie spät es schon ist.

»Ich wusste nicht, was du mit dem Fisch in der Mikrowelle vorhast. Ich hab ihn in den Kühlschrank gegeben.«

»Hast du schon etwas gegessen? Es ist gleich zehn.«

Dialog eines alten Ehepaares, das wir nie werden wollten. Schon gar nicht ich. Aber er wohl auch nicht.

Oskar wiegt den Kopf. »Ich hab bei der Besprechung am Nachmittag irgendwelche Brötchen gefuttert.«

»Ich wollte Branzino in saor machen.«

»Aber dann hast du spontan Lust auf Frischluft bekommen. Ich hatte schon den Verdacht, du bist nach Venedig abgetaucht.«

»Nicht ganz.«

»Ich hab dir eine WhatsApp geschickt.«

Ich merke, wie er versucht, es nicht wie einen Vorwurf klingen zu lassen. Seit ich keinen fixen Job habe, sind wir beide ein wenig angespannt. Er, weil er weiß, wie wichtig mir meine auch finanzielle Unabhängigkeit ist. Und ich, weil ich ihm zeigen möchte, dass sich zwischen uns nichts geändert hat. Früher hätte er mich einfach gefragt, wo ich war. Und er hätte mir klargemacht, dass er nicht will, dass ich mich auf etwas Gefährliches einlasse. Ich gehe zum Kühlschrank.

»Du hinkst«, stellt Oskar fest.

Mein Knöchel. Ich habe beinahe darauf vergessen. »Eine lange Geschichte. Branzino in saor kann man auch warm essen. Ich koche und erzähle, okay?«

Oskar lächelt. »Ein Glas Weinviertel DAC dazu?«

»Gern. Weinviertel kommt in der Geschichte übrigens vor.«

Die Fischfilets sind auf der Hautseite angebraten und ziehen in einer Schüssel am Herdrand. Inzwischen weiß Oskar das meiste, das auch ich weiß.

»Fassen wir zusammen«, sagt er, als ich in die Pfanne mit dem Bratrückstand etwas Olivenöl gebe und weiße Gemüsezwiebeln in dicke Ringe schneide. »Julia Melis kommt im Friaul zu Tode. Durch Kohlenmonoxid. Obwohl es lange dauert, bis die Dosis hoch genug ist, hat sie das Auto nicht rechtzeitig verlassen. Es gibt keine Anzeichen von Gewaltanwendung. Ihr Smartphone ist verschwunden. Am nächsten Tag wird bei CHANCE! eingebrochen. Ziemlich dilettantisch. Was gesucht wurde, ist nicht klar. Die rote Mappe mit diversen Drohungen war jedenfalls noch da.«

Ich liebe es, wenn Oskar Dinge zusammenfasst. Alles wirkt auf einmal logisch. Und so, als ob es demnächst eine Lösung geben könnte. »Ja, Herr Rechtsanwalt«, lächle ich.

»Bei CHANCE! hat nicht alles so gut funktioniert, wie es in der Öffentlichkeit den Anschein hatte.«

»Sie hatten sehr viel Zulauf in den letzten Monaten. Zuerst dieser Jahrhundertsommer, mehrere Wochen hindurch Tropentage in halb Europa, jetzt das Hochwasser in Venedig, das es seit dem umstrittenen Schleusensystem gar nicht hätte geben dürfen. Alle reden übers Klima.«

»Ob sie den Wandel leugnen oder nicht.«

»Jana sagt, ihre Popularitätsraten steigen selbst bei der Gruppe fünfundfünfzig plus.«

»Mir hat diese Julia auch ganz gut gefallen.«

Ich lasse die Zwiebelringe ins heiße Öl fallen, dass es nur so spritzt. Ganz kurz und heiß anbraten. »Kann ich mir vorstellen. Wäre sie nicht Klimaaktivistin, hätte sie als Miss Wet-T-Shirt antreten können, so wie sie da im Wasser gestanden hat. Ich glaube nicht, dass es Zufall war, wie eng ihr nasser Sweater am Busen geklebt hat.«

Oskar zwinkert mir zu. »Du hast mich erwischt. Ich wollte mich schon zu ihr ins Wasser stellen. Splish, splash ... Ich frage mich, was Steinkellner bei CHANCE! wollte ...«

»Du kennst ihn persönlich?«

»Nicht gut. Als er damals die marode Drogeriekette übernommen hat, war ich für die Gewerkschaft bei den Verhandlungen dabei.«

»Eher ein beinharter Sanierer als ein Menschenfreund.«

»Damals war er sehr kooperativ. Solange ihm keiner Bedingungen gestellt hat. Aber die von der Gewerkschaft waren auch unrealistisch. Du kannst von niemandem verlangen, dass er in so einem Fall eine Standort- und Beschäftigungsgarantie abgibt.«

»Oskar zwischen den Fronten. Wieder einmal.«

»Sozusagen. Soviel ich mich erinnere, hat er ein Schloss, irgendwo an der tschechischen Grenze.«

»Vielleicht kennt Eva ihn besser.«

»Das Weinviertel ist groß.«

Ich schütte mein Glas Veltliner über die Zwiebelringe. Schade drum, aber wir haben zum Glück mehr davon. Kommt auch von meiner Freundin Eva. Unsere Weinvorräte gehen zur Neige, ich sollte sie demnächst besuchen. Dabei könnte ich mit ihr über den einen oder anderen reden. Martin Prager. Herbert Steinkellner. Vielleicht kennen ja auch die beiden einander. Stimmt schon, dass das Weinviertel groß ist. Aber wenn beide ähnliche Interessen haben … Fragt sich nur, ob sie wirklich ähnlich sind.

Ich hole mein Smartphone aus der Tasche und gehe zu Evas WhatsApp-Kontakt:

Kennst du Martin Prager (wohnt ziemlich nahe bei dir, Klimaforscher, Aussteiger) und/oder Herbert Steinkellner (ich meine persönlich, hat ein Schloss im Weinviertel an der tschechischen Grenze). Ich sollte mit beiden reden – aber das erzähle ich dir persönlich. Bist du morgen da? Bussl, Mira

»Ich hab Eva geschrieben«, erkläre ich Oskar.

»Steinkellner hat mir damals übrigens angeboten, für ihn zu arbeiten. Nicht in diesem Fall, aber irgendwann, wenn es sich ergibt. Er hat gesagt, es gefällt ihm, wie ich mich für die Mitarbeiterinnen eingesetzt habe.«

»Er wollte dich kaufen.«

»Glaube ich eigentlich nicht. Ich habe das Gefühl, er leistet es sich, zu tun und zu denken, was er will.«

WhatsApp-Ton. Ich sehe irritiert auf mein Smartphone. Ich werde mich hoffentlich nie daran gewöhnen, dass so ein Ding eine Unterhaltung unterbrechen kann. Gut, ich könnte es auch ausschalten, aber dann …

»Eva«, erkläre ich Oskar und lese:

Supergerne. Bin morgen den ganzen Tag da, kenne beide. Bussl, Eva

»Ich bin gespannt, was sie dir über den Aussteiger und über Steinkellner erzählt – eine andere Perspektive kann nicht schaden.«

»Ich glaube nicht, dass sie es so mit Patriarchen hat.«

»Er ist auch Mäzen. Seine Sammlung zeitgenössischer Kunst ist berühmt.«

»Und jetzt Klimaschutz. Weil Julia enge T-Shirts trug?«

»In einem Interview hat er gesagt, es wird Zeit, dass jeder seinen Beitrag leistet, damit die Erde nicht kollabiert.«

»Seine Geschäfte sind nicht alle umweltfreundlich.«

»Dafür gibt er Geld.«

Ich streue eine Handvoll Kapern zu den Zwiebeln in Weißwein. – »Eigentlich gehören Rosinen und Pinienkerne dazu, aber ich probier's heute anders. Sind ja auch keine Sardinen, sondern Wolfsbarschfilets.«

»Riecht schon jetzt großartig.«

»Könntest du dich umhören, wie dieser Steinkellner wirklich tickt? Jana hat eine eigenartige Geschichte erzählt: Er finanziert ihnen eine Agentur, die sich offenbar vor allem ums Spendensammeln kümmern soll. Sie ist verflochten mit einem Lobbying-Netzwerk, das sich gleichzeitig für Atomkraftwerke als klimafreundliche und energieautarke Alternative einsetzt.«

»Du meinst, in Wirklichkeit geht es ihm um Investitionen in Atomkraftwerke?«

»Könnte doch sein. Er spioniert CHANCE! aus, Information ist alles.«

»Und als Julia Melis dahinterkommt, muss sie sterben. Klingt ein wenig weit hergeholt.«

»So funktioniert Wirtschaft.«

»Klischees bringen nichts. Da geht es nicht um Sympathie oder Antipathie. Sieh dich einmal bei den Ökos um. Vielleicht war sie irgendwelchen Radikalen zu pragmatisch.«

»So etwas hat Vesna heute auch gesagt.«

»Dass Ökos dahinterstecken könnten?«

»Dass ich mich nicht an meine Lieblingsfeinde halten sollte. Aber wenn sie nun einmal besonders verdächtig sind?«

»Ja, für dich. Außerdem könnte es ja auch sein, dass Julias Tod nichts mit der Klima-Bewegung zu tun hat. Wie wäre es mit Eifersucht? Hatte sie einen Freund?«

»Und der bringt sie ohne Spuren zu hinterlassen mit Kohlenmonoxid um. Weil er nicht wollte, dass sie ein Liebling der Massen ist.«

»Sie ist Halbitalienerin. Ein glutäugiger eifersüchtiger Italiener.«

Ich lache. »Hör auf mit dem Blödsinn!«

Oskar kommt um die Küchenzeile herum zu mir und umarmt mich. Das tut gut. Sehr gut. So ist das wirklich gute und wichtige Leben. Oskar, der mich umarmt, und Branzino in saor.

»Du solltest viel mehr lachen«, flüstert Oskar an meinem Ohr.

Ich habe trotzdem noch schnell den Zwiebelfond über die Fische geleert. Als wir sie dann einige Zeit später gegessen haben, waren sie gerade recht. Durchgezogen und lauwarm.

3

Ich bin später aufgestanden als geplant. Ich habe vergessen, den Handywecker zu aktivieren. Habe ich schon verlernt, mich an einen geregelten Tagesablauf zu halten? Aber ich hatte ja auch im »Magazin« keinen Nine-to-five-Job. Wir sind sehr spät schlafen gegangen und ich habe mich so richtig rundum wohlgefühlt. Trotz der beiden Einbrecher davor. Hat wohl etwas mit Liebe zu tun. Und mit Sex. Und Gemeinsamkeit. Und gutem Essen. Oskar ist längst aus dem Haus. Ich gönne mir trotzdem noch einen Kaffee. Frisch gemahlen, frisch in unserer Siebträgermaschine zubereitet. Der Duft meines Lieblingskaffees von La Tazza d'oro … So soll ein Tag anfangen, wenn der vorherige so schön geendet hat. Und wenn es nicht so war, dann erst recht.

Als ich über den Donaukanal gleite, lärmt mein Telefon. Ich sollte endlich einen freundlicheren Klingelton einstellen. Das Display zeigt eine unbekannte Rufnummer. Tastendruck am Lenkrad. Mein Auto kann mehr als bloß fahren.

»Herbert Steinkellner. Eva Berthold hat mir erzählt, dass Sie mit mir reden möchten.«

»Ja, das würde mich freuen.«

»Worum geht es?«

»CHANCE!«

Schweigen. »Es ist einfach nur fürchterlich. Es gibt Dinge, denen ist man nicht gewachsen. Ausgeliefert.«

»Die Tochter einer anderen Freundin war ihre Assistentin. Jana Krajner.«

»Großartige Person.«

»Ich bin gerade auf dem Weg zu Eva. Sollten Sie zufällig in der Gegend sein …«

»Schade, ich war heute früh bei ihr. Ich schätze ihre Weine sehr.«

»Und jetzt?«

»Bin ich in Mailand.«

»Wie …«

»Flugzeug. Auch wenn es nicht ganz zu CHANCE! passt, das Leben ist eben voller Kompromisse. Und zumindest zahle ich dafür. Ich bin am Abend zurück. Wie wäre es mit morgen? Am liebsten bei mir, in meinem Haus. Ich kann Ihnen die Koordinaten schicken. Ist fast an der tschechischen Grenze, ich hoffe, das geht für Sie.«

Ich sage zu, gebe ihm meine E-Mail-Adresse und verabschiede mich. Wirkt, als hätte er es eilig, mich zu treffen. Was will er mir ein- oder ausreden? Aber vielleicht sind die Dinge einfacher, als sie scheinen. Steinkellner ist viel unterwegs. Zufällig hat er gerade morgen Zeit. Und er wollte Eva einen Gefallen tun.

Ich habe beschlossen, Martin Prager zu überraschen. Ist er nicht da, werde ich ein wenig bei seinen Mitbewohnern herumfragen. Wie gut, dass ich ein Elektroauto fahre. Damit bin ich den Leuten am Hof sicher sympathischer, als wenn ich in einem dicken SUV daherkäme. Mein Navi leitet mich zu einem freistehenden Gebäude am Ortsrand, dahinter Felder, Windschutzgürtel, Wäldchen. »Ab Hof – Biogetreide, Bohnen, Wurzelgemüse« steht auf einem Schild. In dieser Gegend ist üblicherweise ein Haus ans andere gebaut, Straßendorf. Dazu kommt in manchen Orten noch eine Siedlung. Mit Leuten, die aus Wien aufs Land wollten, weil die Wohnkosten niedriger sind. Und erwachsen gewordenen Kindern aus dem Dorf, die am Dorfrand einen Bauplatz bekommen haben. Der Hof ist untypisch. Auch was seine

Größe betrifft. Für ein Gutshaus ist er zu neu. Zu schnörkellos. An einer Seite ein großer Parkplatz, auf dem bloß ein in die Jahre gekommener Traktor steht. Wie viele Leute leben hier? Ist keiner zu Hause? Ich stelle mein Auto neben den Traktor und nehme die zwei Stufen zur hohen hölzernen Doppeltür. Das Haus ist weiß gestrichen, mir scheint, dass über der Tür früher eine Aufschrift war. Ich sehe keine Klingel. Im Weinviertel ist es üblich, einfach die Tür aufzumachen und zu rufen. Oder es war zumindest üblich. In den letzten Jahren gibt es auch hier mehr versperrte Türen und Überwachungskameras.

Ich drücke vorsichtig die Klinke. Diese Tür ist offen. Und es geht auch keine Alarmanlage los.

»Hallo? Ist da jemand?«, rufe ich und lausche und sehe mich um. In einem englischen Herrenhaus würde man das wohl Lobby nennen. Ein zentraler Raum, Parkettboden, ein hoher Tisch, der aussieht wie eine Theke. Darauf sorgsam nebeneinander geschlichtete Holzkisten mit Bohnen unterschiedlichster Farbe, gefüllte Papiersäcke und eine große Blechbüchse, auf der »Kassa« steht. Eine Liste mit den Getreide- und Bohnensorten und daneben der Preis. Selbstbedienung total. Man kommt rein, man rechnet zusammen, man zahlt und nimmt mit. Ein System, das in der Gegend nicht selten ist. Allerdings ist der Verkauf üblicherweise im Freien oder in einem Nebengebäude. Eva hat einen Weinschrank beim Tor stehen und sie sagt, dass ganz selten jemand eine Flasche nimmt, ohne zu zahlen. Manchmal ist sogar mehr Geld drin, als sein müsste. Aber im Haus? Ist hier nichts zu holen oder sind sie da besonders vertrauensselig?

»Suchen Sie etwas?«

Ich fahre herum. Ich habe niemanden kommen gehört. Vor mir steht eine Frau um die vierzig, untersetzt, weite Stoffhose, dunkles T-Shirt, blaues Kopftuch. Und mit freundlichem Lächeln.

»Es war offen.«

»Ja. Es ist bei uns immer offen.«

»Ist das nicht …«

»Nein. Wir hatten noch nie ein Problem.«

»Sie züchten Bohnen und all das hier?«

Wieder ein Lächeln. Ein klein wenig gönnerhaft, kommt mir vor. »Ja, und all das hier. Hätten Sie gerne etwas? Kann ich Sie beraten? Wir bemühen uns um Sorten, die auch mit der Erderhitzung zurechtkommen. Sie sind nicht bloß herkömmlich biologisch erzeugt, sondern im Einklang mit der Natur. Das sind zweierlei Dinge.«

»Eigentlich wollte ich zu Martin Prager.«

»Oh. Zu Martin. Ich kann nicht sagen, wo er ist.«

»War er in den letzten Tagen fort?«

Jetzt ist ihr Blick eindeutig misstrauisch.

Ich lächle harmlos zurück. »Ich habe ihn nicht erreicht. Und seine Oma hat ihn auch nicht erreicht.«

»Sie kennen Rosa Prager?«

»Ja. Sie hat mir viel über ihren Enkel erzählt. Ich schreibe ihre Biografie. Deswegen wollte ich mit ihm reden.«

»Das muss eine spannende Geschichte werden. Eine großartige Person und großartige Filme. Haben Sie den gesehen, in dem sie eine Alzheimerpatientin spielt?«

»Ja, sie ist großartig. Auch wenn es sie nervt, dass seither viele glauben, sie hat wirklich Alzheimer.«

Die Frau mit dem Tuch lacht. »Ich wette, sie hat nicht Alzheimer gesagt, sondern so etwas wie ›und jetzt glauben sie alle, ich bin wirklich bescheuert, dabei sind sie bescheuert‹.«

Ich lache auch. »Besonders political correct ist sie nicht, das stimmt. Kommt sie ab und zu her?«

»Ja. Aber nicht allzu oft. Ich fürchte, sie mag uns nicht. Sie wollte, dass ihr geliebter Enkel Professor an der Columbia bleibt und irgendwann den Nobelpreis bekommt.«

»Unverständlich?«

»Nein, aber Unsinn.«

»Gehört das Haus ihm?«

»Wem ›gehört‹ schon etwas? Wissen Sie, dass es lange Zeit auch in Europa Gesellschaften gab, in denen der Grund und Boden allen gehört hat? Und dass die viel besser und gleicher miteinander gelebt haben?«

»Ja. Also wenn es nicht wichtig ist: Wem gehört das Haus?«

»Mir. Eigentlich.«

»Sind Sie seine … Partnerin?«

»Ja. Natürlich, aber nicht so, wie Sie meinen. Wir sind alle Partnerinnen hier.«

»Einige Frauen und Martin Prager?«

»Das klingt nach der nächsten Boulevard-Schlagzeile: Vielweiberei auf Öko-Hof!« Die Frau nimmt ihr Tuch ab und streicht die Haare glatt. »Wir haben beschlossen, im Großen und Ganzen die weiblichen Sprachformen zu verwenden. Ein kleines Gegengewicht zur üblichen Ignoranz. Wir sind Frauen und Männer. Und wir arbeiten zusammen. Das Haus gehört mir, mein Vater hatte vor zwanzig Jahren den Traum von einem großen Landgasthaus, er hat einen verfallenen Hof weggerissen und eine Art Gutshof gebaut, aber die Gäste blieben aus. Er hat nicht daran gedacht, dass man auch Köchinnen, Kellnerinnen und vor allem Verbindungen und Werbung braucht. Er hat dann die Alkoholvorräte allein getrunken und ist früh gestorben. Und ich habe geerbt. Martin hat viel in den Umbau gesteckt. Jede leistet das, was sie beitragen kann.«

»Wo sind die anderen?«

»Einige sind noch am Feld.«

»Es ist November.«

»Wir ernten momentan lila Karotten und Grünkohl und der Winterbroccoli fängt an. Dazu noch Rucola und heuer haben wir zum ersten Mal Radicchio probiert.«

»Martin ist auch am Feld?«

»Nein. Er hatte, soviel ich weiß, in der Stadt zu tun.«

»Auf dem Parkplatz steht nur ein Traktor.«

»Auf den können wir für gewisse Arbeiten nicht verzichten, das wäre idiotisch. Aber wir verwenden ihn so wenig wie möglich. Wir fahren mit Bio-Sprit. Ein Auto hat keine von uns. Wer braucht es? Die Schnellbahn ist sieben Minuten mit dem Rad entfernt.«

»Wie … haben Sie sich hier zusammengefunden?«

Ich höre, wie die Eingangstür ins Schloss fällt. »Indem wir gleiche Ziele haben«, sagt ein Mann hinter mir.

»Da ist er ja«, lächelt meine Gesprächspartnerin. »Martin, sie hat dich gesucht. Ich hab ihr gesagt, du hattest in der Stadt zu tun.«

»Sie brauchen meine Lebensgeschichte, um Bohnen zu kaufen?«

Sein Blick ist neutral. Dunkelblonde, dichte Haare, helle Augen. Schlank, sportlich, ein Stück größer als ich. Mitte dreißig, das weiß ich von seiner Großmutter. Der er nicht im Geringsten ähnlich sieht. Aber da liegen wohl einfach zu viele Jahrzehnte dazwischen.

»Ich bin dabei, die Biografie Ihrer Großmutter zu schreiben. Ich hätte mich anmelden sollen, aber eine Freundin von mir lebt vier Dörfer weiter. Eva Berthold, die Winzerin. Also hab ich mich spontan entschlossen, vorbeizuschauen. Weil ich sowieso zu ihr will.«

Die Frau sieht mich irritiert an. »Haben Sie nicht gesagt, Sie hätten ihn in den letzten Tagen nicht erreicht?«

»Das ist wahr. Und heute war ich dann spontan.«

Martin Prager verzieht den Mund. »Interessant, dass mir Eva Berthold heute früh eine Nachricht geschickt hat. Ob ich eventuell bereit wäre, mit Ihnen zu reden. Egal. Jetzt sind Sie hier. Sie wollen mit mir über Oma sprechen?«

»Ja. Nicht direkt fürs Buch, sondern einfach, um Hintergründe besser zu verstehen. Sie redet viel von Ihnen. Sie ist wohl sehr stolz auf Sie.«

»Ich geh dann mal kochen«, verabschiedet sich meine Gesprächspartnerin.

Auch wenn sie weibliche Sprachformen verwenden, Kochen scheint doch Frauensache zu sein. Andererseits: Ich koche auch gerne. Und mir ist völlig egal, ob das irgendwelchen Rollenklischees entspricht oder nicht. Martin Prager leitet mich in einen großen Raum mit hohen Fenstern. Das war wohl früher die Gaststube. Jetzt gibt es hier zwei Sitzgruppen mit vielen bunten Kissen und einen Tisch, an dem gut zwanzig Personen Platz haben. Er deutet auf einen großen Ohrensessel.

»Alles gebraucht. Es ist unglaublich, was die Menschen wegwerfen. Gerti und Celine machen aus Altkleidern diese wunderschönen Kissen. Wir verkaufen sie auch.«

»Tretnähmaschine?«

Er sieht mich irritiert an. »Elektro. Wir erzeugen unseren Strom selbst.«

»Sie waren Umweltökonom.«

»Jetzt wende ich in der Praxis an, was ich irgendwelchen zugekifften Studentinnen in New York erzählt habe.«

»Ihr Hauptthema war der Klimawandel.«

»Sagen Sie bitte nicht Klimawandel. Ich will niemandem Vorschriften machen, aber das ist einfach eine unzulässige Verniedlichung. Erderhitzung meinetwegen. Klimakatastrophe.«

»Julia Melis hat gefunden, dass Klimawandel ganz gut passt.«

Martin Prager sieht zu Boden. »Wie kommen Sie auf Julia Melis?«

»Sie ist ums Leben gekommen, kein Wunder, dass mir das im Kopf herumgeistert. Sie haben sie gekannt?«

»Natürlich. Sie hat bei mir an der Columbia sogar Gastvorlesungen besucht. Sie ist zur Hälfte Österreicherin und wusste, woher ich stamme. Da kommt man ins Gespräch.«

»Aber offenbar hat sie vieles anders gesehen.«

»Wir wollten über meine Großmutter reden, oder? Ich hab eigentlich einen wichtigen Termin …«

»Gibt's das hier? Hier leben doch alle im Einklang mit der Natur?«

Er versucht ein Lächeln. »Die Natur kennt viele Termine. Und wenn man einen verpasst … Außerdem leben wir in unserer Zeit. Ja, und ich fand es falsch, dass Julia ganz brav von Klimawandel geredet hat. So als wäre das nicht weiter bedrohlich, einfach da und dort ein bisschen drehen und alles passt wieder. Trotzdem tut mir ihr Tod sehr leid.«

Er wirkt, als würde er jeden Moment zu weinen beginnen. Oder ist er bloß ein guter Schauspieler? Er könnte ja das Talent seiner Großmutter geerbt haben.

»Sie haben an der Columbia schnell Karriere gemacht. Ihre Großmutter hat Sie unterstützt, nicht wahr?«

»Ja. Meine Eltern sind geschieden. Und eigentlich haben sie sich beide nicht sehr für mich interessiert, auch wenn das böse klingt. Meine Großmutter ist da anders. Obwohl sie nach außen immer die Schroffe spielt.«

»Sie hat viel Herz, das weiß ich. Man darf es ihr bloß nicht sagen, sonst …«

Martin Prager lächelt. »Sie kann grantig werden.«

»Ein hübsches Wort. Grantig. Ich habe über sie viele schöne Wörter wiedergetroffen, die im Alltag verloren gehen. Ich möchte sie in die Biografie einbauen. – Hierher kommt sie nicht so oft, oder?«

»Leider. Es passt ihr nicht, dass ich die angeblich ach so große Karriere an den Nagel gehängt habe, um das Selbstverständliche zu tun.«

»Ist es selbstverständlich, als Umweltökonom auszusteigen, wenn man jeden braucht, der Einfluss hat, um gegen die Erderhitzung zu arbeiten?«

»Einfluss? Viele gut bezahlte Worte an Kids, die mit Geländewagen ins Wochenende brausen, schnell mal nach Tokio jetten und glauben, dass Urban Gardening die Welt rettet. Und Publikationen in Fachzeitschriften, bei denen es vor allem darum geht, wer wo wann schreibt und wer öfter zitiert wird. Unserer Gesellschaft gehen die Inhalte verloren, ist Ihnen das schon aufgefallen? Alles andere ist wichtiger. Ganz oben steht der Konsum. Und alles wird gemessen und bewertet. Ihr Automechaniker genauso wie der Wein, den Sie online bestellen.«

»Ich bestelle Wein nicht online. Ich kaufe ihn bei meiner Freundin. Und außerdem: Jetzt reden doch alle über die Erderhitzung.«

»Es gerät einiges in Bewegung. Auch Dank Fridays for Future und Last Generation, Ende Gelände und so weiter. Die meisten reden momentan bloß über Wetterkapriolen. Und über irgendwelche Rekorde. Wieder einmal. Der heißeste Sommer, das höchste Hochwasser. Als ob es auf diese Momentaufnahmen ankäme.«

»Und dass Sie hier Bohnen züchten, darauf kommt es an?«

»So ist es. Ich rede nicht, ich tue etwas.«

»Wenn Sie wissenschaftliche Zusammenhänge zwischen Ökonomie und Klima herstellen, dann tun Sie auch was.«

»Sie haben wirklich viel mit meiner Oma zu tun.«

»Sage ich doch.«

Martin Prager fährt sich nachdenklich durch die dichten Haare. »Ich habe vor einigen Jahren ein Interview mit einem Pater gehört, der sich um Straßenkinder kümmert. Man hat ihn gefragt, warum er jetzt in einem winzigen Dorf ein paar Kinder betreut und sein international anerkanntes großes Projekt abgegeben hat. Ich bin nicht besonders religiös, aber seine Antwort hat mich beeindruckt. Es gehe nie um die Anzahl der Menschen, es gehe immer um den einzelnen Menschen. Und bei der Erderhitzung gilt das ganz besonders: Jeder kann nur selbst sein Leben ändern. Das habe ich gemacht, statt ewig öffentlich über die Zusammenhänge zwischen Wirtschaftswachstum und ökologischem Fußabdruck oder über die Wirksamkeit von Klima-Steuern nachzudenken. Wie könnten sie ausreichen? Wie könnten ein paar Anpassungen und Reparaturen genug sein? Wir reden von der Erde. Einem weitaus komplexeren System, als es ein Computerprogramm jemals sein wird. Wenn da etwas in Gang gesetzt wird, dann hat es Auswirkungen auf alles. Und ab einem gewissen Punkt kann man nichts mehr reparieren.«

»Der Punkt ist schon erreicht?«

»Das weiß niemand so genau. Es gibt Kipppunkte, soviel ist klar. Es könnte Kettenreaktionen geben. Ich hoffe, dass man noch etwas tun kann. Aber wenn wir jetzt nichts tun, und zwar jede und jeder, dann werden wir diesen Punkt erreichen.«

»Dann war es doch gut, dass Julia Melis im Hochwasser in Venedig gestanden ist. Solche Bilder rütteln auf. Sie gingen um die Welt.«

»Alles ist gut in diesem Zusammenhang. Sie hat es versucht. Wenn auch …« Martin Prager schüttelt den Kopf.

»Was, wenn auch?«

»Sie hatte die falschen Freunde.«

»Wie, wen?«

»Ich weiß, dass Sie Journalistin sind.«

»Deswegen kann ich auch nicht anders, als nachzufragen.«

»Ich gebe keine Interviews mehr.«

»Aus Prinzip?«

»Nein. Weil dadurch nichts besser wird.«

»Eine ziemlich negative Sicht auf die Medien. Und eine sehr pauschale.«

»Erfahrung.«

»Entzückend. Über wen wollen Sie denn etwas Sinnvolles verbreiten, wenn nicht über Medien? Es soll tatsächlich auch vertrauenswürdige geben, sag ich Ihnen. Sind Ihnen die sogenannten sozialen Medien lieber?«

»Ich will eben nichts mehr verbreiten. Ich spiele nicht mehr mit bei dem Kampf um die öffentliche Aufmerksamkeit. Ich will etwas tun.«

»Und dann sollen alle auf Höfen leben und Bohnen züchten.«

»Sie sollen wenig Energie konsumieren und die richtige. Sie sollen überlegen, was sie zum Leben brauchen.«

»Ist das hier eine Sekte?«

Martin Prager runzelt die Stirn. »Da geht es nicht um Glauben. Da geht es um Wissen. Da geht es um Tun.«

»Und wer sind die falschen Freunde von Julia Melis?«

»Wenn Sie das nicht selbst wissen, dann werden Sie über dieses Thema auch nie schreiben können. Sinnvoll.«

»Ach, aber theoretisch wäre das möglich. Immerhin.«

Martin Prager schüttelt den Kopf. »Ich will Ihnen nicht zu nahe treten, aber … Sie werden die Biografie meiner Großmutter sicher wunderbar hinbekommen. Sie sind ihr ähnlich.«

»Ich nehme das als Kompliment.«

»So war es auch gemeint.«

»Die falschen Freunde?«

»Sie dürfen mich nicht zitieren. Nicht, weil ich Angst habe, sondern weil ich mich dem Spiel entzogen habe. Allen voran Herbert Steinkellner.«

»Man braucht wahrscheinlich einen Sponsor. Nur mit Spenden kann man so große Projekte wohl nicht finanzieren.«

»Tja, da ist ein Sponsor, der gleichzeitig auch Spenden keilt, wohl besonders toll. Haben Sie mitbekommen, wie CHANCE! arbeitet? Großangelegtes Gewinnspiel via E-Mail, Facebook, TikTok und WhatsApp. Du beantwortest einige Fragen zum Thema Klimawandel, wie das bei ihnen heißt, damit kannst du E-Bikes und Bahnreisen und all so etwas gewinnen. Und hast du die Antworten auf die ohnehin lächerlichen Fragen abgeschickt, natürlich samt der Zustimmung, dass sie deine Daten in Hinkunft für wichtige Informationen verwenden dürfen, dann bekommst du eine Dankes-Mail, verbunden mit der Bitte zu spenden, weil sich CHANCE! ja nur durch unser aller Spenden finanzieren kann.«

»Das wickelt eine Agentur ab.«

»Sie wissen gut Bescheid. Wissen Sie auch, dass der große Bruder dieser Agentur für Atomstrom und für Ölkonzerne lobbyiert? Und da fragen Sie mich, welche falschen Freunde?«

»Warum hat Julia Melis das zugelassen?«

»Populismus. Schon mal etwas davon gehört? Schlimmer als alle illegalen Drogen zusammen.«

»Sie wollte die Welt zum Besseren verändern.«

»Sicher. Irgendwann geht es dann vor allem darum, die Massen zu bewegen. Und die Spirale dreht sich weiter. Was zählt, ist der Erfolg, die Mittel haben sich ihm unterzuordnen. Und irgendwann bleiben auch die Inhalte auf der Strecke.«

»Sie reden von Julia? Wo war sie auf diesem Weg?«

»So nahe war ich nicht dran. Ich rede im Allgemeinen. Über Populismus und die Folgen.«

»Wo waren Sie vorgestern Nacht?«

»Sind wir jetzt vom verdeckten Interview zum Verhör gewechselt? Und ich dachte, meine Oma hat Sie hergeschickt, um zu spionieren, was wir auf dem Hof treiben. Und wie man mich aus dieser ›Kommune‹, wie sie es nennt, befreien kann.«

»Kann man?«

»Wir sind Menschen, die gleichberechtigt und frei versuchen, ordentlich zu leben, ohne der Erde etwas wegzunehmen. Im Gegenteil, wir versuchen zu geben. In Frieden und in Respekt vor den Mitlebewesen. Es geht nämlich nicht immer nur um den Menschen. Ob der ausstirbt, ist, in Erdzeitaltern gedacht, unwichtig.«

»Also vegan.«

»Vegetarisch.«

»Wäre es nicht besser, Sie würden der Welt klarmachen, dass die Erderwärmung kein Märchen ist, statt Grünzeug anzubauen und es dann aufzuessen?«

»Wissen Sie, seit wann die Aufheizung des Erdklimas durch CO_2 bekannt ist? Im Jahr 1896 hat der spätere schwedische Nobelpreisträger Svante Arrhenius ausgerechnet, dass eine Verdoppelung des CO_2-Gehalts der Atmosphäre zu einer Temperaturerhöhung um vier bis sechs Grad führen würde. In den Dreißigerjahren hat man in der Fachliteratur den Zusammenhang zwischen beobachteter Erderwärmung und CO_2-Anstieg durch die Industrialisierung diskutiert. In den Fünfzigerjahren ist der Nachweis gelungen, dass die CO_2-Konzentration in der Atmosphäre tatsächlich ansteigt und dass sie durch den Menschen verursacht wurde. Die Isotopenanalyse hat gezeigt, dass es sich um Kohlenstoff aus der Nutzung fossiler Brennstoffe handelt. In den Siebzigerjahren hat selbst die National Academy of Sciences in den USA vor der menschengemachten globalen Erwärmung gewarnt. Wie sinnvoll ist es, mit Leuten zu reden, die all das noch immer für ein Märchen halten?«

»Und wo waren Sie vorgestern Nacht?«

»Hat Gerti Ihnen das nicht gesagt? Sie haben Sie doch wohl danach gefragt. Richten Sie meiner Großmutter aus, dass ich sie liebe und dass ich mich freue, wenn sie kommt. Und ich werde sie bald wieder besuchen. Aber lieber, wenn sie allein ist.«

»Ich hab verstanden. Warum sollten vegetarische gleichberechtigte Menschen im Einklang mit Natur und Erde auch noch freundlich sein?«

»Großes Missverständnis. Ich bin freundlich. Aber ich weiß mich auch zu wehren.«

Ich stehe auf. »Ich werde es Ihrer Großmutter ausrichten.«

Martin Prager steht auch auf. Er hebt die Arme und lässt sie dann wieder fallen. »Es tut mir leid. Ich bin … Üblicherweise bin ich nicht so. Ich bin durcheinander. Der Tod von Julia nimmt mich mehr mit, als Sie sich denken können.«

»Sie haben sie also doch gemocht.«

»Ja. Kann man so sagen.«

4

Es gibt Orte, da ist die Welt noch in Ordnung. Für mich ist einer dieser Plätze das Weingut Berthold. Mir ist klar, dass es auch hier kein idyllisches Leben gibt. Weinbau ist Business. Und Marketing, wie offenbar fast alles in unseren Breiten. Aber hier scheint vieles zusammenzupassen. Tradition und Fortschritt, Begeisterung für die Arbeit und ab und zu eine Auszeit. Eine Familie, die zusammenhält. Martina würde nie sagen, dass sich ihre Eltern kaum für sie interessiert hätten. Weil es nicht stimmt. Ihr Vater ist einem Verbrechen zum Opfer gefallen, so habe ich die Bertholds kennengelernt. Ihre Mutter hat darum gekämpft, weitermachen zu können. Mit der Unterstützung ihrer Tochter. Vor nicht so langer Zeit ist Dominik dazugekommen. Und seit etwas weniger als einem Jahr gibt es Susi. Evas erstes Enkelkind. Schon das Tor zum Hof ist ein Symbol für mich. Es ist mehr als hundert Jahre alt. Sorgfältige Handwerksarbeit. Als das Haus von Grund auf renoviert wurde, haben die Bertholds entschieden, das Hoftor zu behalten. Und sie haben mit einigem Aufwand ein Fernbedienungssystem einbauen lassen. Ich öffne die kleine Tür im großen Tor und erwarte fast, von Reblaus begrüßt zu werden. So hat der Hund der Bertholds geheißen, vor mehr als einem Jahrzehnt. Aber den gibt es nun doch nicht mehr.

»Eva?«, rufe ich.

»Hier drinnen«, ruft Eva zurück.

Ich gehe zum Verkostungsraum. Er ist modern, mit allem,

was heute erwartet wird. Ein langer, schwerer, glatter Holztisch, Regalböden aus demselben Holz, die eingebauten LED-Lichter setzen die Weine bestmöglich in Szene. Ungewöhnlich ist bloß das Ding in der Mitte. Eine Gehschule. Und darin, auf einer Matte, Susi.

Eva küsst mich auf beide Wangen. Mir kommt es so vor, sie riecht nach Babynahrung. Irgendwie süßlich.

»Martina und Dominik sind in Salzburg. Weinmesse. Und heute kommt eine Gruppe vom Circolo della Caccia aus Bologna, die unsere Weine kosten möchte. Da sollte ich mich gut vorbereiten. Wenn Italiener trotz ihrer wunderbaren Weine zu uns kommen, dann bedeutet das schon etwas.«

»Und Susi ist hinter Gittern, damit sie nicht beißt?«

Susi sitzt neben einem großen Stoffelefanten, strahlt mich an und zeigt ihre ersten Zähne, als ob sie verstanden hätte.

Eva lacht. »Du kinderloses Unwesen.«

»Oma!«

»Und wie gern. Weißt du, dass sie gestern ihre ersten Schritte gemacht hat? Sie ist überhaupt …«

»Eigentlich schon schulreif und ein Genie im Krabbeln und Gehen und Reden und …«

»Genau. Aber sie ist auch bescheiden und versteckt ihre enormen Talente noch. Ich glaube, sie wird Winzerin.«

»Wenn nicht Astrophysikerin. Oder Päpstin.«

»Wir werden ihr nichts in den Weg legen.«

Ich gehe zu Susi und streiche ihr über den Kopf. Blonde Locken, ganz weich und zart. Sie strahlt mich pausbäckig an. »Schon nett, das gebe ich zu. Vor allem, wenn sie bei euch wohnt und ich sie bloß besuchen komme.«

»Zum Glück leben nicht alle Menschen gleich. Warst du beim Neuhof?«

»Neuhof?«

»Na der Hof, auf dem Martin Prager lebt.«

»Ich wusste nicht, dass der Neuhof heißt.«

»Die Leute in der Umgebung nennen ihn so. Vulgo-Namen sind schon immer so entstanden. Inzwischen verwenden ihn die Bewohner auch.«

»Bewohnerinnen.«

»Ach, du meinst, weil die in der weiblichen Form reden. Wenn sie wollen. Und wenn sie nicht mehr anstellen …«

»Was sollten sie anstellen?«

»Nichts. Sie arbeiten fleißig. Auch wenn ich nicht weiß, wie sie von dem leben können, was sie verkaufen.«

»Vielleicht gibt's ja welche, die Geld haben.«

»Martin Prager vielleicht. Und angeblich eine der Mitbewohnerinnen. Sie soll eine App mitentwickelt haben, die dann für viel Geld an einen Konzern verkauft worden ist. Aber das kann auch bloß Gerede sein.«

»Ich habe das Gefühl, dass Martin Prager so einiges verschweigt. Der Tod von Julia Melis scheint ihn ziemlich zu irritieren. Sie hat bei ihm Vorlesungen besucht, an der Columbia. Aber ob das dafür ausreicht?«

»Mir war ihr Weg lieber als seiner. Auch wenn ich das mit der Landwirtschaft eigentlich besser verstehen müsste. Aber wenn sich nicht jemand vorne hinstellt, dem viele zuhören, dann än dert sich nichts. Und ich gebe zu, mir gefällt, dass das jetzt vor allem Mädchen und Frauen sind. Greta Thunberg erinnert mich an meine Schulzeit. Und daran, dass wir uns viel zu wenig zu sagen getraut haben. Martina war da zum Glück schon anders. Auch wenn es manchmal anstrengend war. Aber Julia … Sie war so etwas wie eine Jeanne d'Arc für einen besseren Umgang mit unserer Welt.«

»Die Frage ist bloß: Ging es ihr um die Welt oder ging es ihr inzwischen vor allem um den eigenen Erfolg?«

»Das hat Martin Prager gesagt, nicht wahr?«

»Nicht direkt. Er hat gemeint, dass immer öfter die Methoden im Vordergrund stünden. Kommunikation und Verkauf, bis vom Inhalt nichts mehr übrig ist. Und dass sie die falschen Freunde gehabt hat. Allen voran Herbert Steinkellner.«

»Mister Steinreich. Hm. Hat er sich schon bei dir gemeldet? Ich hoffe, es war okay, dass ich ihm einfach deine Nummer gegeben habe.«

»Ich treffe ihn morgen. Glaubst du, dass Martin Prager ihn auch persönlich kennt?«

»Weil sie beide im Weinviertel leben? Das Schloss ist fast an der tschechischen Grenze.«

»Er hat von einem Haus gesprochen.«

»Er untertreibt. Er hat ein altes Schloss gekauft und wunderschön revitalisiert. Ich war einige Male dort und habe Wein geliefert. Du darfst dir natürlich nicht so etwas vorstellen wie Versailles, bei uns sind auch die Schlösser kleiner. Da gab es keine Riesenherrschaften. Aber die Vorfahren des Adeligen, dem er es abgekauft hat, waren besondere Leute. Spleenig, könnte man sagen. Vor zweihundert Jahren haben sie Teiche angelegt und bei ihren Festen sollen sie darauf mit echten venezianischen Gondeln gefahren sein. Ein paar der alten Murano-Leuchter gibt es immer noch.«

Schon wieder Venedig. »Wie findest du Steinkellner?«

»Eigentlich ganz sympathisch. Normal. Nicht abgehoben. Zumindest nicht bei mir. Er kauft unseren Wein, und das schon seit vielen Jahren. Es hat begonnen, als Hans noch am Leben war. Damals … als Hans als neuer ›Starwinzer‹ gehandelt wurde.«

»Ich kann mich erinnern«, murmle ich. Wenig später war er tot. Von einem Hochstand aus erschossen. Dass seine blauen Augen nicht nur mir ganz gut gefallen haben, ist längst Geschichte.

»Steinkellner war sehr in Ordnung. Als nicht klar war, ob wir das Weingut behalten und die Schulden zurückzahlen können, hat er zu mir gehalten und mir mehr Wein abgekauft, als er jemals trinken kann. Klar, dass die Leute ihn schief anschauen, er ist zu erfolgreich. Ich muss mich auch zusammennehmen, damit ich ihn nicht versehentlich Herr Steinreich nenne.«

»Würde es ihn stören?«

»Ich glaube, eigentlich nicht.«

»Warum unterstützt er Julia Melis und CHANCE!?«

»Es wird viel geredet …«

»Was?«

Eva steht auf und geht zu Susi, die sich an den Gitterstäben hochgezogen hat. »Sieh dir an, wie viel Kraft sie schon hat.«

»Ein Wunderkind, ich sag es ja.«

»Wer weiß, ob sie nicht schon gehen kann, wenn ihre Eltern zurückkommen.«

»Wie lange bleiben sie denn weg?«

»Bis morgen.«

Ich verdrehe die Augen, aber Eva merkt es nicht, sie ist zu sehr auf ihre Enkeltochter fixiert.

»Es ist wichtig, dass man etwas gegen den Klimawandel unternimmt«, sagt sie dann. »Er ist Tatsache, das merkt jeder, der in der Landwirtschaft arbeitet. Heiße Sommer hat es immer schon gegeben und auch ein paar Tage mit zwanzig Grad im November waren sicher schon da. Aber hier auf dem Hof gibt's Aufzeichnungen. Schon die Großmutter von Hans hat damit begonnen, seine Mutter hat weitergemacht und ich hab es nach ihrem Tod übernommen. Eine Art Hausbuch. Die wichtigsten Ereignisse, die Erntetermine, der Zeitpunkt der Weinblüte, das Wetter. Und wenn du dir das ansiehst, dann gibt es eine klare Tendenz zu immer früheren Blühzeiten, zu immer höheren Temperaturen. Spätfröste gibt's allerdings nach wie vor. Sie sind gefährlicher als früher, weil die Rebstöcke weiter sind. Ich will, dass auch Susi und ihre Kinder gut leben können.«

»Du unterstützt CHANCE!?«

»Nicht nur ich, auch Martina und Dominik. Warum also

sollte Steinkellner CHANCE! nicht unterstützen, wo er um so viel mehr Geld hat?«

»Er hat ihnen eine dubiose Agentur gesponsert. Sie steht mit einer anderen in Verbindung, die für Atomstrom lobbyiert.«

»Schon mal etwas von Fake News gehört?«

»Scheint Tatsache zu sein.«

»Ah. ›Scheint‹ und ›Tatsache‹ passen nicht so gut zusammen, oder?«

Ich lache. »Da kommt jetzt wieder die Lehrerin in dir durch. – Hast du es eigentlich nie bereut, deinen Beruf und deine Unabhängigkeit aufgegeben zu haben?«

Eva sieht mich nachdenklich an. »Selten. Vielleicht ab und zu, als ich mir nicht sicher war, ob unsere Ehe trotz aller Liebe hält. Du weißt … Er hat vielen gefallen. Und ihm hat das geschmeichelt. Das zumindest. Und nach seinem Tod … als ich jeden Cent hätte brauchen können, um die Schulden zahlen zu können. Aber viel öfter hab ich in dieser Zeit darunter gelitten, ganz allein auf mich gestellt zu sein. Auch wenn Martina von Anfang an eine große Hilfe war.«

Ich räuspere mich. Meine dummen Alltagsprobleme. Eva und Martina hatten wirklich welche, und sie haben sie gemeistert. »Steinkellner. Du hast recht, ich sollte erst einmal klären, ob die Sache mit der Agentur stimmt.«

»Ich weiß nicht viel von ihm, aber so wie ich ihn kenne, ist er in Ordnung.«

»Eitel?«

»Nicht mehr als andere, die viel weniger Grund dazu haben. So häufig sehe ich ihn auch wieder nicht. Er wohnt nicht ständig hier. Er ist an zahlreichen Unternehmen beteiligt, an manchen nur mit Aktien, bei anderen mischt er direkt mit. Er hat einiges saniert. Sein Stammunternehmen ist in Udine. Eine große Spedition.«

»Im Friaul? Ausgerechnet?«

»Warum?«

»Dort ist das Hauptquartier von CHANCE!.«

»Auch das Friaul ist nicht gerade klein.«

»Womöglich war er dort, als Julia ums Leben gekommen ist.«

»Was du vermutest, ist absurd. Er hat sie unterstützt. Warum sollte er sie umbringen?«

»Um selbst vorne zu stehen?«

»Vergiss es. Er hatte Freude daran, dass Julia ihre Sache so gut gemacht hat. Wir haben darüber geredet. Er hat gesagt, er mag es viel mehr, der Mann im Hintergrund zu sein.«

»Der die Puppen tanzen lässt.«

»Du kennst ihn nicht. Er ist ein Macher, das sicher. Aber das ist etwas anderes.«

»Macho?«

»Kein typischer, würde ich sagen. Rede mit ihm, bevor du dich in Vorurteile verrennst.«

Susi sieht uns beide an, öffnet den Mund und beginnt ansatzlos zu weinen. Eva hebt sie aus der Gehschule und drückt sie an sich. »Sie ist müde.« Sie lächelt, als ob sie das Gebrüll nicht stören würde.

»Warum weint sie dann, statt zu schlafen?«

»Oh meine Mira. Sooo einfach ist das auch wieder nicht.«

Ich strecke Susi vorsichtig einen Finger entgegen. Sie linst mich an, überlegt, packt ihn dann mit erstaunlicher Kraft und grinst.

»Ich hab sie beruhigt«, sage ich zu meiner Freundin. Irgendwie ein ausgesprochen gutes Gefühl. Ich zwinkere der Kleinen zu. Sie reißt die blauen Augen auf und grinst weiter. Wir beide verstehen einander. Die wird wirklich einmal etwas ganz Besonderes.

»Sie hat dich schon eingewickelt«, konstatiert Eva.

Ich spaziere hinauf zum ältesten Weingarten der Bertholds. Über fünfzig Jahre alt sind diese Reben schon. Dicke, knorrige, knotige Stämme, dunkles Astgewirr vor blauem Himmel und ein paar wenige gelb und rot gefärbte Blätter, die hängen geblieben sind. Hier, unter einem Stock, der nach der Überlieferung der Familie der allerälteste sein soll, liegt meine Gismo begraben. Gefährtin über beinahe zwei Jahrzehnte, mutige Schildpattkatze mit einem flammend orangen Streifen auf der Brust. Allerheiligen ist vorbei, aber ich bin ja auch nicht gekommen, um für die Auferstehung von den Toten zu beten. Ich will einfach an sie denken. Und an den Lauf der Welt. Dass sie immer heißer wird, ist eigentlich ganz logisch. Alles wird schneller und schneller, die Stimmung aufgeheizter, aufgeregter die Zeit, da soll die Erde cool bleiben? Wobei. Es so zu sehen bedeutet zumindest, die Ursachen der Erhitzung zu leugnen. Sie passiert nicht einfach so. Wir sind schuld daran, dass viel zu viel CO_2 und andere klimaschädliche Gase in die Luft geblasen werden.

Von diesem Hügel aus kann man die Spitzen einiger Windräder sehen und weiter entfernt, bei gutem Wetter, die Skyline von Wien. Wie viel Fortschritt darf es geben? Werden wir immer egoistischer? Brauchen wir immer mehr und mehr? Gismo kann mir darauf keine Antwort geben. Konnte sie auch früher nicht. Sie hätte mich aufmerksam angesehen und telepathiert, dass man darüber am besten beim Essen nachdenken sollte. Oder sie hätte sich ganz eng zu mir gedrückt und …

Da war ein eigenartiges Geräusch.

Irgendein Tier. Welches Tier? Hase. Dazu war das Geräusch zu laut. Ein großer Hund? Wieder denke ich an Reblaus. Nicht weit von hier, auf einem dieser Hügel, hab ich ihn zum ersten Mal gesehen. Ein derart freundliches Tier, dass ich meine Skepsis großen Hunden gegenüber schnell vergessen habe. Der Geist von Reblaus? Geister bewegen keine Büsche. Außerdem glaube ich nicht an sie. Weder an menschliche noch an tierische. Das da ist real.

Vielleicht ist Eva mir nachgegangen. Aber dann würde sie sich wohl nicht verstecken. Ein Reh? Rehe sind scheu. Ich sehe mich langsam um. Dass es noch so viel menschenfreie Natur gibt. Momentan ist sie mir zu viel. Mein Telefon. Ich sollte jemanden anrufen. Und sagen, da raschelt etwas in den Büschen? Mach dich nicht lächerlich, Mira. Du hast einfach einen unterentwickelten Zugang zur Botanik. Ich schaue noch einmal zurück zum Rebstock, unter dem Gismo begraben liegt. Jetzt gibt es Vui, unseren weißen Riesen. Er wird sich freuen, wenn ich heimkomme. Ich verbiete mir, in die Büsche zu starren, und stapfe an ihnen vorbei, die Rebzeile hinunter. Der Boden ist trocken. Es hat schon lange nicht geregnet. Eva sagt, dass es, auch was die Trockenheit angeht, eine eindeutige Entwicklung gibt. Der Niederschlag nimmt ab. Sie mussten Weingärten bewässern, um einen vernünftigen Ertrag zu bekommen. Das kostet. Und die Pumpen brauchen Diesel. Und der verbrennt unter anderem zu CO_2, ein Prozess, der sich immer weiter aufschaukelt, bis …

Der Schlag auf meinen Rücken ist so heftig, dass ich falle. Ich habe nichts gehört. Oder nur Sekundenbruchteile vorher. Ich knie im Gras zwischen den alten Rebstöcken, ich bekomme kaum mehr Luft, aber bevor ich mich wehren kann, bevor ich aufsehen kann, kommt der zweite Schlag. Auf die Schulter. Ich krümme mich zusammen, versuche die Arme über das Gesicht zu ziehen, ich kann nicht anders, ich sehe doch hoch, zwei große Gestalten, schmale Hüften, breite Schultern, Strumpfmasken. Das Tattoo, ich habe Vesna vom Tattoo erzählt, ein schwarzer Blitz, aber die Jacken haben lange Ärmel, schwarze lange Ärmel. Ich versuche einfach hügelabwärts zu rollen, aber so steil sind die Weinberge hier nicht. Ich muss auf, weg, Eva, warum ist sie nicht mitgekommen? Ich schmecke trockene Erde, ich versuche, nach dem einen zu treten, aber stattdessen tritt der mich. Er hat nicht richtig getroffen, trotzdem ein heller Schmerz, wie ein Stromstoß, in meiner Hüfte.

»Lass«, sagt der eine dumpf.

»Die soll sich das merken. Und uns vergessen.«

Ich röchle etwas, es sollte so etwas wie »na sicher« heißen, hilft ja extrem beim Vergessen, wenn man zusammengeschlagen wird.

»Das ist nur der Anfang. Wir finden dich immer, wenn du Mist redest«, sagt der Erste wieder. »Oder schreibst. Wir wissen, wer du bist. Vergiss die Briefe an CHANCE!. Und das andere. Wehe, du schreibst etwas.«

Ich rolle mich zusammen, so gut es geht. Aber mein Rückgrat. Wenn sie mein Rückgrat … Vesna würde kämpfen. Gismo hat gekämpft. Ich liege einfach nur auf der Erde.

»Wenn man bewusstlos ist, dann weiß man nichts mehr«, sagt der Zweite. Er kickst, als wäre er im Stimmbruch, aber so jung kann er nicht sein, bei der Größe und diesen Schultern, oder gibt's inzwischen Monsterteenager? Gegenzüchtungen zu den Gretas dieser Welt?

»Du stoppst den Mist im Internet«, fordert der Erste.

Was? Ich habe keine Ahnung, wovon er spricht.

»Sag ja«, knurrt er.

Ich kann nicht reden, ich kann nicht nicken, sonst gebe ich meine Deckung auf.

Wieder ein Tritt, diesmal gegen den Oberschenkel. Höllischer Schmerz, haben sie mir das Bein gebrochen? Ich muss schreien, man muss schreien, wenn man angegriffen wird. Aber wer sollte da kommen? Die Natur, die viele Natur …

»Scheiße«, sagt der Kickser. Ich sehe, wie er seine Füße bewegt. Dreckige Sportschuhe mit dicker Sohle.

Noch ein Geräusch. Ein ganz anderes. Wie von einem Pferd. Eva hat kein Pferd. Nach dem Pferd kam der Traktor. Der braucht CO_2, nein, er stößt es aus.

»Haut ab«, schreit jemand. »Oder ich trete euch nieder! Ich hol die Polizei!«

Das ist kein Pferd.

Ich rapple mich auf, sehe gerade noch, wie sich die beiden im wahrsten Sinn des Wortes aus dem Staub machen. Trockene Erde und ein wenig Grün. Und vor mir einer auf einem Pferd. Das gibt's nur im Märchen. Aber mir tut alles ganz real weh. Er springt aus dem Sattel, beugt sich zu mir. »Geht's? Soll ich die Rettung …«

Ich starre ihn an. »Was machen Sie hier?«

»Dich retten, offenbar. Wie geht's? Wer waren die?«

Ich schüttle den Kopf. Dann versuche ich die Beine zu bewegen. Gelingt auch. Dumpfes Pochen in der Hüfte. Hellerer Schmerz in der Schulter.

»Soll ich nicht doch die Rettung rufen?«

Ich schüttle wieder den Kopf, diesmal schon forscher.

»Polizei?«, fragt er weiter.

»Ich hab eine Ahnung, wer die sind«, sage ich und merke, dass ich Erde im Mund habe. Ich spucke.

»Soll ich dir aufhelfen?«

Martin Prager steht mit hängenden Armen da. Sein Pferd zupft eines der letzten Blätter vom Weinstock.

»Weinkenner?«, versuche ich zu scherzen und huste. Ich muss auch im Hals etwas Erde haben.

»Ali. Ein Friese. Wir wollten ihn ursprünglich Otto nennen, aber das war uns dann doch zu dumm.«

Ich stütze mich auf das rechte Handgelenk und versuche aufzustehen.

Stich im Oberschenkel. Ich lasse mich zurücksinken.

Martin Prager reicht mir die Hand. »Probieren wir es gemeinsam oder meinst du, dass etwas gebrochen ist?«

»Ich glaub nicht.«

Blitze in der Schulter, als er mich aufzieht. Das Bein schmerzt, aber ich stehe.

»Wer waren die?«, wiederholt er.

»Wenn ich mich nicht täusche, dann haben sie bei CHANCE! in Wien eingebrochen und ich hab sie gestört.«

»Und dafür rächen sie sich jetzt?«

»Ich begreife es nicht. Sie haben irgendwas von Mist im Internet gesagt und dass ich ihn stoppen soll. Und nichts mehr schreiben.«

»Ob sie das schaffen? Es gibt verdammt viel Mist im Internet. Aber wie die Hüter des korrekten Umgangs haben die auch nicht gerade ausgesehen.«

Ich lächle. Das geht, ohne dass mir etwas wehtut. »Was machen Sie hier?«

»Na ja. Ich hab nachgedacht. Ich hätte dir mehr erzählen sollen. Steinkellner. Julia wollte sich von ihm trennen.«

»Die hatten etwas miteinander?«

»Doch nicht so. Als Sponsor.«

»Oder vielleicht doch auch so?«

»Unsinn«, sagt Martin Prager schroff. »Es gab Auseinandersetzungen. Julia war sauer wegen dieser Agentur. CoConcept. Ihre Methoden hat sie noch verteidigt, auch gegen interne Kritik. Aber als sie draufgekommen sind, dass CoConcept und Hutchton-Forbes verflochten sind, war ihr das zu viel. Sie hatte ohnehin genug Feinde. Da darf sie sich nicht unnötig angreifbar machen. Wie wirkt das, wenn eine Agentur für sie arbeitet, deren Partner sich um ein gutes Image für Diktatoren, die Ölindustrie oder Atomkraftwerke kümmert?«

Ich reibe mir meine Hüfte. »Könnte es sein, dass Steinkellner ihr die Agentur ganz bewusst untergejubelt hat? Sie passt auf, was bei CHANCE! passiert. Und dass es ihm eigentlich um etwas ganz anderes geht? Investitionen in Atomkraftwerke. Samt neuen Förderungen, weil sie ja angeblich saubere Energie erzeugen. Etappensiege in der EU hat es ja schon gegeben.«

»Wer weiß. Auf alle Fälle hat Julia ihm vertraut und dann war sie sehr sauer auf ihn.«

»Woher wissen Sie so gut Bescheid?«

»Du, wenn es okay ist. Wo ich dich gerettet habe.« Martin

Prager lächelt ein wenig und sieht mit einem Mal sehr sympathisch aus. Beinahe wie ein richtiger Held.

»Du, mein Retter. Woher weißt du so gut Bescheid?«

»Gemeinsame Freunde. So groß ist die Szene auch wieder nicht.«

»Und da kommst du hoch zu Ross …«

»Pferde sind nicht nur nett, sondern auch wunderbare Transportmittel. Und Arbeitstiere. Ali und drei andere setzen wir in unseren Weingärten ein.«

»Ihr macht Wein?«

»Sind wir hier im Weinviertel oder nicht? Kann schon sein, dass du mich für einen seltsamen Sektierer hältst, aber ich lebe gerne gut. Pferde habe ich immer gemocht, sie sind mir hundertmal sympathischer als irgendwelche Autos.«

»Elektroauto?«

»Auch als Elektroautos. So klein ist ihr ökologischer Fußabdruck nämlich nicht. Schon wegen der Batterie. Aber jedenfalls sind sie, wenn sie mit Öko-Strom gefahren werden, besser als ein alter Stinker.«

»Ich hab eins.«

»Hab ich gesehen. Wird modern.«

»Und das heißt jetzt was?«

»Gewisse Menschen leisten sich Öko-Konsum. Und fühlen sich gut dabei.«

»Apropos Sektierer.«

»Viel wichtiger wäre es, sich zu überlegen, wie viel wir konsumieren müssen. Und worauf wir besser verzichten. Aber das ist halb so lustig. Da kann man auch nicht herzeigen, wie öko man lebt und was man sich leisten kann.«

»Ich habe verstanden. Hoch zu Ross ist natürlich viel besser.«

»Ich … Wird schon so sein.«

»Wie konntest du wissen, dass ich hier bin?«

»Du meinst, ich habe dir die beiden Typen zum Erschrecken geschickt und dann komme ich als edler Ritter?«

»Dafür hättest du allerdings auch wissen müssen, wo ich bin.«

»Dein Kopf hat nicht gelitten.«

Ich hebe spöttisch die Schultern und zucke zusammen.

»Soll ich nicht doch die Rettung …?«

»Nein. Und ich will auch nicht hinten aufs Pferd.«

»Das ist kein Motorrad. Die Damen sitzen vorne.«

»Kann es sein, dass du gerne recht hast?«

»Ist mir egal, ich habe nur einfach oft recht.«

»Jetzt weiß ich, dass du mit deiner Großmutter verwandt bist.«

»Hab ich nie bestritten. Ich habe gewusst, wo du bist, weil ich gerade vorher bei Eva Berthold war.«

»Und wie …«

»Apropos: Du hast erzählt, dass du ganz spontan bei uns vorbeigeschaut hast, bevor du zu deiner Freundin fährst.«

»Das klingt, als würdest du mir nicht glauben.«

»Du wolltest meine Mitbewohnerinnen aushorchen.«

»Aber die haben ja ohnehin nach Karotten gegraben.«

»Ich begleite dich noch zu deiner Freundin.«

»Und das Pferd?

»Ali geht mir einfach nach.«

»Wie ein Hund?«

»Wie ein Pferd.«

5

Ich treffe mich mit Vesna und ihrem Sohn Fran im Café Sluka in der Kärntner Straße. Es wirkt, als wäre es immer schon da gewesen, obwohl es in dieser Form erst seit ein paar Jahren existiert. Wien hat es schrittweise adoptiert. Zuerst kamen die Touristen, jetzt kommen langsam auch die Einheimischen. Und sollte man in zehn Jahren daran etwas verändern wollen, würden alle protestieren. Fran hat sein Büro in der Nähe. Eine erfolgreiche kleine Software-Firma braucht nicht viel Platz, aber eine zentrale Adresse, um gute Kunden anzuziehen. Janas Zwillingsbruder. Beide haben studiert, beide gehen ihren Weg. Und sie mögen sich, so unterschiedlich ihre Richtungen auch sind.

»Kevin Schmolle«, sagt Vesna und hält mir das Foto eines jungen Mannes hin. Kurze dunkle Haare, breite Schultern, erstaunlich runde braune Augen. »Kann er einer der beiden gewesen sein?«

»Kann er. Hat er einen Blitz eintätowiert?«

»Haben sie alle.«

»Wer, alle?«

»Die von Natio.«

Fran nickt. »Die Hälfte einer Nazi-Rune mit einer Pfeilspitze dran. Die Verfassungsschützer stufen die Gruppierung als rechtsextrem ein. Aber man kann sie kaum bekämpfen. Sie sind nicht einmal ein Verein. Sie sagen, sie sind bloß Kumpels, die gemeinsam trainieren.«

»Die also. Fragt sich bloß, was«, murmle ich.

»Kraft, Ausdauer. Sie haben immer mehr Zulauf. Sie mieten ganze Fitnesscenter. Danach zu diskutieren und Bier zu trinken ist ja nicht verboten. Sie machen Schulungen, auch online. In einem deutschen Magazin war eine interessante Reportage. Sie vernetzen sich international und machen kein Hehl daraus, dass sie rechts sind. Aber sie sagen, sie agieren nicht mit Gewalt, das hätten sie nicht notwendig. Sie wollen unsere Gesellschaft vor dem ›großen Austausch‹ bewahren, der angeblich geplant ist. Sie labern vom christlichen Abendland und von islamistischen Fremdvölkern.«

»Immer noch? Obwohl das Attentat in der neuseeländischen Moschee von Christchurch doch schon ziemlich lange her ist?«

Fran verzieht das Gesicht. »Sie sind empört, dass sie damit in Verbindung gebracht werden. Was könnten sie denn dafür, was so ein Attentäter schreibt.«

»Immerhin hat er ihnen Geld überwiesen.«

»Gleiche Reaktion: Sie hätten ihn nicht um Geld gebeten, was könnten sie dafür, wenn …«

»Von denen will ich nicht beschützt werden«, knurrt Vesna.

»Ohne Gewalt? Ich habe einen riesigen blauen Fleck am Oberschenkel und die Schulter tut immer noch weh«, werfe ich ein. »Und ihr Tattoo …«

»Weißt du, was sie sagen, wenn das jemand als faschistisches Symbol bezeichnet? Man müsse pervers sein, um selbst in einem Blitz ein Nazi-Symbol zu sehen.«

»Wer sind diese Leute?«

»Junge Typen, Kennzeichen weiß und arisch. Kommen zum Großteil aus der Mittelschicht, sind auch genug dabei, die höhere Schulbildung haben oder studieren. Wenn es um den Islam ginge, würde man sie ›Radikalisierte‹ nennen. Sie fühlen sich als Elite. Sie finden, dass ihnen mehr zusteht. Und sie haben ein Naheverhältnis zu den offiziellen Rechten.«

Vesna nickt. »So ähnlich wie Paramilitärs.«

Fran wiegt den Kopf. »Wenn, dann Paramilitärs der nächsten Generation. Schlimm genug, wenn solche Typen in Ungarn oder Polen marschieren. Bei Natio sind weniger Underdogs, dafür sind sie besonders überheblich, sie provozieren, sie verspotten alle, die sich über sie aufregen.«

»Gibt's Hinweise, dass dieser Schmolle oder sein Kumpel eine Verbindung zur Partei haben?«, frage ich.

»Da sind wir noch dran. Leute von Natio treten bei Parteiveranstaltungen als Ordnungskräfte auf, das jedenfalls ist bekannt. Einzelne von ihnen haben auch untergeordnete Parteifunktionen, hab ich zumindest in einer Reportage gelesen.«

»Nicht gut für ihr Image, wenn sie die Mehrheit möchten. Weil so tickt Österreich denn doch nicht.«

Fran schüttelt den Kopf. »Ihr Umfeld und ihre Skandale werden in Kauf genommen. Denk an den Skandal, als die Partei den Russen gegen Parteispenden halb Österreich angeboten hat, Wasser inklusive, an die Korruptionsgeschichten, an die Nazi-Sprüche. Was ist geschehen? Die Partei hat ein paar Funktionäre fallen lassen und sie hat sich in Patriotisch Soziale Union umbenannt. Sie richten eine Kommission ein, besetzen sie mit Freunden, warten, bis die Medien es vergessen haben. Was haben sie mit den alten Skandalen zu tun. Und wer das nicht so sieht, der will sie nur verleumden, der hasst Österreich und die echten Österreicher.«

Ich seufze. »Was können wir gegen solche wie die von Natio tun?«

Fran reibt sich die Stirn. »Wir haben bei CHANCE! das Foto von Kevin Schmolle herumgezeigt. Aber offenbar hat ihn niemand gesehen. Es war idiotisch, dass sie, ohne mich einzubinden, im Internet provoziert haben. Sie haben was von einem politischen Knalleffekt gepostet. Man wisse, wer hinter den Drohbriefschreibern und Einbrechern stehe, demnächst werde alles veröffentlicht.«

»Kann es sein, dass sie geglaubt haben, dass ich das veröffentlichen werde?«, frage ich.

»Sieht so aus. Deswegen auch die Warnung vor dem ›Mist im Internet‹ und dass du nichts schreiben darfst. Immerhin haben sie dich im Büro gesehen.«

»Und ich bloß zwei große schwarze Gestalten. Und ein Tattoo. Wie kommt ihr eigentlich auf diesen Kevin Schmolle?«

»Ich habe seine Aktivitäten im Internet verknüpft. Passt alles zusammen, seine Postings, seine Biografie.«

»Und ich habe es klassisch gemacht«, ergänzt Vesna. »Er hat keine Alibis, eigentlich sollte er gestern auf einem Schiff Richtung Bratislava sein.«

»Randalieren mit seinen Kumpels? Ihre rechten Freunde in der Slowakei besuchen?«

»Seine Mutter ist gestern fünfundvierzig geworden. Sie ist Krankenschwester und hat nichts mit der Szene zu tun. Sie versucht immer wieder, ihren Sohn da rauszuholen. Er hat sogar die Zulassung zum Medizinstudium geschafft, aber er hat nie eine Prüfung gemacht und irgendwann es war vorbei. Jetzt studiert er Philosophie. Früher er war bei so einer schlagenden Studentenverbindung. Und er hat bei rechtsextremem Cyberspiel mitgetan. Charaktere von Führer bis zu Wächtern für Lager für Minderwertige, wie sie sagen. Bei Natio ist er noch nicht lange.«

»Und bereitet jetzt mit ihnen die weiße Weltrevolution vor«, ätzt Fran.

»Jedenfalls sagt seine Mutter, dass er normal bei so etwas wie Geburtstag verlässlich ist.«

»Und der Zweite?«, will ich wissen.

»Da wissen wir weniger, wir haben ein paar Ideen. Könnte Hooligan gewesen sein, bevor er zu weißer Elite durfte.«

»Und ihr meint, die beiden könnten auch hinter dem Tod von Julia stecken?«

»Auszuschließen ist es nicht.«

»Der Sprung vom Hassposter zum realen Täter …«

Fran schüttelt den Kopf. »Du weißt, es gibt nur eine Welt. Das Netz ist ebenso real wie dieser Tisch da. Die Typen sind offenbar ziemlich aggressiv. Hast du ja gemerkt.«

»Jedenfalls haben wir durch Angriff auf dich eine Art Bestätigung. Sie wollen nicht, dass rauskommt, dass sie Hass gepostet und eingebrochen haben. Nur schade, du hast sie nicht wirklich erkannt«, meint Vesna ungerührt.

»Sehr nett«, murmle ich.

»Natürlich war das dumm von CHANCE!, ich habe es Jana schon gesagt, und wie«, ergänzt meine Freundin. »Glauben, sie können provozieren und uns nichts sagen. Das ist Sache für einen Spezialisten. Ich hätte dich nirgendwo alleine hingelassen. Dann hätten wir die beiden gehabt.«

»Sorry, dass ich ohne dich nicht imstande war, die Schläger hopszunehmen.«

»Leider. Vielleicht, wenn du mehr trainierst …«

»Ach, jetzt bin ich auch noch schuld?«

»Habe ich nicht gesagt.« Vesna tätschelt mir die Hand. »Du bist in anderen Sachen gut. Aber was ich nicht verstehe: Warum ist dieser Martin Prager nicht hinter ihnen her? Er war auf einem Pferd.«

»Quasi berittene Polizei privat«, höhnt Fran.

»Er hat sich Sorgen um mich gemacht«, überlege ich. »Aber ich habe immer noch den Eindruck, dass er lange nicht alles erzählt, was er weiß.«

»Ich hätte mir auch Sorgen gemacht, wenn du auf der Erde liegst, trotzdem ich wäre ihnen nach. Vielleicht er hat das gar nicht gewollt.«

»Aber warum dann das Theater hoch zu Pferd? Und was hat einer wie er mit solchen Typen zu tun?«

»Vielleicht er hat sie auch provoziert. Nur anders. Er hat gewusst, dass du zu Eva willst?«

»Ja, ich hab es ihm erzählt. Dass ich spontan beschlossen habe, zu ihr zu fahren und bei ihm vorbeizuschauen. – Moment. Er hat schon früher gewusst, dass ich komme. Eva hat ihm eine Nachricht geschickt.«

Vesna rührt nachdenklich in ihrem Kaffee. »Er gibt ihnen einen Hinweis, er hetzt sie auf. Sie verfolgen dich. Und wenn du ganz alleine bist, sie schlagen dich nieder und er kommt als Retter.«

»Und was soll ihm das bringen?«

»Erstens du bist eingeschüchtert. Und zweitens du bist ihm dankbar. Man ist immer dankbar dem edlen Ritter.«

»Aber warum will er das?«

Fran überlegt. »Bei CHANCE! wissen alle Bescheid über den Einbruch. Und sie haben das Foto von diesem Kevin Schmolle gesehen. Vielleicht hat jemand von CHANCE! bessere Kontakte zu Martin Prager, als die anderen wissen. Er inszeniert den Angriff, um den Leuten von Natio Julias Tod in die Schuhe zu schieben.«

»Ich hoffe, Jana ist bald wieder zurück«, knurrt Vesna. »Da ist zu viel wirr.«

»Sie wird schon kommen, Mam. Dafür, dass du sie dauernd kritisiert, hängst du doch sehr an ihr.«

»Familie man kann sich nicht aussuchen.«

Fran zwinkert mir zu. »Und Mira ist da meistens mitgemeint. – Fassen wir zusammen, was wir auch ohne Jana wissen: CHANCE! hat via Facebook, Twitter, TikTok, Instagram verbreitet, dass in ihr Wiener Büro eingebrochen worden ist. Und dass die Täter offenbar nach Drohbriefen gesucht haben, deren Absender inzwischen klar seien. Man spottet und dankt für die Bestätigung, man postet, die Sache hätte politische Zusammenhänge und würde demnächst öffentlich gemacht. Daraufhin haben viele gelikt und geteilt und andere haben geschimpft und geteilt. Linkslinke Ökos, Feinde der Nation, christliches Abendland. Einbrechen sei zu wenig, abfackeln hätte man das Büro sollen, Klimawandel gibt's keinen. Ein rechter Landesrat hat gepostet, seine Partei solle wohl wieder einmal zum Sündenbock gestempelt werden für alles, was aus dem Ausland kommt. Schon spannend, dass er sich betroffen fühlt, obwohl noch niemand gesagt hat, welche politischen Verbindungen die Einbrecher haben. Jedenfalls hab ich alle Reaktionen anhand von Mustern und Häufigkeiten und früheren Netzaktivitäten gerastert und dann gemeinsam mit den konventionellen Methoden von Mam gefiltert, und herausgekommen ist Kevin Schmolle und ein paar andere mit etwas geringerer Wahrscheinlichkeit. Und sein Bild haben wir dann herumgezeigt.«

»Wir hätten sie wirklich erwischen müssen«, seufze ich.

»Mit Glück sie probieren es noch einmal«, meint Vesna.

»Sehr beruhigend.«

»Sie haben gedroht. Sie haben gedacht, du warst es, die veröffentlichen will. Was ist, wenn du wirklich über Drohbriefe und Zusammenhänge schreibst?«

»Hast du ein paar Personenschützer zu viel? Ganz abgesehen davon, dass ich in Wirklichkeit nichts weiß. Und die von CHANCE! offenbar auch nicht.«

Vesna lächelt. »Ich bin dran. Es gibt Verbindungen zur Partei, ziemlich sicher. Ich finde es heraus. Du weißt, ich habe bloß Putzfirma. ›Sauber – Reinigungsarbeiten aller Art‹. Aber man muss versuchen, alles Mögliche sauber halten. Ich kann auf dich aufpassen.«

»Weißt du, was ich will? Meine Ruhe.«

»Eben. Dafür müssen wir herausfinden, was die getan haben. Und wer hinter ihnen steckt.«

»Es gibt Polizei.«

»Ach ja, und denen sagst du, die Schläger waren schwarz angezogen und haben hinter Busch gelauert. Und sie haben Deutsch gesprochen. Dein Freund Droch ist mit Zuckerbrot,

Mordkommissar in Ruhe, in Asien. Kannst du momentan vergessen, die beiden. Und den Dorfgendarmen Polt im Weinviertel gibt es nur im Kriminalroman.«

Ich starre meine Freundin an. »Da hast du recht. Aber es gibt den Bezirkspolizeikommandanten Fritz Nemecek. Warum ich nicht gleich an ihn gedacht habe?«

»Weil er nicht zu tun hat damit.«

»Sie haben mich in seinem Bezirk zusammengeschlagen. Nemecek ist gut und er ist unkonventionell.«

»Kevin Schmolle und seine Trainingskumpels sind aus Wien.«

»Was, wenn sie Verbindungen zu Steinkellner haben? Das Schloss liegt in Nemeceks Polizeibezirk. Martin Prager traut Steinkellner einiges zu.«

»Der Aussteiger ist mindestens gleich verdächtig.«

»Ich weiß nicht … Er gibt keine Interviews, hat Martin Prager gesagt. Vielleicht schaffe ich es trotzdem, eines zu bekommen. Sam wollte, dass ich über die Hintergründe von CHANCE! schreibe, auch über die Frage, wie weit Populismus gehen darf. Er ist der Antipopulist schlechthin.«

Vesna runzelt die Stirn. »Was er nicht ist, wissen wir. Aber was ist er? Was will er wirklich? Wer lässt Professorposten in Amerika sein für Bohnen in Österreich?«

Vielleicht will er mit uns spielen, denke ich, als ich wenig später vor meinem Laptop sitze. Martin Prager hat mir eine Nachricht geschickt. Mit Material über die Agentur Hutchton-Forbes. Es liest sich wie Fake von der anderen Seite. Oder wie Best of Böse. Für amerikanische Öl-Multis hat die Agentur in den Neunzigerjahren die »Global Climate Coalition« aufgebaut. Mit dem Ziel, Maßnahmen gegen die Klimaerwärmung zu unterlaufen. Fake war für sie schon damals kein Fremdwort. Sie gründeten falsche Umweltbewegungen, die dann öffentlichkeitswirksam ihre Thesen widerriefen und zur Öl-Lobby überliefen, sie lancierten angebliche Wissenschaftler, die menschengemachte Klimaveränderungen leugneten, sie denunzierten Politiker, die sich für eine verantwortliche Umweltpolitik einsetzten. Und seit einiger Zeit will Hutchton-Forbes, natürlich gegen Geld, auch der Atomlobby Gutes tun. Plötzlich können ihre Experten gar nicht genug vor der bevorstehenden Klimakatastrophe warnen. Und vor den bösen Ölkonzernen. Putin, arabische Diktaturen, denen wir uns in Europa ausgeliefert haben. Den Ausweg liefern sie gleich mit: Atomstrom. Er ist sauber, er erzeugt kein CO_2. Er wird von europäischen Firmen produziert.

Screenshot einer Seite, die offenbar von einem deutschen Öko-Regionalverband stammt. Ich lese:

Sie sind Chef eines amerikanischen Fleischkonzerns und die Verbraucher wollen Ihr Industriefleisch nicht mehr kaufen? Sie leiten einen Chemiemulti und wegen eines kleinen Unfalls mit Tausenden Toten braucht das Firmenimage eine Aufbesserung? Eine rot-grüne Regierung ist drauf und dran, Steuern auf Verpackungen einzuführen? Soldaten und Söldner konnten ein von der Staatsspitze angeordnetes Massaker nicht verheimlichen? Ihr Unternehmen gehört eigentlich russischen Oligarchen? Ihre Aktien sinken, weil die Menschen keine genmanipulierten Nahrungsmittel kaufen wollen? Es gibt eine Firma, die sich mit Freude um solche »Kommunikationsprobleme« kümmert – Hutchton-Forbes. Ihnen ist kein Diktator, ihnen ist keine Technologie zu schmutzig. Sie organisierten Demonstrationen für Monsanto, eine Kampagne gegen Wolodymyr Selenskyj, und Facebook musste zugeben, dass man die Agentur beauftragt hatte, um Google öffentlich schlechtzumachen.

Mir ist klar, dass ich das überprüfen muss. Nur weil Martin Prager mir aus dem Internet kopierte Seiten schickt, handelt es sich noch lange nicht um Facts. Das Ganze erscheint mir sehr dick aufgetragen. Kann es so eine Agentur tatsächlich geben? Ich gehe auf die nächste Seite des Dossiers.

Interview eines Onlinemagazins mit Harald Munster. Er ist der Chef des Hutchton-Forbes-Büros in Brüssel.

»Ich bin eben flexibel«

Harald Munster, der Freund und Helfer der größten Kapitalisten weltweit, bezeichnet sich selbst als Sozialisten. Im Gesicht ein jungenhaftes Lächeln, vor sich ein Glas Apfelsaft, man solle die einfachen Dinge nicht unterschätzen, sagt er. Er ist der nette Nachbar von nebenan, definitiv.

Tatsächlich aber leitet der Amerikaner mit deutscher Mutter das wichtigste Büro einer der weltweit größten und skandalträchtigsten Lobby- und PR-Agenturen: Hutchton-Forbes. Sein Staff in Brüssel arbeitet daran, die engste Familie des saudischen Königshauses in ein besseres Licht zu rücken, er setzt sich gegen ein Verbot von Glyphosat ein und organisiert Aktionen gegen die Sanktionen gegen Russland. Egal ob Demonstration oder Shitstorm im Netz: Spontan ist da nichts. Und mit demokratischer Meinungsäußerung hat es kaum zu tun. Es ist Lobbyarbeit der neuen Art.

Täglich kurz nach sieben bringt Harald Munster seine Zwillinge in ihre Kindergruppe, danach geht er zu Fuß ins Büro.

»Was ist falsch an Lobbying?«, fragt er. »Wahrscheinlich wäre es Zeit, eine Kampagne für uns selbst zu starten. Ich mache nur, was alle in Brüssel machen: Ich nehme Einfluss auf politische Entscheidungen.«

»Hutchton-Forbes hat eine politische Botschaft?«

»Wir verfolgen keine politischen Ziele. Bei uns gibt es Meinungsvielfalt, auch im Unternehmen. Manche lieben es, für Israel zu arbeiten, andere hassen es. Wir haben Tierschutz-Lobbyisten und welche, denen Tierversuche egal sind. Kein Mitarbeiter muss einen Auftrag annehmen. Wobei: Bisweilen ist es reizvoll und produktiv, sich um ein Ziel zu kümmern, das man als Person nicht teilt.«

Harald Munster wuchs als privilegierter Sohn eines US-amerikanischen Anwalts und einer aus Deutschland stammenden Konzert-

pianistin auf. Wie man seinen Namen denn aussprechen solle, fragen wir ihn.

Er lacht schelmisch. »So, wie Sie möchten. Ich bin flexibel. Auch was meinen Namen angeht.«

Bevor Munster zu Hutchton-Forbes kam, studierte er in Oxford und London Politik, Soziologie und Musikwissenschaften. Als Assistent von Tony Blair schaffte er es in die Nähe der großen Politik. Selbst Politiker zu werden sei nie sein Ziel gewesen.

»Wenn du etwas bewegen willst, ist es besser, nicht vorne zu stehen. Meine Aufgabe ist es zu helfen.«

Und tatsächlich arbeitete er einige Jahre für Oxfam, eine Hilfsorganisation, die sich weltweit gegen Hunger, Armut und soziale Ungerechtigkeit einsetzt. Zu dieser Zeit kritisierte er die Industriepolitik von Konzernen und Staaten vehement. Heute gehören Multis, die in Entwicklungsländern Menschen und Natur ausbeuten, zu seinen besten Kunden. Woher kam der Wandel?

Munster sieht mich ernst an. »Ich bin noch immer Harald, der die Welt zum Besseren verändern will. Aber man muss pragmatisch sein, man kann nicht jeden Kampf gewinnen. Und manchmal muss man Umwege gehen. Ehrlich gestanden kann ich Menschen nicht leiden, die mit selbstgerechter Empörung über Moral reden. Ich arbeite fair. Und ich gebe Arbeit. Das ist ziemlich viel in unserer Zeit, nicht wahr? Wer bin ich, um nicht zu respektieren, was meine Auftraggeber wollen?«

»Auch wenn Sie andere Überzeugungen haben?«

»Wollen Sie einen, dem es egal ist, dass die Welt ungerecht ist? Es geht um Transparenz. Und um Wettbewerb der Ideen, alle sollten ehrlich sein. Wir sind im Lobby-Transparency-Register der Europäischen Union eingetragen. Auch Politiker sollten ehrlich sein und ihre Entscheidungsprozesse offenlegen.«

Der CEO von Hutchton-Forbes Brüssel sieht auf seine Smartwatch. Ob sie Besonderes könne, frage ich ihn.

Er lächelt. »Sie hat nicht mehr als dreihundert Dollar gekostet, falls es das ist, was Sie interessiert. Sie ist praktisch. Ich sehe, wer mich anruft oder wer mir Nachrichten schickt. Sie spart Zeit, ich muss nicht auf alle reagieren. Und jetzt muss ich zum nächsten Meeting. Das zeigt sie mir auch an. Sie ist wie ich: ein nützlicher Assistent.«

»Sie mögen Ihren Job«, stelle ich fest, als wir gemeinsam über den hellen Teppich zur Tür gehen.

»Ja, ich liebe Herausforderungen. Ich löse gerne Probleme. Und davon gibt's ja bekanntlich genug. Ich arbeite gerne in Brüssel. Da werden die großen Entscheidungen getroffen, zumindest was Europa angeht. Es gibt viel Potenzial. Wenn du mitmischen willst, musst du unter den Großen sein, unter den ganz Großen.«

Am Ende ein halbseitiges Foto von Harald Munster. Er wirkt … ja, genau, er wirkt wie der Nachbar, den man sich schon immer gewünscht hat. Offenes Lächeln, helle, leicht verstrubbelte Haare, irgendwo zwischen blond und grau, hellblaues Hemd ohne Krawatte. Unsere Nachbarn sind Mitte dreißig und beschweren sich ständig. Vui sei zu laut, die Reinigungsfirma zu schlampig, wenn Oskar Jazz hört, dann gingen bei ihnen die Pflanzen ein. Munster wirkt entspannt. Vielleicht ist er es auch. Geben Sie Ihr Gewissen bitte an der Garderobe ab. Wahrscheinlich bekommt die Garderobiere von ihm fünf Euro Trinkgeld. Leben und leben lassen.

Ich rufe mich zur Ordnung. Ich muss erst einmal klären, ob überhaupt stimmt, was über Hutchton-Forbes behauptet wird.

Aber zuerst öffne ich den nächsten Anhang. Er ist kurz, eher eine Notiz, ich nehme an, Martin Prager hat sie selbst geschrieben.

CoConcept – eine von mehreren Tochterunternehmen von Hutchton-Forbes. Tut sich als Agentur im Bereich Erneuerbare Energien, Beratung für Staaten und Kommunen im Zusammenhang mit freiwilliger Energieeffizienz und Fundraising im Zu-

sammenhang mit Klimawandel und Klimaanpassungsstrategien hervor. Dieses Geschäftsfeld ist in den letzten Jahren sehr profitabel geworden. Es steht zu vermuten, dass CoConcept im ständigen Kontakt mit der Mutteragentur steht, auch was die Interessen und Ziele ihrer Klienten betrifft. Als Schaltstelle agiert Harald Munster, CEO in Brüssel. Hutchton-Forbes betreut Kunden aus Industrie und Politik, die eindeutige Interessen haben. U. a. saudiarabisches Königshaus, ComComOil (von den Öl-Multis betriebene Interessengemeinschaft gegen den Ausstieg aus fossiler Energie, Sponsor im US-amerikanischen Wahlkampf – siehe Trump, Interessenpolitik).

CoConcept. Das ist die Agentur, die Steinkellner den Leuten von CHANCE! gesponsert hat. Wenn es stimmt, was Martin Prager schreibt, dann könnte er der Bewegung womöglich wirklich einen Feind ins Nest gesetzt haben. CoConcept kümmert sich um Spenden, aber stiftet intern Unfrieden und alle Informationen gehen an die Mutteragentur. Wenn so etwas an die Öffentlichkeit kommt … Stopp. Das ist öffentlich, mehr oder weniger. Und es ist so leicht herauszufinden, dass man Steinkellner kaum vorwerfen kann, er habe CHANCE! getäuscht. Wer ist auf den Deal eingegangen? Offenbar war es Julia Melis. Warum? Weil es ihr längst wichtiger war, Erfolg zu haben, als Inhalte oder gar Moral in den Mittelpunkt zu stellen? Wie hat Munster gesagt? Ich gehe zurück zum vorherigen Dokument. *»Ehrlich gestanden kann ich Menschen nicht leiden, die mit selbstgerechter Empörung über Moral reden.«* Geht mir auch so. Muss ich zugeben. – Aber: Wer sagt eigentlich, dass Moral automatisch etwas mit selbstgerechter Empörung zu tun hat? Bringe die beiden Dinge in Verbindung und schon hast du moralische Vorstellungen miesgemacht. So einfach geht das. Ist wohl bloß das kleine Einmaleins solcher Agenturen. Was will Martin Prager erreichen, wenn er mir diese Unterlagen schickt? Will er mich informieren? Oder ist er daran interessiert, über

Hutchton-Forbes und CoConcept Julia Melis und CHANCE! schlechtzumachen? Ich schüttle den Kopf. Zu viel Misstrauen. Oder noch immer zu wenig? Fakt ist: Julia Melis ist tot. Und es ist äußerst unwahrscheinlich, dass sie sich selbst mit Kohlenmonoxid vergiftet hat.

6

Vesna wollte mich zu Steinkellner begleiten. Aber zwei ihrer Mitarbeiterinnen sind ausgefallen und sie will ihre Kunden nicht vergrämen. »Werde ich wieder einmal selbst sauber machen, wie früher«, hat sie mir am Telefon gesagt. »Alleine unternimmst du nichts. Schmolle und sein Freund schlagen zu, das zumindest. Egal, was die von Natio behaupten. Sie sind keine weißen Lämmchen. Du wartest, bis ich Zeit habe.« Aber wer weiß, wo Steinkellner dann ist.

Ich steige in meinen E-Soul und komme mir mutig vor. Gleich in dreifacher Hinsicht. Vesna wird sauer sein. Das scheint mir fast am gefährlichsten. Außerdem wissen wir nicht, was die Typen von Natio als Nächstes planen. Und ich riskiere, dass mein Auto nicht den gesamten Hin- und Rückweg schafft. Zweihundert Kilometer Reichweite sollten genug sein, aber eben gerade nur genug. Inzwischen gibt es mein Lieblingsauto auch mit einer viel größeren Batterie. Wenn die Biografie erscheint und gut läuft … Aber im Moment ist kein neues Auto drin. Vielleicht hat der Mäzen von CHANCE! ja eine Ladestation. Oder ich suche mir eine öffentliche. Ich möchte sehen, wie er auf mein Auto reagiert. Klärt das, wie er tatsächlich zum Thema Umweltschutz steht? Was hat Martin Prager gesagt? Öko-Konsum sei schick geworden. Aber besser ein Elektroauto als eine alte Dreckschleuder. Und es macht Freude, mit meinem Soul aufs Land zu fahren. Zu gleiten. Darf ja auch sein, dass etwas Freude macht. Ich sehe den Aussteiger vor mir, hoch zu Ross. Wie viel Spaß dürfen wir uns wirklich noch leisten? Und wer zahlt dafür? Susi? Das ungeborene Kind von Jana? Ich versuche herauszufinden, warum Julia Melis sterben musste. Und ob ihr Tod mit ihrem Kampf gegen die Klimakatastrophe zu tun hat. Mein Anteil an der Weltrettung, sozusagen.

Kein Auto, das mich verfolgt, kein seltsamer Anruf, nicht einmal ein Stau. Und ich habe noch zweiundfünfzig Prozent Reichweite, als ich in den Venedigweg einbiege. Venedigweg. Womöglich kann sich ein reicher Mensch sogar den Namen der Gasse, in der er wohnt, kaufen. Wobei: Außer ihm wohnt hier ohnehin niemand. Der nächste Ort liegt einige Kilometer hinter mir. Hügel mit Wäldchen und abgeernteten Ackerflächen, Buschwerk dazwischen. Das Schloss, das er Haus genannt hat, ist noch nicht zu sehen. Die schmale Straße ist gesäumt von alten Obstbäumen. Birnen, Äpfel? Ohne Früchte ist das für mich nicht zu unterscheiden. Beim Anblick kahler Bäume werde ich immer melancholisch. Egal, ob es warm ist oder nicht, ich bin kein Wintermensch. Die Wiesen rundum sind braungrün. Der Venedigweg führt über eine Hügelkuppe, danach eine Rechtskurve. Jetzt zeigt mein Display nur mehr fünfzig Prozent Reichweite. Und ich sehe das Gebäude. Ein Schlösschen mit zwei Stockwerken und vielen grünen Fensterläden. Die hellgelbe Fassade wirkt wie frisch gestrichen. In der Mitte einige weiße Stufen nach oben zu einer hohen grünen Eingangstür. Auf der sorgfältig gerechten Kiesfläche steht ein eleganter Sportwagen. Vielleicht hätte ich doch meine Jeans wechseln sollen. Andererseits: Warum? Ich bin gekommen, um Mister Steinreich so einiges zu fragen, nicht um dem Gutsherrn meine Aufwartung zu machen. Venedigweg. Wie lächerlich.

Ich parke meinen Soul neben dem eindeutig konventionell betriebenen Luxusauto und gehe mit energischen Schritten Richtung Tür. Ob so ein Anwesen eine Glocke hat? Eine Alarmanlage hat es sicher. Samt Überwachungskameras. Noch bevor ich mich entscheiden muss, wie ich meine Ankunft melde, geht die Tür auf. Ich kenne Steinkellner aus den Medien. In natura wirkt er kleiner, weniger wie ein Manager als wie ein naturverbundener Landedelmann. Als ob man von der Statur auf Beruf oder Charakter schließen könnte. Er lächelt mich an, die grauen Haare sind dicht, die Hand, die er mir entgegenstreckt, ist gebräunt und hat Altersflecken. Sein Händedruck ist fest, er blickt mir in die Augen. Was er wohl sieht? Oder bin ich ihm zu unwichtig, um viele Gedanken daran zu verschwenden, wer ich bin?

Steinkellner bittet mich in den Wintergarten. Ich folge ihm durch die Halle, dunkler glänzender Holzfußboden, geschwungene Holztreppe in den ersten Stock, moderne Kunst an den Wänden. Ich bin keine Expertin, aber das Bild der Frau, die sich in einem Bildschirm spiegelt, sieht mir nach Elke Krystufek aus. Die kräftige Büste dort könnte von Ulrike Truger sein, einer meiner Lieblingsbildhauerinnen. Steinkellner bleibt stehen. »Ich sammle österreichische Kunst, seit ich genug Geld habe, um überleben zu können.«

»Ihr Vater war Fabrikant. Was er verdient hat, dürfte für die Ernährung der Familie ausgereicht haben.«

»Sie haben recherchiert.«

»Natürlich.«

»Ich habe mein erstes Bild mit acht Jahren gekauft. Übrigens eine Maria Lassnig, an der ich noch immer sehr hänge.

»Ein erstaunliches Händchen für einen Achtjährigen.«

»Mein Vater hat Arnulf Rainer gefördert, Lassnig war viel mit ihm unterwegs. Und ja, offenbar hatte ich immer schon ein gutes Händchen.« Er öffnet eine weiße Tür mit etwas zu vielen Verzierungen. »Die Vorbesitzer waren romantisch veranlagt.«

»Wow.«

»Ich habe den Wintergarten nach den Ursprungsplänen rekonstruiert. Die letzte Generation der Gutenbachs war verarmt, von den Statuen haben sie sich trotzdem nicht getrennt. Und von den original Murano-Lampen auch nicht. Vielleicht hab ich das Haus nur deswegen gekauft.«

»Das Haus? Allein der Wintergarten ist so groß wie durchschnittliche Einfamilienhäuser.«

»Die Gegend hier ist dünn besiedelt. Da ist viel Platz.«

Palmen aller Arten, manche sicher drei Meter hoch, dazwischen weiße Marmorstatuen, ein Tischchen mit geschwungenen Beinen, Brokatsofas und mit weißen Rahmen unterteilte Glastüren, die den Blick auf einen Park mit einem großen Teich freigeben.

»Im 19. Jahrhundert sind sie auf dem Teich mit venezianischen Gondeln herumgefahren. Bis die Gastereien und ihre Spleens alles Geld verbraucht hatten. Der Gutsbesitz ist nicht klein, aber so großzügig kann man von einer Landwirtschaft nicht leben. Konnte man nie.«

Ich nicke. »Ich hab davon gehört. Sie verdienen Ihr Geld anders. Venedigweg – haben Sie für die Adresse gezahlt oder waren es die Vorgänger?«

»Es war eine Hommage an sie, an die Fantasie, wenn Sie verstehen.«

»Sie haben ganz reale Verbindungen nach Venedig.«

»Die Gemeinde hat mich gefragt, wie der Weg heißen soll. Das ist mehr als zwanzig Jahre her. Es gibt hier nichts, was nicht die Vorgänger gebaut und ich wieder instand gesetzt hätte.«

»Haben Sie übrigens eine Ladestation?«

»Ihr Smartphone? Ich kenne das. Natürlich.«

»Mein Auto.«

»Oh, von Autos verstehe ich nicht viel.«

»Genug, um einen schicken Sportwagen vor der Tür zu haben.«

»Der gehört meiner Frau.«

»Und Sie?«

»Ich habe keinen Wagen.«

»Sie wandern bis zum nächsten Flughafen?«

Steinkellner lacht. »Ich hab einen Chauffeur. Er wohnt im Ort und wenn ich ihn brauche, dann fährt er mich. – Was möchten Sie gerne trinken?«

»Ich nehme an, die Frau Ihres Chauffeurs ist hier im Haus und serviert Kaffee, wenn Sie es wünschen.«

»Falsch geraten. Er ist verwitwet. Und wir haben einen Putzdienst. Mehr nicht.«

»Ich schicke Sie jetzt also Kaffee kochen.«

»Kein Problem. Wer kocht denn bei Ihnen den Kaffee, wenn Sie Gäste haben?«

Auch wieder wahr.

Er kommt so schnell wieder, dass ich mich frage, ob nicht doch ein dienstbarer Geist in der Küche gewartet hat. Oder war es seine Frau?

»Das mit Julia ist einfach schrecklich. Nicht nur für die Bewegung. Auch für mich. Ein Schicksalsschlag«, beginnt er ohne weitere Vorreden.

»Sie unterstützen CHANCE! sehr großzügig.«

»Wozu hat man Geld?«

»Um sich ein Traumschloss zu bauen?«

»Um ein verfallenes Landgut zu renovieren. Ja. Aber das ist Beiwerk. Man hat Geld, um die Welt zu einem besseren Ort zu machen.«

»Sie könnten es an Obdachlose verteilen.«

»Ich spende einiges.«

»Davon bin ich überzeugt.«

Steinkellner schüttelt den Kopf. »Warum sind gerade kluge Menschen immer so skeptisch, wenn es um finanzielle Dinge geht? Ich will mich nicht rechtfertigen. Ich hatte gute Startvoraussetzungen und ich habe klug investiert. Und ich versuche mein Geld so einzusetzen, dass nicht bloß ich davon profitiere.«

»Wie sind Sie auf CHANCE! gekommen?«

Er lächelt. »Da gab es gleich mehrere Anknüpfungspunkte. Schon mein Urgroßvater hatte ein Speditionsunternehmen, das vor allem in Oberitalien operiert hat. Seehandel, Transporte auf dem Schiffsweg und vom Hafen nach Wien. In der Monarchie waren Geschäfte möglich, wie es sie erst wieder seit unserem Beitritt zur EU gibt. Und die Familie meiner Mutter stammt ursprünglich aus dem Friaul.«

»Landadel?«

»Verarmter Landadel, vielleicht habe ich dieses Haus deswegen so gern. Jemand hat mir von Julia erzählt, einer jungen Aktivistin mit italienischen Wurzeln, die sich gegen den Klimawandel starkmacht. Und kurz darauf ist sie mir persönlich über den Weg gelaufen. Bei einem Thinktank, der Investoren und junge Menschen mit guten Ideen zusammenbringen soll.«

»Start-ups sind modern, aber Julia hatte kein …«

»Sie hatte ihr Projekt. Und sie ist immer schon unkonventionelle Wege gegangen. Warum muss alles, was unterstützt wird, auf Gewinn gerichtet sein, hat sie gesagt, als sie ihr Projekt präsentiert hat. Ich habe das von Anfang an sehr sympathisch gefunden.«

»Wie sympathisch?«

Steinkellner lacht und sieht hinauf zum Murano-Leuchter, rosa, lila, rote geschliffene funkelnde Glasteile. »Ich sage jetzt nichts über den Altersunterschied und darüber, dass sie meine Tochter sein könnte.«

»Also …«

»Nein.«

»Kann es sein, dass Sie sich in letzter Zeit nicht mehr so gut verstanden haben?«

»Es gibt mehr als Sex. Beziehungen, die ohne dieses Beiwerk tiefer gehen.«

»Es war also eine tiefe Beziehung. Trotzdem wird erzählt, dass der Sponsoringvertrag gelöst werden sollte.«

»Ganz abgesehen davon, dass das nicht stimmt: Bringt ein Unterstützer die Unterstützte um, wenn er sie nicht mehr unterstützen will? Wäre das nicht eher umgekehrt logisch?«

»Nicht, wenn Ihre Eitelkeit zu stark leiden würde. Oder Ihre Gefühle verletzt wären.«

»Hätte ich alle umgebracht, die meine Gefühle verletzt haben, ich wäre Massenmörder.«

»Zu Julia hatten Sie ein … besonderes Verhältnis.«

»Sagen Sie das nicht so anzüglich. Sonst verletzen Sie meine Gefühle und meine Eitelkeit und dann kann ich für nichts mehr garantieren.« Er sieht mich spöttisch an.

»Okay. Dass Sie es mit CoConcept übertrieben haben, daran ist also nichts Wahres.«

»Julias Assistentin hat Sie gut informiert. Ich weiß gar nicht, ob diese Dinge an die Öffentlichkeit sollten.«

»Eine Drohung?«

»Eine freundliche Warnung. Ich mische mich nicht ins operative Geschäft von CHANCE! ein. Und übrigens: Ich habe tatsächlich nicht gewusst, dass CoConcept und Hutchton-Forbes einen gemeinsamen Anteilseigner haben.«

»Wie jetzt? Sie haben ja selbst Anteile an CoConcept.«

»Sie haben offenbar keine Ahnung von Finanzverflechtungen.«

»Es erscheint mir unlogisch, an einer Firma beteiligt zu sein, von der ich nicht weiß, wem sie sonst noch gehört.«

»Bei den Miteigentümern geht es nicht um Personen, um den Karli-Onkel oder die reiche Erbtante. Da geht es um Fonds und Investitionsgruppen. Die besitzen heute das meiste.«

»Und hinter denen …«

»Stehen wiederum Anteilseigner. Vielleicht haben Sie selbst Anteile an Hutchton-Forbes und wissen es gar nicht. Legt Ihre Bank für Sie Geld an? Verwaltet jemand für Sie Aktien und Wertpapier-Fonds?«

»Es gibt genug Menschen, die sich nicht mit acht Jahren ein Bild kaufen, weil sie sonst schon alles haben. Schon mal was von den Umbrüchen in der Medienlandschaft gehört?«

»Auch ich habe meine Hausaufgaben gemacht. Sie sind weg vom ›Magazin‹. Ich dachte, das war freiwillig.«

»War es.«

»Sie arbeiten jetzt für ECCO, nicht wahr?«

»Hin und wieder.«

»Ein gutes Projekt, ich habe schon überlegt, es zu unterstützen.«

»Sam, die Chefredakteurin und Miteigentümerin, ist lesbisch.«

Steinkellner lacht seltsam trocken. Beinahe klingt es wie Husten. »Eigentlich sollte ich mich bedanken, dass Sie mich als so … sexuell aktiv und interessiert einschätzen.«

»Waren Sie eigentlich mit im Hauptquartier von CHANCE!, als Julia ums Leben gekommen ist?«

»›Mit‹ ist der falsche Ausdruck. Ich bin regelmäßig in der Gegend, inzwischen betreibe ich unser Familienunternehmen Cormor gemeinsam mit einem Partner, aber ich kümmere mich um die Spedition auch operativ. Und ja, ich habe Julia getroffen. Sie war müde und sehr erschöpft. Es ist kein Vergnügen, über Stunden im kalten Wasser zu stehen.«

»An der Grippe ist sie nicht gestorben.«

»Sie war extrem verkühlt, ich habe ihr geraten, die Aktion zu beenden. Was wollte sie noch? Die Bilder sind um die Welt gegangen.«

»Kann es sein, dass das für Sie zu viel Publicity war?«

»Ich verstehe Sie nicht.«

»Sie betreiben Projekte, die nicht gerade klimafreundlich sind.«

»Sie spielen auf meine Flugzeuge an.«

Ich nicke und versuche, so wissend wie möglich dreinzusehen.

»Ich besitze die Frachtflugzeuge in Venedig schon mehr als dreißig Jahre. Gewisse Güter lassen sich so einfach am besten transportieren.«

»Julia hat das akzeptiert?«

»Julia war Realistin. Klimaökologen haben die notwendigen Ausgleichszahlungen fürs Fliegen errechnet. Die Tonne CO_2 kostet rund 39 Euro. Ich zahle für jede Tonne das Doppelte.«

»An CHANCE!? Die Bewegung profitiert sozusagen davon, dass Sie Mangos mit dem Flugzeug transportieren?«

»Wir transportieren keine Mangos, sondern lebensnotwendige Medikamente. Um nur ein Beispiel zu nennen.«

»Da die böse Tat, dort das Geld für die gute Organisation, die dann auch noch verzeiht.«

»Sie fänden es besser, wenn ich nichts täte? Sie fänden es besser, wenn CHANCE! weniger Mittel zur Verfügung hätte? Was für eine moralinsaure Heuchelei ist das?« Steinkellner hat seine Stimme nicht gehoben. Er sieht ebenso verbindlich drein, als ob er mit mir immer noch über die Geschichte seines Schlösschens reden würde.

Ich schlucke. »Wie geht's jetzt weiter? Mit CHANCE!, meine ich.«

»Ich weiß es nicht. Ich will nichts übereilen.«

»Ist etwas dran an den Gerüchten, Sie könnten die Organisation übernehmen?«

»Ich habe keine Lust, tagelang im kalten Wasser zu stehen.«

»Man kann sie anders führen.«

»Ich hatte CoConcept übrigens abgezogen.«

»Vor über zwanzig Jahren hat die amerikanische Öl-Industrie Hutchton-Forbes als Lobbying-Agentur eingesetzt, um Klimaschutz lächerlich zu machen. Sie haben sich einer interessanten Strategie bedient: Sie haben selbst Umweltschutzorganisationen gegründet. Einige haben sich kurz darauf bekehrt und zugegeben, dass ihre Sorgen über schmutziges Öl hysterisch waren, oder nur vorgeschoben, weil man dafür von der Konkurrenz Geld kassiert hat. Andere sind über obskure Skandale gestolpert, die die ganze Öko-Bewegung in Misskredit gebracht haben.«

»Julia hat CHANCE! gegründet, nicht ich.«

»Jetzt ist sie weg.«

»Und ich bin eigentlich ein Agent der Öl-Lobby.«

»Wissen Sie, wofür Hutchton-Forbes jetzt lobbyiert? Für Atomstrom als saubere und unabhängige Alternative in der Energiekrise.«

»Ich hab mit denen nichts zu tun. Und ich habe jetzt, ehrlich gestanden, genug. Mir ging es darum, gemeinsam mit Ihnen nachzudenken, was hinter dem Tod einer wundervollen jungen Frau steckt, und Sie kommen und ...«

Ich sehe den Industriemagnaten an. Alt wirkt er auf einmal, nahezu gebrechlich. Im linken Mundwinkel ein Kaffeefleck. Ich habe übertrieben. Vielleicht, weil hier alles so übertrieben ist. Der pompöse Wintergarten, der Mäzen von Kunst und Umwelt, seit Kindertagen an.

»Es tut mir leid«, sage ich.

Er lächelt schief. »Seien Sie froh, dass ich bei verletzten Gefühlen doch nicht gewalttätig werde.«

»Haben Sie die Bilder von Kevin Schmolle gesehen? Er ist einer der beiden Typen, die bei CHANCE! eingebrochen haben.«

»Ja. Wir versuchen herauszufinden, ob er auch im Hauptquartier war. Ich jedenfalls bin ihm nie begegnet. Ein unangenehmer Mensch. Mit einer unangenehmen Ideologie.«

»Wie groß ist Ihr Einfluss auf CHANCE!?«

»Ziemlich groß, wenn man es in Geld bemisst. Gegen null, wenn es um reale Durchsetzungsmöglichkeiten geht. Leider. Ehrlich gestanden bräuchte der Haufen guter Menschen eine Struktur.«

»Wenn Sie das übernehmen ...«

»Trotzdem nein. Niemals. Da bleib ich lieber beim bequemen … Geldgeben. Um mein Gewissen zu beruhigen, wenn Ihnen dieser Gedanke Freude macht. – Ich möchte Sie etwas bitten: Sollten Sie Anhaltspunkte haben, was hinter Julias Tod stecken könnte, halten Sie mich auf dem Laufenden. Ich weiß nicht … Wahrscheinlich sollte ich Ihnen das nicht anbieten, weil Sie es in die falsche Kehle bekommen: Ich würde für Hinweise auch gerne zahlen. Offenbar haben Sie momentan …«

Ich lächle Mister Steinreich unverbindlich an. »Ich habe leider nicht viel Zeit. Ich arbeite an der Biografie von Rosa Prager. Und ich recherchiere für ECCO.«

»Natürlich. Nur falls … meine private Handynummer. Ihre Freundin soll sie Ihnen geben.«

»Das macht Eva sicher nicht.«

»Weil sie Ihnen nicht vertraut?«

»Weil sie Kundendaten nicht weitergibt. Und ich sie nicht um so etwas bitte.«

»Oh Gott, wie korrekt.« Er kramt in seiner Jackentasche, schreibt eine Nummer auf eine Visitenkarte und hält sie mir hin. »Josef kommt in drei Minuten und holt mich ab. Verstehen Sie es nicht falsch …

»Sie nennen Ihren Chauffeur Josef?«

»Warum nicht? Sie meinen, weil man Bedienstete nicht duzt? Da haben Sie recht. Ich hab Ihnen nicht alles erzählt, verzeihen Sie. Ich bin mit Josef zur Schule gegangen. Acht Jahre lang. Er nennt mich Herbert. Ich nenne ihn Josef. Vielleicht auf ein anderes Mal.«

Er dreht sich um und geht davon. Einfach so. Ich habe ihn getroffen. Aber womit? Was bleibt, ist kein Triumph, nicht einmal Ratlosigkeit. Sondern ein ungutes Gefühl. Als ob ich etwas falsch gemacht hätte. Nicht begriffen hätte. Die Tür zur Lobby steht halb offen. Ich gehe langsam Richtung Ausgang. Vorbei an beeindruckenden Kunstwerken. Ist das Bild am Beginn des Stiegenaufgangs ein echter Arnulf Rainer? Ich verbiete mir, nachzusehen. Schon wegen der Bilder ist klar, dass es Überwachungskameras gibt. In der Ecke, neben einer kunstvoll verzierten Truhe, sitzt eine Katze. So, als ob sie echt wäre und nur darauf wartete, hinausgelassen zu werden. Deborah Sengl, tippe ich. Die Künstlerin liebt das Spiel mit Tieren in ihren Bildern und Skulpturen. Sie hat Witz. Ich kenne sie nur flüchtig, aber wir haben ein Interview über die Schnittstellen von Politik und Kunst vereinbart. Irgendwann, wenn es für beide passt. Ich werde die Katze fotografieren und ihr das Bild schicken. Damit sie erfährt, wo ihre Kunstwerke landen. Oder weiß sie es ohnehin?

Ich spähe nach oben. Ich sehe keine Kameras. Aber es ist auch egal. Ich tue nichts Böses. Ich ziehe mein Smartphone aus der Tasche und nehme die Skulptur in den Fokus. Das Gegenstück zu Vui. Schwarz und schlank. Ich knie mich hin und stelle auf ihre Schnurrhaare scharf. Tausendstelsekunde. Mehr ist es nicht, und mein Telefon liegt auf dem dunklen Holzboden, meine Hand hat einen tiefen Kratzer, ich habe aufgeschrien und bin zur Seite gekippt. Die Katze sitzt auf der Truhe und starrt mich an.

»Agathe!«

Ich rapple mich auf und sehe zur Treppe. Elegante Blondine in einem dunkelblauen Hausanzug. Offenbar hat es Steinkellner doch mit jungen Blondinen.

»Mira Valensky«, sage ich matt.

»Warum haben Sie nicht geläutet?«

»Ich hatte einen Termin. Mit Herrn Steinkellner.«

»Mein Mann ist weggefahren. Mit Josef.«

»Gerade jetzt erst. Ich wollte gehen. Und ich habe geglaubt …«

Die Blondine steht neben mir und ich sehe, dass sie nicht mehr jung ist. Aber gut und teuer erhalten.

»Barbara Steinkellner. Leider macht Agathe das nur allzu gerne. Leute erschrecken.«

»Ich habe einen weißen Main-Coon-Kater.«

»Der macht so etwas auch?«

»Er ist höflich.«

Ich sage nicht dazu, dass er vielleicht auch bloß zu faul ist, um Menschen zu erschrecken.

»Sie bluten, kommen Sie, ich desinfiziere die Wunde und verbinde sie.«

»Das Tier ist infiziert?«, versuche ich zu scherzen.

Barbara Steinkellner lächelt. Die Falten an ihrem Hals lächeln mit. Da hilft auch noch so gute Kosmetik nichts, der Hals verrät das Alter. »Natürlich nicht. Sie ist geimpft und all so etwas. Sie hätten sehen müssen, wie sie die letzte Tierärztin zugerichtet hat. Ich bin gelernte Krankenschwester.«

Ich schaue auf meinen Handrücken. Der Kratzer geht tiefer, als ich gedacht habe. Blut tropft auf den edlen Boden.

»Das macht nichts«, sagt Frau Steinkellner. »Setzen Sie sich. Wollen wir in den Wintergarten? Ich nehme an, Sie waren mit meinem Mann im Wintergarten, oder?«

Ich nicke und lächle und lasse die schwarze Bestie nicht aus den Augen.

»Jetzt tut sie nichts mehr. Ich bin gleich zurück.«

Wenig später habe ich einen professionellen, aber vielleicht doch etwas aufwendigen Verband um meine linke Hand. Und das Gefühl, dass Barbara Steinkellner mich nicht bloß deshalb so umsorgt, weil sie ein Krankenschwester-Gen hat. Sie ist neugierig. Sie will wissen, worüber ich mit ihrem Mann gesprochen habe. Offenbar reden die beiden nicht viel miteinander. Oder nicht über alles.

»Waren Sie übrigens mit in Italien, als das mit Julia passiert ist?«, frage ich sie.

»Ja. War ich. Ausnahmsweise. Ich begleite meinen Mann nur selten auf Dienstreisen, er hat einen Termin nach dem anderen und ich möchte ihn nicht zusätzlich belasten. Aber diesmal war ich dabei. Die Frau von Giuliano, seinem Partner bei Cormor, der Spedition, hatte ihren fünfzigsten Geburtstag. Ich mag sie sehr. Natürlich waren wir beide eingeladen, aber mein Mann … Er hat eben wirklich sehr viel zu tun.«

»Haben Sie Julia gekannt?«

»Ich habe sie ein paarmal gesehen. Gekannt … Das wäre zu viel gesagt. So eine talentierte Person. Und mutig. Ich bewundere Frauen wie sie.«

»Weil sie sich in den Regen stellen?«

»Auch dafür. Fürchterlich, stundenlang im Wasser und die ganzen Kameras auf einen gerichtet. Und all die Leute, die einen anhimmeln und das tun wollen, was man selbst tut. Das Wetter war warm, aber das Wasser hat sicher nicht mehr als zwanzig Grad gehabt. Und dann das Zeug, das da herumschwimmt. Ich habe viel Fantasie, ich kann mir das nur zu gut vorstellen.«

Ich nicke. »Ihr Mann hat Julia sehr geschätzt.«

Barbara Steinkellner spielt mit ihrem Ring. Weißgold. Mit einem großen durchsichtigen Stein. Ich wette, er ist nicht von Swarovski. »Ich weiß, worauf Sie hinauswollen. Die Leute tratschen. Haben sie auch schon vor Facebook und so getan. Natürlich. Der reiche Mann und die junge erfolgreiche Frau. Aber da war nichts. Und ich bin nicht im Geringsten eifersüchtig, glauben Sie mir. Ich lebe ein gutes Leben. Er achtet und verwöhnt mich. Und ich habe viel zu tun. Ich kümmere mich auch um Wohlfahrtsprojekte, ich bin gleich in einigen Frauenzirkeln, Schriftführerin da, Kassiererin dort. Sie … war für uns wie eine Tochter. Oder zumindest wie eine Nichte.«

»Obwohl Sie Julia nur ein paarmal gesehen haben?«

»Wir haben eben beide sehr viel zu tun. Ich kenne sie über meinen Mann, von dem, was er mir erzählt hat. Fürchterlich. Kann es sein, dass es doch ein Unfall war? Dass sie erschöpft eingeschlafen ist und der Motor noch lief?«

»Unwahrscheinlich.«

»Weiß man schon mehr? Gibt es Verdachtsmomente?«

»Wenige. Julia hatte nicht nur Freunde. Kurz nach ihrem Tod ist bei CHANCE! eingebrochen worden.«

»Ich habe davon gehört. Fürchterlich, diese Radikalen. Auch mein Mann hat wilde Drohungen bekommen. Ich sage immer, dass von der Politik nichts Gutes kommt.«

»Politiker waren das nicht gerade. Zumindest noch nicht, zum Glück. Und irgendwie müssen wir unser Zusammenleben regeln. Und verwalten, meinen Sie nicht?«

»Ich weiß nicht, Herbert sagt manchmal, ich bin eigentlich eine Anarchistin. Aber natürlich meint er das nicht so. Angeblich kennt man den Namen von einem der beiden Angreifer, stimmt das? Hat die Polizei ihn schon …«

»Woher soll ich das wissen?«

»Ich dachte … Sie sind Journalistin. Und gut informiert.«

Ich frage mich, ob die gute Ehefrau gelauscht hat. Vielleicht ist es in ihrem goldenen Käfig nicht besonders abwechslungsreich. »Wissen Sie, ob es Streit gegeben hat zwischen Julia und Ihrem Mann? Das kommt in den besten Geschäftsbeziehungen vor.«

»Ich glaube nicht. Haben Sie ihn nicht gefragt?«

»Wir haben über alles Mögliche geredet und die Zeit übersehen.«

»Ich glaube, sie hatte ihn ganz gerne in ihrer Nähe, er konnte ihr raten. Er hat nicht viel erzählt, aber … ich hatte den Eindruck, sie hat etwas von ihm verlangt, das er nicht wollte.«

»Was kann das gewesen sein?«

»Ich weiß es nicht. Ich hab mir bloß gedacht, vielleicht hat sie sich deswegen …«

»Sie wollte, dass sich Ihr Mann für sie entscheidet?«

Barbara Steinkellner lacht auf. »Aber nein doch, das hätte er nie getan. Und sie war jung. Es wird … Es wird um etwas mit CHANCE! gegangen sein.«

»CoConcept, die Agentur.«

»Welche Agentur?«

Allzu viel scheint sie vom Leben ihres Mannes tatsächlich nicht mitzubekommen.

7

Ich hätte wenigstens das Ladekabel für eine normale Steckdose mitnehmen und mein Auto bei den Steinkellners anstecken sollen. Ein paar Kilowattstunden mehr wären beruhigend gewesen. Jetzt zittere ich Wien entgegen. Ich nehme die Landstraße und fahre nicht schneller als sechzig. Dummerweise habe ich Gegenwind. Natürlich gibt es öffentliche Ladestationen. Aber ich habe keine Zeit zu warten. Und die nächste Schnellladestation ist erst kurz vor Wien. Dafür müsste ich außerdem auf die Autobahn. Sie lynchen einen, wenn man auf der Autobahn sechzig fährt. Und es wäre ein Umweg. Wie kommt es, dass alle von Elektromobilität reden und keiner dafür sorgt, dass man E-Autos tatsächlich überall bequem laden kann?

Telefon. Auf dem Display sehe ich, dass es Sam ist. Telefonieren kostet keinen Strom, oder zumindest fast keinen.

»Mira, kannst du bitte ganz schnell kommen?«

Ich seufze. Die Redaktion ist noch ein Stück weiter weg als unsere Wohnung. Und ohne Lademöglichkeit. »Was ist los?«

»Kann ich am Telefon unmöglich sagen. Wann kannst du da sein?«

»Ich … muss langsam fahren, wenn ich es überhaupt bis nach Wien schaffen will.«

»Und warum das?«

»Mein Auto. Die Reichweite.«

»Lass es stehen. Bei der nächsten Ladestation. Nimm dir ein Taxi.«

»Ich bin noch im Weinviertel, das wird teuer. Seit wann …«

»Bitte!«

»Okay.« Ich parke am Straßenrand. Ich suche mit dem Smartphone eine Ladestation. Wolkersdorf. Schlossplatz beim Park. Die Station gehört der Stadtgemeinde. Und ist auch noch kostenlos. Und nahe beim Bahnhof. Passt. Öffentlich bin ich schneller in der Redaktion als mit einem Taxi. Und billiger. Manchmal hat man Glück. Ich steige aufs Gas, bis zur Station geht es sich spielend aus. Ich liebe es, wie rasant mein Soul beschleunigt. Ansatzlos, schneller als die meisten großen Benzinfresser. Mein Navi lotst mich perfekt. Ich rolle auf die Ladestation zu. Und sehe, dass da schon ein Zoe am Strom saugt. Natürlich ohne Fahrer. Okay. Dann zur nächsten Ladestation, da war noch eine eingetragen. Siebenhundert Meter vom Bahnhof entfernt. Immerhin. Und mit drei Typ-2-Steckdosen. Da muss einfach eine frei sein. Wenig später weiß ich, dass alle drei frei sind. Kein Problem, dass man hier zahlen muss. Hauptsache, es geht mit Kreditkarte. Ich lese die Zusatzinfo: »3 € pro Stunde, ab 3 € je nach Ladeleistung max. 8,40 € pro Stunde«. Begreife ich nicht ganz. Nur, dass es sauteuer wird, wenn ich das Auto einen Tag lang stehen lasse. Egal. Sam, die immer coole Sam, hat ziemlich angespannt geklungen. Und ich kann nach unserem Treffen mit der Schnellbahn wieder zurück zu meinem Auto … Ich muss ja niemandem von meinem Malheur erzählen, es wird ohnehin genug gewitzelt und kritisiert, wenn es um Elektroautos geht. Ist mir noch nie passiert, dass ich zu wenig Reichweite hatte. Ich hänge meinen Soul an den Strom.

»Ich glaube, sie haben deine Freundin Vesna«, empfängt mich Sam schon in der Tür.

»Wer, sie?«

»Das darf ich dir nicht sagen.«

»Vergiss es. Spuck es aus!«

»Ich muss mich absichern. Es bringt nichts, wenn ich ECCO zusperren muss.«

»Dazu kann dich keiner bringen.«

»Jeder kann etwas finden, das sollte dir klar sein. Wenn sie wollen, bringen sie uns um, bevor wir noch so richtig gestartet sind.«

»Wer, sie?« Ich packe Sam am Unterarm. »Wer hat Vesna?« Ich ziehe die Chefredakteurin in Richtung Kaffeeküche.

»Hoher Besuch«, murmelt einer ihrer freien Mitarbeiter und grinst mich an.

Ich starre Benedikt an. Meint er mich? Vollidiot. Vesna. Was wird hier gespielt?

»Sag mir sofort, was du weißt«, fauche ich Sam an.

»Der Generalsekretär persönlich war da«, meldet Benedikt.

»Was für ein Generalsekretär?«

»Na der von den Rechten. Wie immer die jetzt gerade heißen.«

»Und die haben Vesna?« Ich versuche klar zu denken. Wie passt das zusammen? Ich traue seiner Partei bald etwas zu, aber Kidnapping?

»Welche Vesna?«, fragt Benedikt.

»Hau ab!« Das kommt von Sam und mir gleichzeitig.

»Die haben Vesna?«, frage ich noch einmal, als wir allein sind.

»Nein. Der Generalsekretär ist kurz vorher gegangen.«

»Was soll das? Sag mir sofort, was du weißt!«

Vor uns der Abwasch mit den zu vielen schmutzigen Kaffeebechern und dem hohen Kühlschrank. Beinahe berühren wir einander. Ich will sie schütteln, die Wahrheit aus ihr herausprügeln, warum redet sie nicht?

»Die beiden, die dich niedergeschlagen haben. Die haben Vesna.«

»Woher weißt du …?«

»Ein Anruf. Wir sollen aufhören, Lügen zu verbreiten. Und

bis sie sicher sein können, dass das passiert, haben sie Vesna als Pfand.«

»Wir müssen sie finden. Dieser Schmolle, er wird eine Wohnung haben. Hoffentlich. Seine Mutter … Vesna hat etwas über sie erzählt, vielleicht weiß Fran mehr, wir …«

»Vesna ist in Simmering. In einem Heurigenlokal.«

Ich sehe Sam irritiert an. »Das ist ein Scherz. Was ist los mit dir? Was soll das?«

»Das Lokal ist geschlossen, ich fürchte, sie wollen uns hinlocken.«

»Okay … Wir kommen.«

»Sicher nicht.«

»Ich komme.«

»Der Generalsekretär. Er hat gesagt, wenn du in deinem verbohrten Hass behauptest, die Angreifer hätten etwas mit seiner Partei zu tun, dann könne er für nichts garantieren.«

»Also hat er doch damit zu tun?«

Sam schüttelt ungeduldig den Kopf. »Nein, der war hier und hat mich gewarnt.«

»Was für ein Zufall! Das wird er nicht überleben, das schwöre ich dir«, fauche ich. »Politisch. Wir werden …«

»Der dreht uns zu.«

»Darum geht es jetzt nicht. Wir müssen zu Vesna. Wo hast du gesagt, ist das Lokal?«

Erst als wir im Auto sitzen, kann ich wieder annähernd klar denken. Vesna ist nicht ans Telefon gegangen. Nachricht wollte ich keine schicken, vielleicht haben die Kidnapper ihr Handy. Was sollen wir tun? Einfach reingehen und sehen, was passiert? Idiotisch. Was sonst können wir tun? »Zuckerbrot, du weißt schon, der ehemalige Mordermittler, gondelt mit Droch in Asien herum. Sie sind stolz darauf, offline zu sein. Die können uns nicht helfen«, sage ich mehr zu mir als zu Sam.

»Wir brauchen jemanden, auf den diese Neonazis hören.«

Ich schüttle den Kopf. »Die hören auf niemanden. Außer auf ihren Anführer, wer immer das ist. Weil offiziell treffen sie sich ja einfach bloß so zum Krafttraining.«

»Der Generalsekretär?«

»Keine Ahnung. Ich hätte nie geglaubt, dass die Verbindung so direkt ist, aber jetzt … nachdem er bei dir war …«

Sam sieht mich nachdenklich an. »Hast du ›Sein oder Nichtsein‹ gesehen? Den Lubitsch-Film?«

»Du meinst, wir spielen ihnen einen Führer vor?«

»Auch wenn sie überlegen tun, sehr hell sind die nicht, glaub ich.«

»Kevin Schmolle hat ein Medizinstudium geschmissen. Und jetzt studiert er Philosophie, auch wenn er noch keine einzige Prüfung gemacht hat.«

»Weißt du, wie viele Idioten auf der Uni herumrennen?«

»Nicht mehr als anderswo, ich kann mich dunkel erinnern.«

»Aber auch nicht weniger. Wir brauchen jemand Glaubwürdigen.«

»Was hat dieser Generalsekretär gesagt? Genau. Ich will es genau wissen.« Wir stehen bei einer roten Ampel. Am liebsten möchte ich schreien. Mit dem blöden Ding, das auf Rot steht. Mit Sam, die mehr an ihre dämliche Onlinezeitung denkt als an Vesna. Mit …

Sam sieht mich an. »Krieg dich ein, das bringt nichts, wenn du hysterisch wirst.«

»Hysterisch? Die haben meine Freundin!« Jetzt schreie ich wirklich.

Sam fährt los, dass die Reifen quietschen. »Noch einmal: Er hat gedroht, dass wir zusperren müssen, wenn wir über Verbindungen zwischen der Partei und denen von Natio schreiben. Weil es die angeblich nicht gibt.«

»Wie man ja sieht. Außerdem kann er das nicht. Du hast da

nicht so viel Erfahrung. Politischen Druck hat es immer gegeben. Jetzt wird er direkter und unverschämter, aber sie können nichts tun.«

»Doch. Können sie. Wir haben Steuerschulden.«

»Steuerschulden hat jeder.«

»Und ich hab den Umbau schwarz gemacht. Und sie wissen, dass Farid für uns fotografiert. Obwohl er nicht arbeiten darf, weil er kein Asyl hat.«

»Trotzdem. Jetzt geht es um Vesna.«

Sam seufzt. »Aber was sollen wir tun, wenn wir dort sind? Vielleicht wär Polizei doch das Beste.«

»Ich weiß nicht mehr, wem ich dort trauen kann. Dazu müsste ich mit Zuckerbrot reden. Aber der ist offline. Wenn Vesna hier wäre …«

»Sorry, dass es bloß ich bin. Auch wenn ich dafür ECCO riskiere.«

»So hab ich das nicht gemeint. Lass mich dort einfach aussteigen, ich …«

»Du spinnst wohl.« Sam bremst so unmittelbar, dass ich beinahe mit dem Kopf an die Windschutzscheibe knalle. Idiotischer Kleinwagen.

»Dann lass mich da aussteigen! Sofort!«

»Hör auf mit dem Unsinn. Wir brauchen einen Plan. Oder eben doch Polizei …«

Ich will schon weitertoben, als mir etwas einfällt. Nemecek. Lubitsch. Sein oder nicht sein.

Ich zittere, als ich nach der Nummer suche. Es läutet viermal, sechsmal.

»Nemecek. Schön, von dir zu hören, Mira.«

»Hallo, Fritz. Du hast einmal gesagt, ich habe was gut bei dir. Jetzt ist es so weit. Ich brauche dich. Und mit Glück bekommst du dafür zwei Rechtsextreme. Jetzt haben sie sich in Wien in einem ehemaligen Heurigen verschanzt. Sie haben Vesna. Aber niedergeschlagen haben sie mich im Weinviertel. In deinem Bezirk.«

»Das ist nicht der Wilde Westen. Und ich bin nicht der Sheriff, der einfach nach Wien reitet und eine reizende Saloon-Sängerin rächt, der sie eins übergebraten haben. Weil sie zu neugierig war.«

»Ach, und warum zu neugierig?«

»Ich gehe davon aus.«

»Kennst du ›Sein oder Nichtsein‹?«

»Einer meiner Lieblingsfilme.«

»Vergesst es. Ich werde sicher keinen Führer mimen. Ich zeige ihnen meinen Ausweis, ich bin ein Polizeibeamter, der mit ihnen redet. Kein Verhör. Ein Gespräch. Unter vernünftigen Leuten.«

»Die vernünftigen Leute haben Vesna. Und sie haben mich niedergeschlagen. Und sie sind bei Natio.«

»Okay, ich nehme das mit vernünftig zurück. Trotzdem. So machen wir es und nicht anders.«

Ich sehe mich um. Wir sitzen an einem winzigen Tischchen in einem Espresso, wie es sie nur mehr in der Wiener Vorstadt gibt. Hier ist die Zeit stehen geblieben. Es gibt keinen Aperol-Spritz, sondern Schnaps. Und sicher ganz schlechten Wein aus dem Doppler. An der Theke lehnen drei Männer, die ihre beste Zeit hinter sich haben. Wenn sie je eine gehabt haben. Die Frau dahinter könnte einmal hübsch gewesen sein. Jetzt sieht sie aus, als würde sie jede Nacht ihren Jugendtagen nachweinen. Ich nehme einen Schluck aus dem bauchigen Achtelliter-Glas. »Vielbegehrt – lobenswert« steht darauf. Der Wein ist erstaunlich gut. Schmeckt besser als jeder Aperol. Den ich als echte Campari-Freundin ohnehin nicht ausstehen kann. Aber darum geht es jetzt nicht.

»Wenn die dem Generalsekretär sagen, dass ich ihnen die Polizei auf den Hals gehetzt habe …«, seufzt Sam.

»Unklar, in welcher Verbindung die von Natio zur Partei stehen. Jedenfalls wollten die beiden, dass Mira kommt«, erinnert uns Nemecek.

»Ja, aber jetzt kommen Sie«, erwidert Sam.

»Lange sollten wir nicht mehr warten.«

»Natürlich, wir sind unbewaffnet. Es wäre zu gefährlich, aber …«

Nemecek lächelt. »Ich auch.«

Sam sieht den Bezirkspolizeikommandanten erstaunt an.

»Ist sicherer, glauben Sie mir. Ihr könnt mithören, wir machen alles wie geplant. Gehen wir, bevor ich es mir anders überlege.«

Jetzt können wir nur noch hoffen. »Welcher Idiot würde mir einen rechten Führer glauben?« Das war der letzte Satz von Fritz Nemecek, dann ist er hinein. Die Tür war bloß angelehnt. Dulliöh-Stüberl. Wir warten im Auto auf der Gasse. Und können mithören. In dem Moment, in dem etwas schiefläuft, rufen wir das Einsatzkommando. Ein Bezirkspolizeikommandant als Geisel, da sind sie schnell. Zumindest hat Nemecek das behauptet. Aber er hat auch behauptet, dass es ohnehin nicht so weit kommt.

Es ist alles finster. Es gibt Gegenden in Wien, da hat die Nacht so gar nichts Romantisches. Auf der einen Straßenseite ein hoher Stacheldrahtzaun, dahinter ein schmales langes Gebäude, Betonmauern, Erde und Asphalt, der an einigen Stellen aufgerissen ist. Auf der anderen Seite heruntergekommene Wohnhäuser. Aus einem offenen Fenster plärrt arabische Musik.

Wir hören Nemeceks Schritte, Scharren, Rumpeln. Er scheint nicht besonders bemüht, leise zu sein. Hoffentlich haben wir das Richtige getan, ich würde mir nie verzeihen, wenn Vesna …

»Wer sind Sie?« Das kommt ziemlich dumpf.

»Ich bin da, um mit Ihnen zu reden. Quasi unter Freunden.«

Kurze Stille. »Die Polizei – wird Zeit, dass die unser Freund wird. Aber ich glaube nicht …«

»Glaubt es. Was soll das mit Vesna Krajner? Ihr habt die Journalistin verprügelt, damit sie nichts schreibt. Sie hat nichts geschrieben. Also was soll das?«

»Was ist mit ihr?«

»Sie ist hier. Schon vergessen, ihr habt die Chefredakteurin angerufen.«

Schweigen. Murmeln. Scharren. Sam und ich sehen einander an. Kann es sein, dass die beiden näherkommen?

»Sie sind nicht Vesna Krajner.«

»Klug erkannt. Ich bin auch nicht Mira Valensky.«

»Die sollten kommen.«

»Stellt euch nicht blöd, die Krajner ist hier. Wisst ihr, was auf Entführung steht?«

»Die zwei haben Sie hergeschickt.«

»Glaubt ihr? Habt ihr gelesen, was auf meinem Ausweis steht? Nicht Unterläufel-siebenter-von-links-Zwerg-Kieberer, sondern Bezirkspolizeikommandant. Könnte es nicht sein, dass mich andere geschickt haben, damit ihr nicht noch mehr Unsinn macht?«

»Der …«

»Na also. Dämmert es?«

»Wir haben exakt getan, was er uns aufgetragen hat. Laut Anweisung war es bloß ein Hinweis, dass wir auch anders können.«

»Red nicht so geschwollen«, mischt sich eine zweite Stimme ein. Ich erinnere mich. Der massige Typ, der geklungen hat, als wäre er erst im Stimmbruch. Heute versucht er, besonders tief zu sprechen. Klappt nicht ganz. »Wir haben nicht voll zugetreten. Warum soll der uns einen Kieberer schicken?«

»Inzwischen haben wir unsere Leute überall, hast du nicht gehört, was der GS gesagt hat?« Das war wieder Nummer eins, wenn wir recht haben, Kevin Schmolle.

»Genau. Und wenn ihn wirklich der GS geschickt hat? Du weißt, was der noch gesagt hat!«

Stille. Sam sieht mich an und zuckt mit den Schultern.

»GS könnte Generalsekretär heißen. Er gibt ihnen den Auftrag, Vesna zu kidnappen. Wird alles aufgezeichnet …« Ich flüstere. Als ob auch bei uns jemand mithören könnte.

»Aber sie haben gesagt, Vesna ist nicht da.«

»Das werden sie einem Polizeibeamten auf die Nase binden, Sam.«

»Wenn sie glauben, Nemecek ist quasi einer von ihnen?«

»Ist nicht klar, was sie glauben.«

Wir lauschen. Immer noch ist alles ruhig. Sind die beiden gegangen, um Vesna zu holen? Haben sie Nemeceks zweites Telefon entdeckt? Das hätten wir gemerkt. Wir haben uns kurz ablenken lassen. Hat das gereicht?

»In der Fremdenlegion lernen sie lautlos zu morden, ein Stich in den Nacken«, flüstert Sam.

»Ich glaub, du verwechselst etwas. Das kommt bei Haruki Murakami vor. Diese Frau, sie tötet mit einem Stich in den Nacken.«

»Ach. Und woher hat Murakami diese Methode?«

Die Hintertür unseres Wagens wird aufgerissen. Ich schreie auf. Jemand drückt mir die Hand auf den Mund. Eine Frau. Wie bei Murakami. Ich war zu nah dran. Ich …

»Sei ruhig, endlich«, faucht Vesna.

Vesna. Sie ist hinter mir.

»Sie haben dich freigelassen«, keuche ich. »Wo ist Nemecek?«

»Drinnen. Und freigelassen, Blödsinn. Glaubst du, ich begreife nicht, dass es eine Falle ist. Sie haben gesagt, du bist da. Sie haben dich.«

»Und wenn sie mich gehabt hätten? Warum hast du nicht versucht, mich zu erreichen?«

»Sie haben es verboten. Ich wollte sicher sein. Nachsehen. Und dann habe ich gesehen, wie ihr gekommen seid. Nicht gerade unauffällig. Aber scheinen nicht mehr als die zwei drinnen zu sein.«

»Und jetzt haben sie Nemecek.«

»Der kann sich helfen.«

»Was wollten sie von uns? Eine nach der anderen kidnappen?«

»Klingt absurd«, mischt sich Sam ein.

»Befehl vom Generalsekretär, weil wir Zusammenhänge zwischen Natio und seiner Partei hergestellt haben?«

»Welcher Generalsekretär?«, fragt Vesna dazwischen.

»Kann ich mir nicht vorstellen«, antwortet Sam.

»Er hat dir gedroht.«

»Ja, und du hast gesagt, das ist typisch. Und mehr kann er nicht.«

Rumpeln.

»Dann ruft ihn eben an«, höre ich Nemecek sagen.

»Wenn der GS noch einmal sauer auf uns ist, dann können wir echt …«

»Kein Wunder, dass er sauer ist.«

»Wir mussten die Briefe sichern. Die Ökos haben Drohungen gepostet. Wie immer wollen sie alles der Partei in die Schuhe schieben.«

»Er hat euch den Auftrag gegeben?«

»Wir sind freie Bürger, wir wissen, was zu tun ist«, antwortet Schmolle.

»Und dabei hat euch die Journalistin erwischt.«

»Sie ist davongerannt und gestolpert, so war das, wir haben ihr nichts getan.« Das war wieder der Möchtegern-Bass.

»Ihr wart es, ihr seid davongerannt. Und dann habt ihr euch überlegt, dass sie euch erkannt haben könnte. Als dann im Netz gestanden hat, dass klar ist, wer eingebrochen hat, wolltet ihr die Zeugin aus dem Weg räumen.«

»Wir haben auftragsgemäß gehandelt. Sie sollte niemanden diffamieren. Es war nicht mehr als eine Erinnerung.«

»Ihr erinnert, indem ihr jemanden zusammenschlagt? Interessant. Und Auftrag von wem? Besser, ihr lügt nicht.«

»Noch ist nicht die Zeit, dass alle offen agieren. Wir haben den Hinweis bekommen, wo die Journalistin …«

»Du kannst es schon sagen«, mischt sich der Kickser ein. »C-Floda war es, er hat gesagt, wo die Journalistin unterwegs ist. Und wir haben sie verfolgt, sie hat nichts gemerkt, die dumme Nuss.«

Vesna sieht mich an und schüttelt den Kopf.

»C-Floda?«, fragt Nemecek.

»Man nennt ihn so.«

»Klar, ihr trefft euch mit ihm auf ein Bier.«

»Klar nicht, aber er hat uns kontaktiert. Direkt. Da weiß man, dass es wichtig ist.«

»Und der große Chef wollte, dass ihr die Journalistin und ihre Freundin hierherlockt?«

»So is' es«, kommt in bemühtem Bass.

»Unsinn«, sagt Kevin Schmolle.

»Der GS wollte, dass ihr aufhört mit dem Mist. Es schadet der Bewegung.« Das ist wieder Nemecek.

»Wir wollten bloß reden.«

»Ist das euer üblicher Weg, miteinander zu reden? Kidnapping?«

»Das lassen wir uns nicht vorwerfen. Wir haben sie eingeladen.«

»Und worüber wolltet ihr reden?«

»Ich hab geglaubt, Sie sind einer von uns?« Jetzt kickst der Bass.

»Ich bin Polizist. Basta. Mehr braucht ihr nicht wissen. Der GS ist stinksauer auf euch.«

»Ja. Eben deswegen haben wir reden wollen mit den Weibern.«

»Was ihr unter Reden versteht.«

»Echt. Damit klar ist, dass sie keinen Scheiß schreiben.«

»Echt. So wie im Weingarten?«

»Nein.«

»Wir haben das in einem Film gesehen«, erklärt Kicks-Bass. »Ein Mafiafilm oder so. Der hat sie geholt mit einem Auto. Und dann haben sie geredet.«

»Und ihr habt euch gedacht, bequemer, sie kommen selbst.«

»Eben, was ist das für ein Kidnapping, wenn sie selbst kommen?« Das ist wieder Kevin Schmolle.

»Sie sagen dem GS nichts Falsches. Wenn Sie überhaupt von uns sind.« Jetzt ist vom eingeübten Bass nichts mehr übrig. Kicksen, Fiepen.

»Wir sind freie Männer. Wir wissen, was zu tun ist. Und mit den Weibern reden ist nicht strafbar«, ergänzt Schmolle.

»Das entscheide ich. Und über das andere entscheidet der GS. C-Floda, so ein Unsinn.«

»Der ist kein Unsinn, den gibt es nicht nur im Game. Im Hintergrund. ›Die dürfen nicht lügen‹, hat er gesagt. Und dass wir sie überzeugen müssen. So oder so.«

»Und wenn euch jemand den … C-Floda nur vorgespielt hat?«

»Quatsch. Der war echt. Außerdem: Wer weiß, dass es den gibt, außer unsere Bewegung?«

Kevin Schmolle versucht ein Lachen. Es klingt seltsam blechern. »Vielleicht ist er auch nicht echt, wer weiß? Dann war es einfach eine Computerstimme aus dem Cyberspace. Wir machen unser Ding bei Natio, das ist nicht strafbar. Man darf trainieren und sich treffen und reden. Und wenn wir den Ordnungsdienst machen, ist das ganz legal.«

»Und Kevin ist raus aus dem Bezirksdings, er hat es dem GS versprochen und wir halten, was wir versprechen«, fügt Kickser hinzu.

Rumpeln. »Kannst du endlich den Mund halten?« Wirkt, als hätte Schmolle seinem Kameraden einen Stoß versetzt.

»Und … wissen die das schon im Bezirk?«, fragt Nemecek.

»Es ist mein nächster Termin.«

»Ihr habt mehr Schiss vor dem GS als vor diesem … C-Typen«, stellt Nemecek trocken fest.

»Schiss? Wir haben keinen Grund, Angst zu haben. Können wir den Ausweis noch einmal sehen?«

»Sooft ihr wollt. Der ist echt. Ihr könnt auch bei der Polizei anrufen und fragen, wie der Bezirkspolizeikommandant ausschaut. Oder ihr könnt den GS fragen.«

»Scheiße.«

»Ich geh jetzt. Und wenn einer der Ladys was passiert, dann weiß ich, wen ich suchen muss. Der GS will das nicht.«

»Das war nie geplant. Wir haben es nicht nötig, Gewalt anzuwenden.«

»Tatsächlich. Wie nennt man das? Alternative Fakten? Es geht um mehr, das sollte euch klar sein. Ich sage nur: Venedig.«

»Was jetzt … Ich kapier nicht.«

»Der meint den Tod der Öko-Tussi«, kickst der Bass.

»Schwachsinn«, knurrt Schmolle.

»Und wenn sie euch die ganze Sache in die Schuhe schieben wollen?«

»Wir waren nicht dort.«

»Kann man manipulieren.«

»Was?«

»Türken, so tun als ob. Noch nie was von Fake gehört?«

»Im Netz, aber in echt …«

»Wenn da irgendwas läuft, dann sagt ihr mir das.«

»Wir sind doch keine Polizeispitzel.«

»Vielleicht war ich gar nicht als Polizist da. Ihr kriegt eine besondere Nummer.«

»Was wollen Sie, Mann?« Jetzt ist die Stimme wieder tief.

»Nur das Beste. Also. Und das mit den Ladys erledige ich selbst.«

»Jetzt er tragt zu dick auf«, flüstert Vesna.

»Wie jetzt …« Das war der Bass.

»Okay.« Das ist Wortführer Schmolle.

Wenig später sehen wir Nemecek aus der verwitterten braunen Tür kommen. Er sieht sich nicht um, er schlendert langsam die menschenleere Gasse entlang, verschwindet um die Ecke.

»Wartet«, zischt Vesna, als Sam ihren Wagen starten will. Erst als nach fünf Minuten immer noch niemand das stillgelegte Lokal verlässt, fahren wir los. Ich weiß nicht, ob ich Nemecek eine Nachricht schicken soll. Dann endlich, während ich noch zweifelnd auf das Display meines Smartphones sehe, ein Anruf. Von seinem zweiten Telefon.

»Wie wäre es mit einem späten Sardellenbrot? Es gibt hier auch die besten Debreziner in der Stadt.«

»Wo?«

»Simmeringer Hauptstraße, mehr oder weniger ums Eck.«

»Nicht gerade nahe am Weinviertel.«

»Vor Urzeiten war ich in dieser Gegend Pflasterhirsch. Junger Polizist auf Streife, um es hochdeutsch auszudrücken.«

8

Den Bezirkspolizeikaiser tät ich gerne kennenlernen«, sagt Rosa Prager zu mir. Ich musste ihr alles so detailgetreu wie möglich erzählen. Nicht nur das von ihrem geliebten Enkel, mit und ohne Pferd, sondern auch, was davor und danach geschah. Dass wir uns nicht sicher sind, wie viel Martin Prager mit der Sache zu tun hat, habe ich natürlich weggelassen. »Gehört schon was dazu, diese Nazi-Buben am Schmäh zu halten.«

»Sieht so aus, als würden sie sich ohnehin ihre eigene Realität basteln.«

»Ich kann mich erinnern, wie es damals war. Die waren so lächerlich, nie hätte ich mir vorstellen können, dass solche an die Macht kommen. Aber genau so war es. Weil immer mehr Leute geglaubt haben, dass sie mit ihnen stark werden. Und dann hat es nur mehr Freund und Feind gegeben. Wer Feind war, der musste bekämpft werden. Ausgemerzt. Das war in ihrem engen Weltbild eine Verpflichtung. Da war alles entschuldigt.«

Ich sehe sie an. »Und wo war die junge Rosa Prager damals?«, frage ich.

»Sie war jung und dumm. Und feige. Ich hab die nie mögen, aber ich hab gedacht, dass alles schnell vorbeigeht. Und ich hab Theater gespielt. Im Theater und außerhalb. Aber momentan ist mir nicht danach, davon zu erzählen.«

»Wäre aber wichtig für die Biografie.«

»Mach ich schon noch, musst nicht dauernd darauf herumreiten. Du bekommst dein Geld, jeden Monat. Also sei froh, wenn es lang dauert.«

»Ich will etwas dafür leisten.«

»So etwas ist aus der Mode, mein Kind. War es allerdings bei vielen immer schon. – Kannst du dich erinnern, wie ich eins über den Kopf bekommen hab, bei der Demo gegen die Regierung?«

»Ich kann mich erinnern. Wir haben es schon aufgeschrieben.«

»Ich weiß das. Ich habe bloß gefragt, ob du dich erinnern kannst. Der Generalsekretär ist ein unangenehmer Typ … Wenn der nicht wollte, dass die beiden zuschlagen, dann nur, weil es der Partei schadet.«

»Dieser Kevin Schmolle war immerhin Bezirksrat in Wien.«

»Was ist das schon, ein Bezirksrat?«

»Ein offizieller Parteifunktionär.«

»Aber geh, das nimmt keiner ernst. Ich hoff, die haben mit dem Tod von dieser Julia zu tun.«

»Warum?«

»Na klar. Dann kann es kein anderer sein. Und die sind unsympathisch.«

»Ein anderer? Etwa gar … Kannst du dir vorstellen …«

Rosa Prager sieht mich empört an. »Sicher nicht. Er ist zwar schrullig geworden, mit den komischen Leuten um sich, aber damit hat er nichts zu tun. Null.«

»Er hat Julias Methoden kritisiert.«

»Wenn ich jeden umgebracht hätte, dessen Methoden ich nicht ausstehen kann, der Zentralfriedhof wäre zu klein dafür. Und drei Viertel der Schauspielszene ausgerottet. Und Regisseure …«

Ich lache.

»Na im Ernst. Ich glaub, dass Martin sie eigentlich gerngehabt hat.«

»Weil du ihn beschützen willst.«

»Der braucht keine alte Schachtel wie mich als Beschützer.«

»Beschützerin.«

»Von mir aus.«

»Am Neuhof verwenden sie nur die weiblichen Formen.«

»Wenn er sich das gefallen lässt.«

»Viele Frauen lassen es sich ihr Leben lang gefallen, dass nur die männlichen Formen verwendet werden.«

»Wir sind eben das schwache Geschlecht.«

»Ja. Besonders du.«

»Und du. Ich werde ihn ausfratscheln. Was diese Julia angeht.«

»Vielleicht sollten wir lieber eine Sammlung aussterbender Wörter machen? Ausfratscheln … Ich weiß nicht, wie viele das noch kennen.«

»Du kennst es, aber du bist eben auch nicht mehr gerade taufrisch.«

»Dankeschön.«

»Bitteschön.«

Am Heimweg fahre ich beim Rochusmarkt vorbei. Da gibt es auch unter der Woche Stände, die Produkte von Bauern aus der Umgebung verkaufen. Ich habe Sam eingeladen. Und Fritz Nemecek. Quasi als Dankeschön. Vesna hat etwas von Verpflichtungen mit Hans gemurmelt. Ich habe den Verdacht, sie will lieber nicht dabei sein, wenn es darum geht, Oskar beizubringen, dass ich ins Hauptquartier von CHANCE! fahre. Italien ohne Urlaubsgefühl. Irgendwie eigenartig. Ich habe beschlossen, möglichst klimaschonend zu kochen. Einfach um zu sehen, wie das geht. Große Fleischberge essen wir ohnehin nicht, Oskar mochte Mega-Steaks nie und ich hab es mir irgendwann abgewöhnt. Weil mir große Stücke Fleisch in der Nacht wie ein Stein im Magen liegen. Außerdem sind andere Gerichte interessanter. Ich versuche mich auf das Nächstliegende zu konzentrieren. Alles Weitere wird sich ergeben.

Also. Regionale Produkte kaufen. Nicht im Supermarkt, wo auch Bio-Äpfel wochen- oder monatelang gekühlt gelagert werden. Ich sehe wunderschönen Karfiol und warte, bis die Bäuerin den Salat der Kundin vor mir sorgsam in Zeitungspapier gewickelt hat. »Ist die von hier?«, frage ich und deute auf die Karfiolrose.

»Aus Garten.«

Ich sehe die Frau in der Strickjacke irritiert an. »Woher?«

»Aus Auersthal. Ich bin nur Marktfrau für Frau Hofer. Die ist schon fast achtzig und ich helfe.«

»Aber sie züchtet noch Karfiol, die Frau Hofer.«

»Natürlich. Auch anderes. Den Salat. Und die Zwiebel.«

»Ist das nicht viel für eine alte Frau?«

»Sie hat gute Hilfe.«

Ich nehme um einiges mehr, als ich vorgehabt habe, und dann noch bei einem Nachbarstand Lammfleisch und Käse aus Niederösterreich, danach sehe ich geräucherte Forellenfilets, Radieschen und Fenchel und am Ende kann ich die Plastiktaschen kaum mehr tragen. Plastik geht gar nicht, aber ich hatte nur eine kleine Stofftasche eingesteckt und ich werde mich bessern.

Wenig später weiß ich, dass »klimafreundlich kochen« ein Hit ist. Zumindest im Internet. Die unterschiedlichsten Menschen bewerben ihre ganz persönliche Methode, ihr Kochbuch, ihren Blog. Ich sitze wie in alten Zeiten mit meinem Laptop am Esstisch. Da gibt es ein Klima-Kochbuch, in dem ein Strahlemann erklärt, Rind essen sei gar nicht gut, aber sein Lieblingsrezept wären Pappardelle mit Spargel und Sahne. Weil es ohne Sahne eben leider doch nicht schmecke und kleine Kompromisse dürfe man schon machen. Auf Sahne kann ich in Saucen verzichten, und das gar nicht zuallererst aus Klimaschutzgründen. Aber wer sagt, dass gute Menschen auch gut kochen können? Außerdem: Vielleicht geht's dem einen oder anderen gar nicht in erster Linie um die Zukunft unserer Erde, sondern ums Geschäft. Klimaschutz ist zu einem interessanten Marktsegment geworden. Und zu einem Argument, mit dem man gewisse Lebensformen bewerben kann. Veganer wollen damit nicht nur sich selbst, sondern auch die Erde retten. Es ist noch nicht so lange her, dass ich in der Szene ermittelt habe. Und gelernt habe, was für ein Riesenunterschied zwischen bewussten Veganern wie Dominik und der veganen Lebensmittelindustrie besteht. Dass Zusatz- und Geschmacksstoffe, die sonst als Mittel zur Luftentfeuchtung eingesetzt werden, besonders klimaschonend sind, bezweifle ich.

Ich klicke mich durch Seiten wie »Klimafreundlich essen in der Schule«. Eine WWF-Studie aus dem Jahr 2012 wird zitiert, laut der offenbar durch eine Reduktion des Fleischkonsums der Deutschen »auf ein gesundes Maß« 27 Millionen Tonnen Treibhausgase pro Jahr eingespart werden könnten. Hat mir Steinkellner nicht erst vor Kurzem erklärt, Klima-Ökonomen hätten errechnet, dass für jede Tonne CO_2 39 Euro als Kompensationszahlung geleistet werden sollten? Ich gehe weiter zur Studie und finde den Absatz:

13 Mio. t davon durch die Einsparung von direkten THG-Emissionen und rund 14 Mio. t durch Vermeidung von Landnutzungsänderungen. Dies entspricht der Emissionsmenge von 2,3 Mio. Neuwagen bei einem EU-Grenzwert von 120 g CO_2-Ausstoß pro Kilometer und einer Gesamtfahrleistung von 100.000 km.

Und wie viel braucht ein Flugzeug? Schon bin ich bei einem Flug-Klimarechner. *Berechnen und kompensieren Sie Ihre Emissionen!* Kann sein, dass auch damit Geschäfte gemacht werden. Ich gebe in den Flugrechner Wien–Venedig ein. Einfacher Flug, Economyclass. Und erhalte zur Antwort: *CO_2-Menge: 0,138 t.* Und dazu sofort Projekte zur Auswahl, denen ich dafür vier Schweizer Franken spenden soll. Sicher gute Projekte. Und sicher besser, als nichts zu tun. Ich sollte Martin Prager fragen, was er davon hält. Auto fahren verbraucht auch nicht viel weniger als fliegen, zeigt mir der Rechner. Zumindest, wenn man allein fährt. Und acht Tage Kreuzfahrt kosten drei Tonnen CO_2. Wenn man sich eine Kreuzfahrt leisten kann, sollte die Kompensationszahlung auch drin sein. Ach ja, und steuerlich absetzen kann man sie in Deutschland und der Schweiz auch. Trotzdem: Wenn ich mit Oskar eine Kreuzfahrt mache, laden wir der Erde weitere drei Tonnen CO_2 auf, egal, wie viel ich dafür zahle. Dann lassen wir es lieber sein. Vielleicht auch, weil uns die Vorstellung, gemeinsam mit Tausenden Menschen auf einem dauerbeschallten Schiff zu sein, ohnehin Schauer über den Rücken jagt.

Wenn ich nicht bald zu kochen beginne, kann ich meinen Lieben am Abend bestenfalls einen etwas verwirrten Klimaschutz-Vortrag halten. Macht keinesfalls satt. Nur in eine Seite will ich noch reinlesen:

Klimafreundliche Ernährung: 5 Tipps.

1. *Wenig tierische Produkte essen*
2. *Ökologische Lebensmittel auswählen – außer sie kommen von weit her*
3. *Regional und saisonal essen*
4. *Frische und unverarbeitete Lebensmittel bevorzugen*
5. *Lagerung und Weiterverarbeitung mitberücksichtigen*

Bei der klimafreundlichen Ernährung geht es nicht nur ums Essen. Auch Zubereitung, Lagerung und Einkauf spielen eine große Rolle: Fährt man mit dem Auto zum Supermarkt, macht das den Vorteil durch den Einkauf von Bioprodukten wieder mehr als zunichte. Effiziente Geräte bieten weitere Einsparpotenziale. Kühl- und Gefrierschränke machen ein Drittel des Haushaltsstromverbrauchs aus. Bei der Auswahl eines effizienten Kühlschranks hilft Ihnen der KühlCheck.

Gut, dass ich ein E-Auto habe. Und dass wir uns einen supereffizienten Kühlschrank leisten können. Rechnet man allerdings unseren Verbrauch an Flug- und Fahrkilometern, sieht die Bilanz wieder anders aus. Kann gut sein, dass Menschen mit wenig Geld die billigsten Lebensmittel einkaufen, aber kein Auto haben und kaum in Urlaub fahren können, das Klima weniger belasten als ökologisch orientierte Besserverdienerinnen wie ich. Vielleicht geht es einfach darum, dass alle etwas beitragen. Ohne sich dabei besonders edel vorzukommen. Normal sollte das werden. Ich werde Sam eine Story über Klimawandelgeschäfte vorschlagen.

Vui hat es sich inzwischen auf meinem Laptop bequem gemacht. Er schnurrt, als ich langsam näher komme. Katzen kennen kein schlechtes Gewissen. Er hat da nichts verloren. Das ist mein Arbeitsgerät. Ich pflücke ihn herunter, kurz hängt der Laptop gefährlich in der Luft, er hat sich ins Kabel verkrallt. Ich setze unseren Kater auf den Boden, und er sieht mich aus seinem blauen und seinem braunen Auge an. Unergründlich. Oskar und ich präsentieren Freunden gerne die Theorie, dass es sich bei Vui um die Reinkarnation eines der großen Reporter handelt. Sein zweiter Lieblingsplatz ist der Korb mit den alten Zeitungen. Interessiert sehe ich, was er diesmal geschrieben hat. Man muss es bloß zu deuten wissen. Orakel der besonderen Art.

Ssssssssssssssssdüüüüüüüüüüüüüüüüüüüüüüüüüüüüüüüüenxxxxxxxxxreeeeeeeeeehttrsssss

Ich versuche es zuerst schnell und dann langsam vor mich hin zu sagen. Vui hat den Kopf schief gelegt. Irgendwas, das krächzt? Sdüenxrehtrs … Sdüen, könnte Süden heißen, vielleicht war der große Reporter Legastheniker. Oder Vui ist es. Ja. Ich sollte dringend nach Italien. Das ist Süden. Aber was ist dort? X nehmen wir für mal. Rehtrs. Rechts. Süden mal Rechts? Na ja, Rechte gibt es auch in Italien. Was ist mit diesem ominösen C-Floda? Dass Floda entsteht, wenn man Adolf von hinten buchstabiert, ist uns schnell klar geworden. Inzwischen wissen wir auch, dass die Führerfigur bei dem verbotenen Nazi-Computerspiel, an dem sich unter anderem Kevin Schmolle beteiligt hat, C-Floda hieß. Was, wenn er nicht nur ein Produkt abstruser Fantasie ist, sondern der Codename für den Boss einer neuen internationalen Organisation? Gerüchte darüber gibt es nicht nur in nationalistischen, sondern auch auf liberal-besorgten Internetforen. Ich sollte mich an das Handfeste halten. Kochen. Oskar liebevoll klarmachen, dass ich ins Hauptquartier muss. Risano. Nur zehn Kilometer von Udine entfernt. In Udine ist die Spedition von Steinkellner. Er sponsert die Bewegung. Oder ist es mehr als das? Ist er der eigentliche Anführer, hat er die hübsche Julia einfach vorne hingestellt, und als ihr diese Rolle nicht mehr gepasst hat, wurde sie … Spekulation, alles Spekulation.

Ich schneide die Fenchelknolle in möglichst feine Streifen. Üblicherweise kommen zum Fenchelsalat Orangen- oder Mandarinenspalten, aber ich habe mich mit einheimischem Obst zufriedengegeben. Warum nicht einen knackigen säuerlichen Apfel nehmen? Im Kühlschrank steht ein Rest Frizzante. Gerade recht, um dem Ganzen etwas Pep zu geben.

Ob Julia gerne gegessen hat? Wie war sie überhaupt als Mensch? Ich kenne sie als Klimaschutzheldin. Ich weiß, dass ihr Millionen auf Instagram gefolgt sind. Und ich weiß, dass sie einigen zu viele Kompromisse gemacht hat und anderen zu viel Einfluss hatte. Klar ist, dass sie mit vollem Einsatz unterwegs war. Weil sie es wollte? Weil das ihr Auftrag war? Man stellt sich nicht tagelang verkühlt ins Wasser. Für keine Bilder der Welt. – Oder war sie derart geltungssüchtig, dass sie alles in Kauf genommen hätte, nur um präsent zu sein? Dann hätte sie auch ins Dschungelcamp gehen können. Oder zu einer der vergleichbaren Reality-TV-Shows. Die soll es immer noch geben.

Ich verrühre den Frizzante-Rest mit einem Kaffeelöffel Agar-Agar. Keine Ahnung, woher das Geliermittel kommt, jedenfalls wird es aus Algen gewonnen, es ist biologisch, vegan und wiegt nicht viel. Also zulässig, nach Klima-Kriterien. Wenig Olivenöl erhitzen, Olivenöl lasse ich mir nicht nehmen, dieses hier stammt noch von unserer letzten Reise nach Sardinien, allein der Duft … das Haus über dem Meer … Tja. Wir sind geflogen. Gar nicht gut. Klimamäßig. Den Fenchel eine Minute im heißen Öl schwenken, salzen, den Prosecco, die Apfelstücke und eine Handvoll Kapern dazugeben, aufkochen und weg von der Hitze. Wenn alles passt, dann wird die Fenchel-Apfel-Mischung im Kühlschrank halb gelieren. Ein perfekter Untergrund für die angeblich zart geräucherten Forellenfilets. Ich sehe auf die Uhr. Eigentlich wollte ich Lammsuppe machen. Ich habe diesmal kein Fleisch vom Rücken oder Schlögel gekauft, sondern etwas vom Vorderviertel. Brust, Schulter. Damit alles vom Tier verwendet wird, nicht bloß die Edelteile. Nur dass so etwas länger dauert. Ich überlege. Wenn ich das bessere Fleisch abschneide und alles andere mit Wasser, Wurzelwerk, Thymian, Rosmarin in den Druckkochtopf gebe, dann brauche ich sogar weniger Energie als in einem herkömmlichen Topf. Und es geht schneller. Das Fleisch werde ich faschieren. Fleischlaberl vom Lamm. Fleischlaberl, auch so ein Wort, das bald verschwinden könnte. Wann werden auch bei uns in Wien Frikadellen verkauft werden, weil so jeder weiß, was gemeint ist? Sind Menschen wie Rosa Prager und ich Fossile? Kurz vor dem Aussterben? Viele Junge reden eine Art Pseudohochdeutsch. Deutschsprechende aller Länder, vereinigt durchs Privatfernsehen. Und in einem ehemaligen Heurigenlokal verschanzen sich Typen von Natio. Egal, was sie von freien Männern labern, die wissen, was sie zu tun haben. Sie sind nur Handlanger. Für wen? Sie haben Respekt, vielleicht sogar Angst vor diesem Generalsekretär, so viel ist klar. Aber er scheint ihnen keinen Auftrag erteilt zu haben. Im Gegenteil. Er dürfte sie zurückgepfiffen haben. Oder ist alles Fake? Wollte er bloß nicht, dass sie wissen, wer hinter dem Auftrag steht? Ist er C-Floda? Weil er weiß, dass die von Natio auf so etwas abfahren? Oder gibt es doch ein internationales rechtes Netzwerk? Vielleicht kann ich mir einiges, was sich im Untergrund abspielt, bloß nicht vorstellen. C-Floda. Klingt nach Schwachsinn. Aber was hat Rosa Prager gesagt? Die seien so lächerlich gewesen, dass sie sich nie vorstellen hätte können, dass solche an die Macht kommen. Zumindest Schmolles Kamerad glaubt an einen ganz realen C-Floda. Wir wissen inzwischen, dass er tatsächlich bei den Hooligans war. Vorbestraft wegen schwerer Körperverletzung. Markus Kogler. Momentan versucht er angeblich, seinen Pflichtschulabschluss nachzuholen. Mit Unterstützung eines Vereins, den Sympathisanten von Natio finanzieren. Was kann man gegen Menschen sagen, die Bildungsangebote machen?

Ich montiere den Faschier-Vorsatz auf meine Küchenmaschine. Sofort steht Vui neben mir. Ich habe das Fleisch noch gar nicht aus dem Kühlschrank genommen. Vui liebt Faschiertes. Gismo war verrückt nach Oliven. Sie war eine ganz besondere Katze, Vui hat es nicht leicht nach ihr. Wobei: Besonders ist er auch. Jede ist besonders. Jeder. Wir sollten nur besser hinschauen. Kevin Schmolle und der kicksende Ex-Hooligan: Was ist an denen besonders? Außer dass sie offenbar besonders nationalistisch und besonders gewalttätig sind? Ich lächle. Vielleicht ist der eine extrem musikalisch, aber daheim haben sie immer nur volkstümliche Schlager plärren lassen. Und vielleicht hätte der andere ein Talent für Mathematik, nur wer passt schon in der Schule auf, wenn er cool sein will? Mira, besser, die Fantasie geht nicht mit dir durch. Irgendwas werden auch die beiden haben, aber du wirst es nicht herausfinden. Vui könnte man als Guru für Entspannung vermieten. Außer er will gefüttert werden. Dann ist er überaus aktiv. Und nervös. Ich lenke ihn mit einem Beutelchen Katzenfutter ab. Mit Lamm und Gemüse. Katzen brauchen kein Gemüse. Aber Menschen kaufen lieber etwas mit Gemüse, weil es gesünder klingt. Ob die Beutel umweltfreundlicher sind als Dosen? Jedenfalls brauchen sie weniger Platz. Vui frisst, ohne die Kühlschranktür aus den Augen zu lassen. Er ist also auch multitaskingfähig. Man müsste ihn nur mehr fördern. Mir würde es allerdings reichen, wenn er deutlicher zu schreiben und zu formulieren lernt. Ist für eine Reporterinkarnation ja wirklich nicht zu viel verlangt. Ich sollte nachsehen, welcher große Reporter leidenschaftlich gern gegessen hat. Vor allem Faschiertes. Ich sehe hinüber zum Laptop. Nein, jetzt wird gekocht. Keine Ahnung, warum ich heute nicht bei der Sache bin. Ich mache mir Sorgen, wie Oskar meinen Ausflug ins Hauptquartier von CHANCE! aufnehmen wird. Ich will Harmonie. Aber ich will auch selbst entscheiden, was ich tue.

Wir sitzen am Esstisch, Vui hat so viele Streicheleinheiten bekommen, dass er erschöpft im Zeitungskorb schläft. Eine Flasche DAC-Veltliner ist bereits leer. Die Forelle auf Fenchel-Apfel-Gelee hat großen Anklang gefunden und gar nicht in erster Linie, weil sie klimafreundlich war. Sam und der Bezirkspolizeikommandant verstehen sich ausgezeichnet, aber das hat man schon bei unserem nächtlichen Besuch im Simmeringer Wirtshaus gesehen. Ich habe beinahe den Eindruck, Sam flirtet mit Nemecek.

»Du warst besser als Jack Benny in ›Sein oder Nichtsein‹«, lacht sie. »Wie du gesagt hast, ›Habt ihr gelesen, was auf meinem Ausweis steht? Nicht Unterläufel-siebenter-von-links-Zwerg-Kieberer, sondern Bezirkspolizeikommandant‹, das war ganz großes Kino.«

»Bin ich doch, auch wenn das nicht sooo etwas Besonderes ist.«

»Ich finde es schon besonders, echt. Wie wird man das? Wolltest du immer schon …«

Ich gehe zur Küchenzeile. Die Lammsuppe zieht bei ganz kleiner Hitze, sie ist aromatisch und intensiv geworden, ich habe sie abgeseiht und als Einlage lediglich ein paar Handvoll Fregola, diese großartigen sardischen Teigkügelchen, hineingegeben. Ich hebe den Deckel. Mist. Mir war nicht klar, wie stark Fregola aufquillt. Jetzt habe ich eher einen Brei, sieht beinahe wie Risotto aus. Ich hätte besser … Ich höre Sam lachen, Fritz Nemecek stimmt ein. Er kann sehr charmant sein. Er ist fast dreißig Jahre älter als Sam, aber was macht das? Abgesehen davon, dass ich geglaubt habe, dass sie eher an Frauen interessiert ist. Warum nicht an Männern und Frauen? Warum nicht statt einer Suppe eine Art Risotto? Ich koste. Passt. Einen Schuss Weißwein, kräftig Butter dazu – das ist allerdings nicht eben klimafreundlich, also lasse ich es bleiben und nehme stattdessen Olivenöl –, dann noch gemahlenen Pecorino unterrühren. Eigenimport. Im Koffer mitgereist wie die Fregola, wenn wir schon fliegen, dann lieber mit regionalen Köstlichkeiten als mit mehreren Paar Schuhen. Ob man auch da Klimaalternativen rechnen kann?

»Findest du George Clooney sexy?«, ruft Sam, als ich am Tisch vorbei zur Terrassentür gehe.

»Wer nicht?«, frage ich.

»Ich weiß nicht, irgendwie … Er ist nicht wirklich mein Typ.«

»Zu alt«, stichelt Fritz.

»Zu verbraucht«, kontert Sam. »Ich mag unverbrauchten Witz.«

»Oje, ich halte schon den Mund.«

»Warum, du bist doch witzig!«

»Da solltest du einmal meine Frau hören …«

»Oh ja, deine Frau … Warum ist sie eigentlich nicht mit?«

Ich schneide einige Zweige Thymian und beobachte Vui. Aber der schläft zufrieden und hat keine Lust auf gefährliche Eskapaden. Was jetzt kommt, kenne ich. Von wegen unverbrauchter Witz. Ich mag Fritz Nemecek sehr, aber diese Antwort habe ich schon öfter gehört. Er liebt die Reaktion darauf.

»Sie ist von mir gegangen.«

Betroffene Stille, immer, und dann Stottern. Aber Sam ist anders. »Da hat sie einen Fehler gemacht.«

Nemecek sieht sie groß an und ich lache. »Üblicherweise kommen Trauerbekundungen.«

Sam zwinkert dem Bezirkspolizeikommandanten zu. »Ich bin Journalistin, schon vergessen?«

»Beinahe«, murmelt er. »Jedenfalls eine ganz besondere.«

»Ich habe recherchiert. Angeblich ist sie mit dem Baumeister, der euer Haus umgebaut hat, davon und lebt jetzt auf Mallorca. Heftiges Rauschen war im Blätterwald.«

»Also Fangfrage. Was das Blätterrauschen angeht, war es aufs Bezirksblatt beschränkt. Und nur, weil die Frau des Baumeisters ihn hochkant hinausgeworfen hat. Nicht ohne vorher seine gesamte Kleidung in den Garten zu tragen und anzuzünden. Worauf dann eine kleine Scheune …«

»Man glaubt gar nicht, wie aufregend das Leben im Weinviertel sein kann«, spottet Sam.

»Dabei habe ich dir noch nichts von meinem abenteuerlichen Leben als Polizeichef erzählt. Stell dir Fernsehen vor. Besser noch Kino. Die Besten der Besten, die unerschrocken und ohne Rücksicht auf das eigene schwere Schicksal der Gerechtigkeit zum Durchbruch verhelfen. Und dann hast du immer noch nicht realisiert, was meine tägliche Arbeit ist.«

»Huch!«, macht Sam theatralisch. »Ich lausche!«

»Dienstpläne absegnen, dem Säufer aus dem Nachbarort ins Gewissen reden, wieder einmal die Brünner Straße umleiten, Frau Horvat einfangen, nicht weil sie etwas verbrochen hat, sondern weil sie immer geradeaus in den Wald geht, wie ein Truthahn, immer weiter, der … ähhh, sorry, das war die falsche Platte. Solltest du überhaupt noch wissen, was das ist.«

Sam lacht. »So ungefähr. Und warum wie ein Truthahn?«

»Weißt du nicht, dass die immer weitergehen und nie zurück? Die finden nicht heim, wenn man sie nicht einfängt, sind sie irgendwann am Meer. Oder gegessen.«

Dann ist auch das Fregola-Risotto Geschichte, den Karfiol habe ich mit ganz wenig Suppe weichgekocht, nur mit Salz und einer

Prise Cayennepfeffer abgeschmeckt und püriert. Dazu Lammlaberl, weiteres Geblödel und ein entspannter Abend, selbst die beiden von Natio tragen zur Erheiterung bei. Wir sind bei der dritten Flasche Wein. Irgendwann sollte ich Oskar sagen, dass wir übermorgen Richtung Udine fahren. Insgeheim habe ich gehofft, Sam würde das tun. Geschickt, nicht direkt. Wie feige. Käse auf dem Tisch, Vui, der sich ausgiebig streckt und kleine Happen elegant entgegennimmt. Nemecek, der die Geschichte seiner veganen Nichte erzählt. Lena ist uns vor einiger Zeit ins Netz gegangen, als sie bei einem Spanferkelfeuer Knallkörper versteckt hat.

»Sie ist übrigens ein großer Fan von CHANCE!«, sagt Fritz Nemecek. »Auch wenn ich den Verdacht habe, dass sie inzwischen mehr mit der Last Generation zu tun hat. Spätestens wenn sie irgendwo an einer Kreuzung klebt, weiß ich es.«

Oskar lächelt. »Wie geht's eigentlich weiter mit CHANCE!? Jana ist noch im Hauptquartier, oder?«

Ich räuspere mich. »Wir sollten …«

Sam nickt. »Ich würde mich freuen, wenn Mira hinfährt. Sie ist einfach die Beste. Und am nächsten dran. Leider können wir nur ganz wenig zahlen, aber …«

»Wann?«, sagt Oskar mit ausdruckslosem Gesicht.

Bitte, Liebster, verdirb nicht den Abend. Es ist nicht gefährlich, ich weiß, was ich tue, die Schläger sind hier und mit einiger Wahrscheinlichkeit auch ruhiggestellt. Ein internationales rechtes Untergrundnetzwerk ist Blödsinn. Ich fahre nicht in den Kongo, sondern nach Norditalien. Das alles denke ich. Und sage nichts.

»Übermorgen?«, strahlt Sam. Das Fragezeichen ist so winzig klein, dass man es leicht überhören kann.

»Was sagst du?«, fragt Oskar und sieht mich an. Wie kann es sein, dass ich nach so vielen Jahren nicht weiß, was er denkt? Was er als Nächstes tut? Steht er auf? Wird er …

»Für mich wäre es sehr okay«, murmle ich. »Jana ist noch dort und die meisten ihrer Truppe, Vesna wird vielleicht nachkommen, sie kann momentan nicht, zu viel zu tun in der Firma, aber sie will es versuchen und es ist ohnehin klassische Recherchearbeit, nichts Besonderes.«

»Gut«, sagt Oskar. »Dann fahren wir übermorgen.«

»Wir?«, frage ich.

Oskar lächelt. »Wenn du mich mitnimmst? Wir waren schon lange nicht mehr in der Gegend und vielleicht gelingt uns ja ein kleiner Abstecher ins Veneto. Mit oder ohne Hochwasser in Venedig.«

»Hast du Zeit?«

»Ich hab mir schon so etwas gedacht, ich hab mir Zeit freigeschaufelt.«

»Es wird aber kein reiner Urlaub.«

»Na wirklich? Wo Sam ohnehin nichts zahlt?«

»Nichts? Das ist übertrieben«, mischt sich Sam ein. »Und es wird übersetzt. Es gibt ECCO Italia und ECCO Europe ist im Entstehen.«

Oskar zwinkert ihr zu. »Endlich macht Mira Karriere.«

»So hab ich das nicht gemeint!«

Ich stehe auf, lege die Arme um meinen Oskar und küsse ihn schmatzend auf die Wange. Er ist immer noch für Überraschungen gut. Wie schön.

9

Ich weiß nicht, wie ich mir das Hauptquartier von CHANCE! vorgestellt habe. Als Holzhütte mit Menschen in schlecht sitzenden bunten fairen Baumwoll-Klamotten, die Parolen besprechen und Tee trinken? Oder als Glaspalast, in dem schwarz und grau gekleidete Werbeprofis von Meeting zu Meeting eilen?

Es ist natürlich ganz anders. Wir haben Risano durchquert, eines der freundlichen unspektakulären Dörfer südlich von Udine. Steinhäuser, eine kleine Kirche mit gemauertem Campanile, eine Bar mit Plastiksesseln davor. Danach viel freie Fläche, Äcker, Wäldchen. Am Straßenrand ein großes Schild, orangefarben mit schwarzer Schrift. CHANCE! Wir biegen ab, der schmale Weg endet in einem Parkplatz, auf dem fünfzehn, zwanzig Autos stehen. Ein Teil davon mit E-Antrieb, ein Teil konventionell. Mehrere weitläufig verstreute Gebäude. Im Zentrum ein würfelförmiges Haus aus Holz und Glas, von dem zwei lange schmale Gebäudeachsen abgehen. Die Dächer sind voll mit Fotovoltaik-Paneelen. Ein Teich, eine große Wiese, dahinter ein Gebäude mit zwei Stockwerken, Holz und Glas auch hier. Und am Ende des Geländes noch einmal ein Haus, Unterstände und Ställe. Sorgsam und stilsicher gestaltet, passend zur Landschaft und ihrer Architekturtradition, sicher nicht älter als dreißig Jahre. Jana hat uns herumgeführt. Ein Musterbauernhof sei es immer noch, eine Ferienanlage sei es gewesen, ganz bewusst nach ökologischen Kriterien gestaltet, besser hätten sie es nicht treffen können. Sogar das große Hallenbad im Haupthaus werde mit Solarstrom geheizt.

»Und das alles finanziert Steinkellner?«, frage ich.

Eine Entenfamilie schwimmt im Teich, von weiter weg höre ich ein Tier rufen.

»Esel«, erklärt Jana. »Manchmal kommt man sich hier vor wie auf Urlaub. Vorher. Natürlich. Bevor Julia …«

»Und wo ist es passiert?«

»Bei den Garagen am Grundstücksende. Ja, Steinkellner finanziert das sozusagen. Das Gelände gehört ihm.«

»Davon hat er mir nichts gesagt.«

»Hast du ihn gefragt?«

»Ihr hättet ihn also gar nicht so leicht loswerden können.«

»Wer wollte das?«

»Es geht das Gerücht, Julia wollte sich von Steinkellner trennen. Und du hast selbst gesagt, als CoConcept kam, gab es Auseinandersetzungen.«

Jana schüttelt zweifelnd den Kopf. »Er war damit einverstanden, dass CoConcept aufhört. Wer behauptet, dass Julia sich von ihm trennen wollte?«

»Martin Prager.«

»Es ist Unsinn. Keine Ahnung, warum der Typ das sagt.«

»Er soll Julia seit Langem kennen.«

»Ja, aber er ist immer mehr zum Sektierer geworden. Hat Julia erzählt. Jedenfalls haben wir inzwischen andere Probleme. Die Polizei schnüffelt überall herum. Wobei es ihnen viel mehr um die Sache mit den MOSE-Schleusen zu gehen scheint als um Julia. Womöglich ist doch etwas manipuliert worden. Oder die Politik tut so als ob, um von ihrem Versagen abzulenken. Und: Die Medien fragen uns, wie es weitergeht. Noch können wir sie hinhalten. Trauer um Julia, es war noch nicht einmal das Begräbnis, all so was. Und das stimmt natürlich auch. Aber dann? Niemand weiß, was dann ist. Es war einfach so viel auf sie zugeschnitten.«

»Zu viel«, ergänzt Oskar.

»Ja, aber das merkt man erst, wenn es zu spät ist. Die Bewegung ist schnell gewachsen. Vor einem Jahr hätte sich noch niemand gedacht, dass sie international wird. Auch wenn es natürlich das Ziel war. Als ich vor drei Monaten eingestiegen bin, haben sie gerade beschlossen, den Fokus auf Venedig zu legen. Als untergehende Stadt, wenn die Klimakatastrophe voll durchschlägt. Das lässt sich nicht durch Schleusen verhindern. Ganz im Gegenteil. Die sind bloß eine weitere Verletzung des empfindlichen Ökosystems der Lagune. Aber man tut wieder einmal so, als könnte man den Klimakollaps durch technische Barrieren aufhalten. Venedig ist das perfekte Symbol, das jeder kennt. Weltweit.«

»So kurz ist CHANCE! erst hier?«

»Nein, das Gelände haben sie vor rund einem Jahr bezogen. Es sollte eigentlich nur für die Übergangszeit sein, hier gibt es genug Übernachtungsmöglichkeiten. Und ausreichend Platz für Besprechungen und Büroräume.«

»Steinkellner war also schon damals dabei.«

»Ja, eigentlich ganz von Anfang an. Julia hat ihm gefallen. Ihr Vater ist Italiener. Seine Mutter stammt von hier. Ihr zuliebe hat er den Musterbauernhof gebaut. Agriturismo der ganz besonderen Art. Sie ist vor einigen Jahren gestorben.«

»Es war also eine Art Gutshof zum Schloss?«

»Welches Schloss?«

»War sie keine Adelige?«

Jana lächelt. »War sie offenbar, aber die hatten kein Geld. Was ihnen geblieben ist, war ein verfallener Bauernhof und viel Land, das nichts eingebracht hat. Sie war offenbar eher Bäuerin als Prinzessin.«

»Du magst Steinkellner?«

Jana zuckt mit den Schultern. »Ich fand ihn ganz in Ordnung. Und jedenfalls wichtig. Praktisch. Die Sache mit CoConcept hat freilich einiges geändert. Ich bin mir nicht mehr sicher.«

»Wie hat Julia das gesehen?«

»Wohl so ähnlich wie ich. Aber sie war immer pragmatisch. Er war der große Geldgeber. Und es sieht so aus, als hätte sie sich durchgesetzt. Zumindest was CoConcept angeht.«

»Warum war die Agentur so wichtig?«

»Wegen ihrer Verbindung mit dieser fürchterlichen Lobbying-Agentur. Hutchton-Forbes. Und außerdem hat vielen von uns nicht gefallen, was die zwei Tussen an Spendenprogrammen inszeniert haben.«

»Klingt nicht, als wären sie deine Freundinnen.«

»Kann man sagen. Aber Julia ist immer stärker geworden. Sie war eine öffentliche Person mit viel Einfluss. Sie hat das gewusst. Und sie wollte, dass das geschieht, was sie für richtig hält.«

»Ob einer wie Steinkellner das aushält?«

Oskar schüttelt den Kopf. »Mister Steinreich am Gängelband der Öko-Heldin.«

Jana lächelt. »Ich weiß nicht, ob er es so gesehen hat. Sicher ist er es gewohnt, dass ihm die Leute dankbar sind, die er unterstützt. Und wohl auch, dass das passiert, was er sagt. Wenn er sich einmischt.«

»Hat er sich eingemischt?«

»Eigentlich selten …«

»Was war zwischen den beiden, waren sie ein Liebespaar?«, frage ich.

Jana sieht hinüber zum Teich und zur Entenfamilie. »Ich weiß es nicht. Es gibt natürlich jede Menge Gerüchte. Sie gingen sehr vertraut miteinander um. Auf Augenhöhe, wie das jetzt heißt. Aber das hat eben zu Julia gepasst. Als der Bundespräsident gekommen ist, um sich das Projekt anzusehen, war sie auch so. Vertraut. Aber nicht respektlos. Das nicht.«

»Ein Kommunikationstalent«, nickt Oskar.

»Ja, in jeder Beziehung. Egal ob auf Instagram, im Fernsehen oder im direkten Gespräch.«

»Also: Liebespaar oder nicht?«, will ich wissen.

»Achtzig Prozent nein, zwanzig Prozent ja.«

»Hast du sie nie gefragt? Du warst ihre Assistentin. Und wohl auch Freundin, oder?«

»Freundin? Ich weiß nicht. Ich hatte immer wieder den Eindruck. Ich hab sie gemocht. Und sie mich. Aber sie war für alle da. Ganz nah hat sie niemanden herangelassen, glaub ich. Sie hatte schon ein wenig was von … lacht jetzt nicht, von einer klassischen Heldin.«

»Tragische Heldin«, ergänze ich.

»Wer investiert so viel, wenn er nichts entscheiden kann?«, murmelt Oskar.

Jana sieht ihn spöttisch an. »Hier spricht Dr. Oskar Kellerfreund, der Wirtschaftsanwalt. Steinkellner hat viel bekommen. Eine großartige, erfolgreiche Bewegung, die es ohne ihn zumindest nicht so schnell gegeben hätte. Zuneigung von jungen, kreativen Menschen. Das Wissen, dass er etwas Positives zur Zukunft unserer Welt beiträgt. Das Gefühl, dass seine Mutter stolz auf ihn wäre.«

»Und Julias Liebe?«, insistiere ich.

»Ist das wirklich immer so wichtig? Wer mit wem zusammen ist, wer mit wem Sex hat, wer wem ›gehört‹?«

»Reden wir jetzt über Julia oder über dich?«

»Mam wollte, dass du mir ins Gewissen redest, nicht wahr? Man glaubt es nicht. Sie hat tatsächlich verlangt, dass ich ihr sage, wer der Vater meines Babys ist.«

»Vesna macht sich Sorgen. Du kennst sie. Wenn es um euch geht, ist sie nicht so abenteuerlustig wie sonst.«

»Aber es ist absurd, es ist mein Leben. Und weißt du was? Ich glaube, sie ist in erster Linie stinksauer, dass sie Großmutter wird.«

»Unsinn.«

»Sie hat es gesagt. Sie fühlt sich nicht wie eine Großmutter.«

»Na und? Das ist doch ihre Sache. Sieht sie wie eine Großmutter aus? Nein.«

»Wie sehen Großmütter aus? Wie die Hexen aus den Märchen? Das ist doch ein Klischee. Wärst du gerne Großmutter?«

»Ich bin nicht einmal Mutter.«

»Klug angelegt. Aber deswegen bleibt man auch nicht jung. Es ist lächerlich, diese Verdrängung.«

»Lächerlich ist etwas anderes!« Ich drehe mich um und gehe. Schwierige Lage hin oder her, wir kommen, um Jana zu unterstützen, und was ist die Reaktion? Dumme Unterstellungen.

»*Du* bist es, die Mutter wird!«, rufe ich zu ihr zurück. »Wäre vielleicht gut, wenn dir das endlich klar wird!«

Oskar steht neben ihr, sieht zu mir herüber und lässt die Arme hängen. Große Skulptur eines irritierten Mannes. Der Arme, er hat sich unseren Ausflug wohl anders vorgestellt.

Zum Glück habe ich das Wort »Verantwortung«, das ich ihr auch zubrüllen wollte, gerade noch unterdrückt. Ich sollte mich um meinen Auftrag kümmern. Wie viel Populismus ist zulässig, wenn es um große Themen wie die Klimakatastrophe geht? Wie angreifbar macht man sich damit? Und: Wie geht es weiter, wenn die Frontfrau weg ist? Das ist offenbar ungeklärt. Kann sein, dass auch deswegen bei Jana die Nerven blank liegen. Außerdem ist sie inzwischen im siebten Monat. Kein Wort mehr über ihre Schwangerschaft, das nehme ich mir ganz fest vor. Oskar steht noch immer neben ihr. Dass sie Vesnas Tochter ist, kann niemand bestreiten. Auch was ihre Sturheit angeht.

Man hat uns eines der Zimmer in der Längsachse des Gebäudes zugewiesen. Helle Räume mit hellen Möbeln, jeder hat eine eigene Terrasse. Wo ist das Appartement von Steinkellner? Eigentlich wollte ich Jana danach fragen. Aber besser, ich sehe mich jetzt einmal allein um. Dort hinten sind die Garagen. Dort ist es passiert. Spät in der Nacht. Es fällt nicht auf, wenn in einer der Boxen ein Auto läuft. Ist in den Zimmern wahrscheinlich nicht einmal zu hören, wenn es ganz still ist. Ich schlendere über die Wiese. Zwei Männer stehen vor dem Eingangsgebäude und reden miteinander. Beide in Jeans und Hemd, der eine mit dunklem Vollbart. Aus welchem Land sie stammen? Schwer einzuschätzen. Italien könnte ebenso passen wie Spanien, Nordafrika oder Österreich. Der Bärtige wirft mir einen kurzen Blick zu. Aber es scheint hier üblich zu sein, dass immer wieder neue Leute auftauchen.

Sechs Garagen, zähle ich. Die eine ist versiegelt. An beiden Seiten der Garagenfront Ladestationen für Elektroautos. Gäbe es nur mehr Autos mit elektrischem Antrieb, Julia wäre nicht gestorben. Seit Verbrennungsmotoren Katalysatoren haben, ist der Kohlenmonoxidgehalt der Abgase allerdings stark gesunken. Die Anzahl der Selbstmorde durch Kohlenmonoxid ist zurückgegangen. Die Ermittler gehen davon aus, dass sie eingeschlafen ist. Nach einem anstrengenden Tag. Und mit zahlreichen Medikamenten gegen ihre Verkühlung im Körper. War es wirklich so? Oder hat jemand etwas dazu beigetragen, damit sie nicht aufwacht? Ist er neben ihr geblieben, vielleicht mit einer Gasmaske, so lange, bis klar war, dass sie nie mehr aufwachen wird? Dann hat er ihr Mobiltelefon genommen und ist hinaus. Eine Wolke hat sich vor die Sonne geschoben. Ich verschränke die Arme. Mir wird kalt.

»Was tun Sie hier?« Deutsch mit ostösterreichischer Färbung.

Ich fahre herum und sehe eine Frau, die ihre besten Jahre hinter sich hat. Großporige Gesichtshaut, daran kann auch das dick aufgetragene Make-up nichts ändern. Wahrscheinlich hat sie sich schon zu lange zugekleistert. Eng geschnittene helle Hose, lila Bluse, exakt auf Figur geschnitten. Aber schlank wirkt nicht immer jugendlich. Sie kommt mir irgendwie bekannt vor.

»Ich bin zu Besuch hier. Jana Krajner hat mich eingeladen, wir haben ein Zimmer …«, versuche ich zu erklären.

»Wusste gar nicht, dass das wieder ein Agriturismo ist«, kontert sie. Unmöglich, hinter der großen Sonnenbrille ihren Blick zu deuten.

»Ich bin Journalistin. Es geht mir nicht um …«

»Die Sensation?«

»Welche?«

»Ach was, reden wir nicht herum. Julia Melis' Tod ist ein gefundenes Fressen für die Medien. Der Instagram-Star, die Ikone der Klima-Bewegung. Dass momentan keine Kamerateams herumlungern, hat nur mit der Pressekonferenz zu tun.«

»Pressekonferenz?«

»Hat Ihnen Jana Krajner nichts davon erzählt?«

»Nein.«

»Seltsam.«

Tatsächlich seltsam. Sie führt uns durchs Gelände und sagt mir nicht, dass alle anderen Journalisten zur selben Zeit Informationen bekommen.

Die Frau schiebt ihr Gesicht näher an meines. »Kann es sein, dass Jana Krajner Sie in Wirklichkeit gar nicht kennt?«

»Sie kennt mich.«

»Oje. Dann hat sie vielleicht selbst nichts von der Pressekonferenz gewusst.«

»Sie ist … Sie war die Assistentin von …«

»Ja, natürlich, aber jetzt gibt es alle möglichen Gruppen und Grüppchen, die die Führung von CHANCE! übernehmen wollen. Und die klassische Medienbetreuung macht jemand anderer. Ich hab von dem Pressetermin auch erst in letzter Minute erfahren. Das ist allerdings kein Wunder. Die lieben jungen Weltretter haben kein rasendes Interesse an einer Meteorologin, die zu viel weiß. Katharina Gugger.« Sie streckt mir die Hand entgegen.

»Die ehemalige Wettermoderatorin Katharina Gugger, nicht wahr?«

Sie nickt gnädig, es ist klar: Ihr gefällt, dass ich mich an sie erinnere. Lange Jahre war sie das prominente Wetter-Gesicht, irgendwann hat man sie vom Bildschirm verbannt. Sie muss einiges über sechzig sein.

»Ich bin in erster Linie da, weil ich an einer Reportage über Populismus arbeite. Und über seine Grenzen.«

Ihr sorgsam knallrot geschminkter Mund verzieht sich süffisant. »Da sind Sie ja über die Richtige gestolpert.«

»Sie unterstützen CHANCE!?«

»Ich unterstütze alles, was gegen den Klimawandel wirkt.«

»Haben Sie sich nicht eher um das Wetter gekümmert?«

»Sie sagen es. Das sollte man nicht verwechseln. Wetter und Klima. Als Gesicht im Fernsehen hab ich vom Wetter gesprochen. Aber ich bin Meteorologin. Und ich habe mich immer fürs Klima interessiert. In vielerlei Hinsicht.«

»Man sollte Erderhitzung, Klimakatastrophe, irgend so etwas sagen.«

»Stimmt. Wandel ist zu indifferent. Verharmlosend. Aber wir sollten auch nicht zu moralisch klingen. Halten wir uns also an das, was die Leute kennen. Das hat auch Julia gesagt.«

»Also noch eine Populistin.«

Die ehemalige Wettermoderatorin lacht. »So betrachtet haben Sie recht.«

»Sie scheinen nicht besonders traurig über den Tod von Julia Melis.«

»Natürlich tut es mir leid um sie. Sie war die perfekte Frontfigur, vorausgesetzt, man verlangt keine meteorologische Expertise.«

»Die Sie haben?«

Sie lacht. »Tja, traut man der ehemaligen Wetteransagerin nicht zu, was? Ich hab sogar einen Lehrstuhl an der Uni. Mir war klar, dass auch ich nicht jünger werde.«

»Der Abschied vom Bildschirm war freiwillig?«

»Ehrlich gestanden nicht ganz. Aber unsere liebe Geschäftsführung, natürlich lauter Männer, und ich haben meine Attraktivität offenbar unterschiedlich beurteilt. Und, wie gesagt, ich hatte vorgesorgt. Vom Wetter zum Klima – ein Aufstieg, richtig betrachtet.«

»Und Julia war also öffentlichkeitswirksam, aber ahnungslos.«

»Das ist jetzt übertrieben. Sie hat viele dazu gebracht, über eine mögliche Klimakatastrophe nachzudenken. Sie und Venedig – perfekt. Wissen Sie, warum die großen Player im Umweltschutzbusiness nie richtig stark gegen den Klimawandel kampagnisiert haben?«

»Machen inzwischen doch ohnehin alle, oder?«

»Ja, weil sie müssen. Spätestens seit der Energiekrise. Motto: wann, wenn nicht jetzt? Und auch wegen der Konkurrenz. Sie belauern einander. Es geht darum, wer mehr Spenden kriegt. Aber die berühmten Kampagnen waren andere. Welche Bilder haben wir von Greenpeace und Co im Kopf? Tote Robbenbabys, deren Blut den Schnee rot färbt. Schlauchboote mit tollkühnen Umweltrettern, die gegen Walfangflotten antreten. Für Klima-Kampagnen haben sie nie die richtigen Bilder gefunden. Die Wüste ist die Wüste, also was soll's? Manche fahren sogar freiwillig dorthin. Und wenn es bei uns wärmer wird, finden die meisten Menschen das fein. Ohne Bilder keine erfolgreiche Kampagne. So eine Kampagne kostet Millionen. Und sie soll nicht nur Veränderungen zum Besseren, sondern auch Spenden bringen. Umweltschutz ist unter anderem Business. Natürlich stehen diese Organisationen grundsätzlich für gute Ziele, aber inzwischen hängt mehr dran als die Leidenschaft von ein paar Umweltfreunden.«

»Julia hat die passenden Bilder gefunden.«

»Tja. Ein verhaltensauffälliges Kind mit Zöpfen reicht auf Dauer nicht. Julia hat das Engagement erwachsen und trotzdem jung rübergebracht. Und die Bilder haben Julia gefunden. Eine junge, hübsche Frau. Sozusagen unsere Zukunft. Oder wie wir sie gerne hätten. Dazu Venedig. Einzigartige, faszinierende Stadt, aber vor dem Untergang. In der Realität übrigens nicht nur wegen der Klimaveränderung, sondern auch wegen der Blödheit ihrer Politiker und unseres Wirtschaftssystems.«

»Sie meinen die Schleusen?«

»Es beginnt viel früher. Man hätte die Fahrtrinnen nie erweitern dürfen. Weder für den Industriehafen noch für Kreuzfahrtschiffe. Und natürlich hätte man MOSE nie bauen dürfen. Abertonnen von Beton und Stahl in einer sensiblen Lagune. Wissen Sie, dass dadurch die Wellen so hoch geworden sind wie an offenen Küsten? Jeder Sturm schaukelt alles noch mehr auf, im wahrsten Sinne des Wortes. Und jedes Mal, wenn sie die Schleusentore hochfahren, werden die Kanäle mehr zugeschlammt und die so wichtigen Salzwiesen verletzt. Wenn die Lagune kippt, ist Venedig tot. Deswegen haben sie auch nichts getan, als die Prognose letzte Woche Starkregen vorausgesagt hat. Sie haben einfach gehofft, dass es nicht so schlimm kommt.«

»Offenbar laufen Ermittlungen wegen Sabotage.«

»Ach ja, ein paar aufgeblasene Typen waren hier. So ein Quatsch. Und selbst falls es stimmt: Was ist das für ein System, wenn man es so einfach hacken kann? Wir waren es jedenfalls nicht. Vielleicht war es ja Putin? Oder Islamisten? Wir sollten uns an Näherliegendes halten.«

»Wer steckt hinter Julias Tod?«

»Ich bin Meteorologin, keine Polizistin. Logisch wäre, es ist jemand, dem ihre Kampagne ungelegen kommt.«

»Einer, dessen Geschäfte durch Strategien gegen die Erderwärmung leiden würden.«

»Oder jemand, dessen eigene Öffentlichkeitsarbeit durch die Kampagne den Bach runtergeht. Weil sich Julia und CHANCE! kaum mit Strategien beschäftigt haben. Das wäre zu unpopulär. Die Leute wollen sich nicht ändern. CHANCE! klingt viel besser als CHANGE!. Sie haben nichts getan, sondern geredet. Zumindest in erster Linie.«

»Man könnte auch sagen, zuerst müssen die Leute Bewusstsein für notwendige Veränderungen entwickeln.«

»Nett formuliert. Aber es hat schon was. Deswegen unterstütze ich die Bewegung auch.«

»Wie wird es jetzt weitergehen?«

»Ich fürchte, das Ganze könnte wieder verpuffen. Damit das nicht passiert, bin ich gekommen.«

»Um was zu tun?«

»Ich werde die Bewegung übernehmen.«

Ich muss Katharina Gugger fassungslos angesehen haben, sie lacht los. »So schlimm bin ich auch wieder nicht. Nur anders.«

»Sie arbeiten mit Herbert Steinkellner zusammen?«

»Mister Steinreich? Der ist in Ordnung. Wir kennen uns seit Langem.«

»Wer entscheidet eigentlich, was mit CHANCE! passiert?«

»Niemand. Und alle. Das ist in gewisser Weise faszinierend. Es gibt so gut wie keine Strukturen, etwas, das ich nach den Mühlen einer Fernsehanstalt und der Uni sehr befreiend finde. Sie haben keine Ahnung, wie viele Vorschriften und Hierarchien und Meetings und Sub-Meetings es geben kann. Hier sind einfach Leute, die dabei sein wollen. Und Medien, die die Sache interessant finden.«

»Und ein großzügiger Sponsor. Warum macht er das, haben Sie eine Ahnung?«

»Das hab ich ihn auch gefragt. Er sagt, man muss der Erde etwas zurückgeben. Natürlich ist er ein Heuchler. Wussten Sie, dass er Frachtflugzeuge hat? Und eine große Spedition? Und dass seine Beteiligungsholding im Kreuzfahrtbusiness aktiv ist? Schon sein Urgroßvater war im Transportgewerbe. Er hat Schiffe besessen, Triest war damals ja noch bei Österreich.«

»Und er ist über Umwege an einer der schlimmsten Lobbying-Agenturen beteiligt. Hutchton-Forbes.«

»CoConcept war eigenartig genug.«

»War?«

»Soviel ich weiß, hat Julia darauf bestanden, dass sie gehen.«

»Ich habe davon gehört. Wann war das eigentlich genau?«

»Kurz vor ihrem Tod.«

»Sie waren hier?«

»Ich bin vor zwei Wochen gekommen, quasi zur meteorologischen Unterstützung. Da ich diesen Lehrstuhl an der Universität habe, sollte ich es Wissenschaftlern schmackhaft machen, einzusteigen.«

»Wie ist Steinkellner auf Sie gekommen?«

»Ich hab es ihm vorgeschlagen. Ich bin ganz gut mit seiner Frau. Befreundet wäre zu viel gesagt, aber … man sieht sich hin und wieder.«

»Wie wollen Sie die Wissenschaftler zu CHANCE! bringen? Eine Umweltkonferenz?«

»Du liebe Güte, da gibt es ohnehin hunderte. Wenn man all die Flugkilometer eingespart hätte, die solche Konferenzen verursachen, wenn man all das Papier unbedruckt gelassen hätte, hätte das unserer Erde besser getan.«

»Ist es nicht sinnvoll, dass sich Expertinnen und Leute aus der Wissenschaft treffen und austauschen?«

»Natürlich. Der R20 World Summit in Wien zum Beispiel ist richtig gut, auch für den Kontakt zwischen Wissenschaft und Politik. Und die Weltklimakonferenzen müssen sein, auch wenn sie immer mehr zur Farce werden. Welche Idioten kommen auf die Idee, sie ausgerechnet in Ägypten zu machen? Und beim nächsten Mal in Dubai? Damit niemand protestieren kann? Man sieht ja, was bei der CPO27 in Scharm el Scheich rausgekommen ist: nichts. Selbst der Fonds für die besonders von den Klimaveränderungen betroffenen Länder ist weder ausreichend befüllt noch ist klar, wer wann wie viel kriegen soll. Und ein Abschied von Öl und Gas wird nicht einmal erwähnt.«

»Kennen Sie Martin Prager?«

»Den Umweltökonomen? Seine Thesen sind gar nicht übel. Er ist einer der wenigen, die über den wirtschaftlichen Tellerrand hinausdenken. Sieht so aus, als hätte er Julia besser gekannt, als die meisten glauben. Er ist noch jung. Und ziemlich attraktiv.«

»Sie hat seine Vorlesungen an der Columbia besucht.«

»Wusste ich gar nicht, aber passt ins Bild.«

»Warum?«

Die ehemalige Wettermoderatorin spielt mit der Schleife ihrer lila Bluse. »Es war eine seltsame Sache …«

»War er hier? Hat er Julia beeinflusst und sie hat daraufhin Steinkellner …«

»Ich glaube, dass Julia Melis ganz schön selbstbewusst war. Und nicht so leicht zu beeinflussen. Sind ihr ja auch alle hinterhergelaufen. Sie müssen nur einmal auf Instagram gehen. Ich habe diesen Martin Prager gesehen, in der Casa Moser, ein sehr nettes kleines Hotel übrigens. Was sonst sollte er hier gemacht haben, als sich mit Julia zu treffen?«

»Wann?«

»Zwei Tage bevor sie ums Leben gekommen ist.«

»Wo ist das Hotel?«

»Na, gleich drei Kilometer von hier, im Dorf, in Risano. Ich war dort zum Abendessen. Übrigens exzellent. Ich liebe friulanische Küche.«

Ich sehe Katharina Gugger zweifelnd an. Sie sieht aus, als hätte sie mit ein paar Salatblättern genug. Ohne Dressing. Und ganz sicher ohne Brot.

Sie lacht. »Ich esse gern. Und viel. Wenn ich Zeit habe und es gut ist. Offenbar hab ich Glück, ich nehme nicht zu.«

Eigentlich ganz sympathisch, die Wetterfrau. Oder Klimafrau. Scheint ihr inzwischen lieber zu sein. »Sie sind sich sicher, dass Sie Martin Prager gesehen haben?«

»Ganz sicher. Wir sind vor zwei Jahren gemeinsam bei einer Podiumsdiskussion aufgetreten. Da war er noch Professor an der Columbia.«

»Haben Sie ihn gefragt, was er hier macht?«

»Wollte ich, aber dann ist Steinkellner gekommen und irgendwie fand ich es vernünftiger, das auf später zu verschieben. Allerdings hab ich ihn danach nicht mehr gesehen.«

»Und er hat Sie erkannt?«

»Warum reiten Sie so darauf herum? Sie meinen, weil er sonst lieber abseits gestanden ist? Aus dem Wissenschaftsbetrieb ausgestiegen ist? Sozusagen der Antipopulist schlechthin? Er kommt her und bringt seine ehemalige Studentin Julia um, weil er ihre Methoden nicht mag?«

»Nein, natürlich nicht. Nur ... Es ist seltsam. Und er hat mir nicht erzählt, dass er hier war.«

»Sie sind Journalistin. Ich würde mir so etwas auch ersparen, nach dem Todesfall.«

»Warum hat er seine Universitätskarriere aufgegeben, was glauben Sie?«

»Abgesehen davon, dass man davon schon einmal genug haben kann: Ich kann mir ehrlich gestanden nicht vorstellen, dass er bloß Bohnen züchten möchte.«

»Mir hat er gesagt, dass er genau das will: dass es egal ist, ob man etwas im Großen oder im Kleinen macht, Hauptsache, man tut etwas und redet nicht bloß.«

»Edel, unpopulistisch und bequem.«

»Bequem?«

»Na, was macht mehr Ärger: klimaresistente Bohnen züchten oder gegen Mächtige und die vielen, vielen kleinen Ignoranten aufstehen, die aus Eigennutz die Erde aufheizen? Vielleicht arbeitet er an einem Buch, wer weiß.«

»Gibt's nicht Hunderte Bücher zu Klimafragen?«

»Tausende. Aber er ist talentiert. Ein neues Standardwerk über Ursachen, Zusammenhänge und Folgen der menschengemachten Heißzeit zu schreiben, das wäre schon reizvoll.«

»Warum machen Sie es nicht?«

»Ich weiß, dass ich bloß eine kleine Meteorologin bin. Weltberühmt in Österreich, bestenfalls. Und das als Wetteransagerin. Wobei mich auch da schon viele vergessen haben. Ich könnte das Buch in Österreich verkaufen, es in Deutschland und der Schweiz unterzubringen wäre bereits schwer. Und international? Wer glaubt, dass ausgerechnet eine österreichische Meteorologin weiß, wo es langgeht?«

»Er hätte in den USA an der Columbia also eine viel bessere Ausgangsposition gehabt.«

»Wohl wahr. Alles hat heute seinen Markt. Klimapolitik, Umweltschutz, Bücher, der Wetterbericht.«

»Allerdings hatte er nicht viel Freude mit seinen Studierenden in New York, Kids, die Beschäftigung mit der Umwelt schick fänden und dann übers Wochenende irgendwohin jetten, hat er gesagt.«

Katharina Gugger lacht. »Hat er gut formuliert, davon gibt es viele. Und wahrscheinlich besonders viele, die Umweltökonomie studieren: Mit der Umwelt und dem schlechten Gewissen lässt sich auch Geld machen.«

»Hat sich Steinkellner an Plattformen beteiligt, die sich mit CO_2-Kompensationszahlungen beschäftigen?«

»Keine Ahnung, sicher kann auch das ein Geschäft sein, Kompensationsprojekte auszusuchen und zu finanzieren, aber …«

»Haben Sie ihm erzählt, dass Sie Martin Prager gesehen haben?«

»Ja. Er hat es für einen Zufall gehalten. Oder für ein gutes Zeichen, dass sich selbst einer wie der für CHANCE! zu interessieren beginnt.«

»Glauben Sie, dass Steinkellner mit Julia liiert war?«

»Elegant ausgedrückt. Ich glaube, er hat für sie gewissermaßen geschwärmt.«

»Und seine Frau?«

»Er versorgt sie mehr als gut. Es gibt eben verschiedene Arten von Aufmerksamkeit. Und alles kann niemand haben.«

»Ich hatte den Eindruck, dass sie nicht besonders viel über seinen Alltag weiß.«

»Kann sein, aber sie hat ihr eigenes Leben, und das ist gar nicht übel. Kein Grund, auf eine junge Influencerin eifersüchtig zu sein. Julia hat wohl vor allem ihren Einfluss auf den Steinreich genossen. Und all die netten Goodies.« Katharina Gugger deutet auf eine der Garagenboxen. »Wenn ich die Bewegung übernehme: Ich fürchte, so etwas werde ich nie von ihm bekommen.«

»Ist Julia nicht hier …«

»Das war dort drüben, bei den Absperrbändern. In dieser Box steht ein brandneuer Tesla. Er hat ihn ihr geschenkt. Damit sie auch weite Strecken standesgemäß elektrisch fahren kann.«

Ich finde Oskar am Rand des großzügigen Hallenbads. Er döst zufrieden im Bademantel vor sich hin, neben ihm eine beachtliche Topf-Palme. Wo sind mir vor Kurzem Palmen in größerer Zahl untergekommen? Genau. Im Wintergarten von Steinkellner. Auch dieses Gebäude gehört ihm. Was gehört ihm noch? Hat er den Eindruck, dass ihm auch Menschen gehören? Was passiert, wenn sie seine Vorstellung stören? Er hat Julia einen Tesla geschenkt. Kurz vor ihrem Tod. Was mir aber weit mehr zu denken gibt: Martin Prager. Er war hier, oder zumindest in der Nähe.

Oskar schlägt die Augen auf. »Ein netter Platz, um Urlaub zu machen.«

»Weißt du, wo Jana ist?«

»Sie ist wütend davongerauscht. Nicht wegen mir, auch nicht wegen dir. Es hat eine Pressekonferenz der ermittelnden Behörden gegeben und ihr hat niemand etwas gesagt.«

»Hab schon davon gehört. Und sonst? Hat sie dir davor noch etwas erzählt?«

»Ich wusste nicht, dass du sie aushorchen willst.«

»Will ich nicht, aber es ist auch schwer, mit ihr zu reden. Sie ist momentan ganz schön launenhaft.«

»Ein Wunder?«

Ich sehe meinen Mann an und lächle. »Eigentlich nicht. Und da meine ich weniger ihre Schwangerschaft. Wir sollten heute so richtig gut essen gehen.«

»Dagegen hab ich mich noch nie gewehrt.«

»Casa Moser, gleich hier in Risano. Angeblich war Martin Prager vor Kurzem dort.«

»Er ist auch Gourmet?«

»Oskar ...«

»Offenbar kommen viele Leute hierher zu CHANCE!. Er hat Julia gekannt, das hat er dir doch erzählt.«

»Ja, aber er hat behauptet, die Tage rund um Julias Tod in Österreich gewesen zu sein. Und er war nicht eben begeistert von dem, was CHANCE! tut.«

»Und du meinst, deswegen erstickt er sie mit Autoabgasen?«

»Natürlich nicht.«

»Wir sollten Jana fragen, ob sie von Martin Pragers Besuch weiß. Wahrscheinlich gibt es eine ganz einfache Erklärung.«

»Weißt du, dass die ehemalige Wettermoderatorin Gugger die Bewegung übernehmen will?«

Oskar lacht. »Jana hat mir davon erzählt. Sie will, das kann schon sein, aber die anderen wollen nicht.«

»Wer hat hier wie viel zu sagen?«

»Das ist allerdings die Frage.«

Den Rest des Nachmittags verbringe ich damit, die unterschiedlichsten Aktivistinnen und Unterstützer nach ihrer Meinung zum Thema Populismus zu fragen. Und ganz nebenbei stelle ich natürlich ein paar Fragen über Julia, ihre Beziehung zu Steinkellner, MOSE, die ehemalige Wettermoderatorin und CoConcept. Viel Neues erfahre ich nicht. Die meisten männlichen Gesprächspartner sind davon ausgegangen, dass ihre Klima-Heilige ein fast ganz geheimes Verhältnis mit Steinkellner gehabt hat. Die meisten Gesprächspartnerinnen haben es für unwahrscheinlich gehalten. »Sie hatte einfach Wichtigeres zu tun«, hat es eine Studentin aus Kassel formuliert. Was sich unter anderem auch bestätigt hat: Jede und jeder kann im Hauptquartier ein und aus gehen. Ohne weitere Kontrolle. Es gibt zwar eine Datenbank aller Leute, die vor Ort CHANCE! unterstützen oder unterstützt haben, aber niemand scheint genau zu wissen, wer momentan hier ist. Zumal viele nicht im Hauptquartier, sondern irgendwo außerhalb übernachten. »Es macht auch den Reiz aus, es ist wie ein großes Camp, ohne Zwang. So was wie Klima-Woodstock«, hat mir ein ehemaliger Biologielehrer aus Tirol erzählt. Am Tag nach seiner Pensionierung habe er einen Rucksack gepackt und sei hierhergekommen.

Die Antworten zum Thema Populismus werde ich mit Fotos und Sprechblasen auf eine eigene Sub-Page von ECCO stellen. Onlinezeitungen haben Vorteile. Auch hier ist die Bandbreite der Meinungen groß. Sie reicht von »Das muss einfach knallen, wenn es nicht knallt, dann checken die meisten gar nichts« – Denis Vesely, Stuttgart, 21, Landschaftsgärtner, bis hin zu »Wir dürfen keine Inhalte für eine Schlagzeile verkaufen, was soll das bringen? Vorausgesetzt, es geht uns um die Sache« – Toni Zoglauer, Eisenerz, 34, Tischler. Eine italienische Soziologin hat einfach zu weinen begonnen, an meinem Italienisch kann es nicht gelegen haben, wir haben uns auf Englisch unterhalten und das kann ich doch ganz gut. Und Henrik aus Schweden hat eine Brandrede für eine gemeinsame europäische Initiative »gegen die rechten Hetzer und Klimaleugner« gehalten. Auf meine Nachfrage, wer für ihn mit dem Tod von Julia zu tun haben könnte, hat er dagegen sehr lapidar geantwortet: »Die Kapitalisten.« – »Ein spezieller?« – »Da ist einer wie der andere.« Ich habe ihn nicht daran erinnert, dass er es einem Kapitalisten zu verdanken hat, dass er hier mitarbeiten kann. Und sich zwischendurch davon an einem netten Indoor-Pool erholen darf.

Als ich die Seite mehr oder weniger fertig habe, kümmere ich mich um die interessantesten Informationen: Die beiden Mitarbeiterinnen von CoConcept sind offenbar immer noch hier. Und: Herbert Steinkellner hat auf dem Gelände übernachtet. Im sogenannten Bauernhof, abgesetzt von den anderen Gebäuden, nahe bei den Stallungen. Dort hat auch seine Mutter ihre letzten Jahre verbracht.

»Du kannst Con zu mir sagen, ist für dich doch okay, wenn wir uns duzen?«

Ich nicke.

»Ich bin COO von CoConcept, aber Con hat damit nichts zu tun, Con heiße ich, weil ich eigentlich Constanze heiße.«

Ich nicke wieder.

»Und Inge ist CMO bei uns, aber das wirst du ja wissen.«

Das Bemerkenswerteste an Con ist ihre Frisur. Eine Art Pagenschnitt, wie ihn einst Mireille Mathieu getragen hat. Inge ist dafür einen guten Kopf größer als ich, und damit deutlich über eins achtzig. Sie hat halblange geflochtene Zöpfe. Vielleicht als Hommage an Greta. Keine Ahnung, was COO und CMO bedeutet, es ist Unternehmensneusprech. CEO ist der Chef, das weiß ich. Den Rest kann ich später nachsehen, auch wenn es sich kaum auszahlen dürfte.

»Wir sollen jetzt wirklich weg?«, fragt Con. »Das hat man so noch nicht mit uns geteilt.«

Wer sollte das teilen? Müssen noch andere weg? Bevor ich Derartiges fragen kann, wird mir klar: Sie lebt in der Generation SM, wie Fran das vor Kurzem genannt hat. Sadomaso?, habe ich erstaunt gefragt. Social Media, hat er geantwortet. Auch wenn Facebook, laut Fran, bei den Jüngeren längst als retro gilt. Man teilt Beiträge, Gefühlslagen, Botschaften. Offenbar teilt man in ihrer Welt auch andere Informationen so.

»Müsste wohl Herbert Steinkellner sein, der euch das sagt, oder?«, frage ich.

Inge mit den Zöpfen sieht mich von oben herab an. Dafür kann sie nichts. »Wir haben schon begriffen, dass es hier Menschen gibt, die uns kein Like geben würden. Aber ich finde, wir sollten darüber sprechen. Man findet immer einen Weg.«

»Mit wem solltet ihr sprechen?«

»Na mit …«

»Wir haben fast alles direkt mit Julia gemacht«, ergänzt Con. »R.I.P.«

»Nur dass sie noch nicht begraben ist«, murmle ich. »Sie war einverstanden mit dem, was ihr an Ideen eingebracht habt?«

»Sie war noch sehr contentbezogen«, redet Con weiter. »Ich meine: Man kann nicht am Inhalt kleben, wenn es darum geht, möglichst effizient zu sein.«

»Sie erinnern mich an die neuen Leute im ›Magazin‹. Eine Wochenzeitung, für die ich einmal gearbeitet habe.«

»Echt? Das ist nett.«

»Finde ich gar nicht.«

Inge lächelt mich breit an. »Ich glaube, das war jetzt eben ein Missverständnis.«

»Okay, Klartext: Hat Herbert Steinkellner euch gesagt, dass ihr die Segel streichen sollt?«

»Welche Segel sollen wir streichen?«

»Dass ihr hier nicht mehr gebraucht werdet, hat er es mit euch … geteilt?«

»Nicht konkret«, murmelt Inge. »Er hat gesagt, dass da momentan wahrscheinlich nicht viel zu tun ist. Quasi Gruppentimeout.«

»Und warum seid ihr dann noch hier?«

»Das geht alles nicht so schnell.«

»Was war eigentlich eure Aufgabe?«

»Wir haben die besten Bilder online gestellt und mit Keywords dafür gesorgt, dass sie ganz vorne gereiht werden. Bei den Suchmaschinen. Und wir haben alle möglichen Infos verlinkt.

Und ein Fragenmodell online gestellt. Mit netten Goodies zu gewinnen, wenn man sie beantwortet. Elektroroller, Bahnreisen und so. Damit bindet man und man schafft Community, wenn du verstehst.«

»Und dann?«

»Dann fragt man Bereitschaft ab. Wir sind auch dafür da, dass Geld in die Kasse kommt. Das ging richtig gut. Aufgeteilt nach Zielgruppen. Also: Zuerst die Fragen, wenn sie die beantwortet haben, dann Goodie, dann die Zuordnung, dann die Danke-Antwort und die passenden Spenden-Links. Inge hat ihre Bachelorarbeit darüber gemacht.«

Ich nicke bloß.

»Ja, hab ich«, bestätigt Inge. »Die Älteren zum Beispiel, die sich Sorgen um ihre Enkel machen und wie es denen einmal gehen wird, die bekommen die Info, dass man CHANCE! auch mit einem Testament unterstützen kann. Nachhaltig. Über den Tod hinaus.«

»Wäre es da nicht besser, sie geben ihr Geld den Enkeln?«

»Warum? Gibst du dein Geld den Enkeln? Du willst doch sicher mit deinem Geld tun, was du willst.«

»Ich hab keine Enkel.«

»Muss ja nicht sein. Noch besser. Wenn jemand allein ist, dann möchte er erst recht, dass mit seinem Geld nach dem Tod was Gutes passiert. Es gibt immer mehr ältere Menschen, die allein leben und Geld haben.«

»Ihr haltet das nicht für … unmoralisch?«

Con sieht mich irritiert an. »Warum? Wir entscheiden ja nicht. Wir machen nur das Angebot. Und außerdem: Das machen inzwischen alle. Von Greenpeace abwärts.«

»Der Spendenmarkt ist ziemlich hart«, setzt Inge nach.

»Das habe ich gerade begriffen.«

10

Wir sitzen an einem liebevoll gedeckten runden Tisch der Casa Moser. Ein ehemaliger Gutshof, hohe Räume, dunkles Holz und Fliesenboden, ein paar Orientteppiche, ausgesuchte Accessoires, in einer Ecke des weitläufigen Gastraumes lehnt eine Harfe. Dezente Jazzmusik. Wer hätte so etwas im kleinen Ort Risano vermutet?

Die Speisekarte klingt mehr als vielversprechend. Gnocchetti di Ricotta mit Salbei-Schaum, Meeresfrüchte aus der Lagune auf Limonenblättern, Risotto mit Burrata, Lauch und einem knusprigen Pancetta-Chip von Onkel Carlo, Weine aus der Gegend. Friulano, der Wein, der ursprünglich Tocai geheißen hat, bevor die Ungarn den Namen für sich reklamiert haben. Ohnehin besser, er heißt nicht wie dieses oft süße Zeugs. Der Friulano schmeckt ja auch anders. Würzig, trocken, leicht. Mariagiovanna, die Hausherrin, kümmert sich um die Gäste, ihr Mann Luca steht in der Küche.

Oskar wirkt, als würde er gleich zu schnurren beginnen. Jana und ich haben Waffenstillstand vereinbart. Sie hat sich entschuldigt, ich hab mich entschuldigt. Julia, so hat sie uns bei der kurzen Herfahrt erzählt, hat sich nicht besonders viel aus Essen gemacht. Am liebsten war ihr gegrillter Fisch. Und Salat. Sie sei bisher nur einmal in der Casa Moser gewesen, gemeinsam mit ihrem Bruder Fran, damals, als er ihnen im Hauptquartier bei einigen Online-Angelegenheiten geholfen hat.

Nur drei der anderen Tische sind besetzt. Die fünf Menschen

neben uns stammen aus der Gegend, vermuten wir. Der grauhaarige Mann in ihrer Mitte hat wohl Geburtstag. Er bekommt Geschenke und Küsschen. Das Paar etwas weiter weg redet mit Schweizer Akzent. Und bei den vier Leuten am Tisch neben dem wunderschön renovierten Gläserkasten handelt es sich zweifelsfrei um Kärntner. Sie haben es nicht weit.

Die Chefin des Hauses freut sich, dass wir uns für das Degustationsmenü entscheiden. Wir lassen uns einfach verwöhnen. Oskar hat es sich mehr als verdient. Und Jana tut eine Auszeit von CHANCE! mit Sicherheit gut. Ich will trotz allem ein wenig recherchieren. Und habe vor, mich nicht durch das gute Essen ablenken zu lassen. Auch wenn das schwer ist. Das Menü beginnt mit einer Crema di Baccalà, zart, aromatisch.

»Hat sich Fran mit diesen beiden CO-irgendwas von CoConcept verstanden?«, frage ich Jana.

Sie lacht. »Er hat gesagt, wenn sie die Hühner nicht sofort aus seiner Umgebung entfernen, gibt's Paprikahendl, dafür kann man auch zähe Vögel nehmen.«

Mhm, Paprikahuhn, eine gute Idee, das habe ich ewig nicht mehr gemacht. Stopp. Ich wollte mich nicht ablenken lassen. Auch nicht durch Paprikahuhn.

»Wie ist Steinkellner auf die Idee gekommen, CoConcept zu holen?«

»Keine Ahnung.« Jana wischt das letzte bisschen Crema mit einem Brot vom Teller. »Ich glaube, er hat nicht immer viel Gespür dafür, wie wir ticken. Er hat sich allerdings auch selten eingemischt.«

»Kann es sein, dass er das sehr wohl getan hat, aber so, dass es niemand mitbekommt? Einfach direkt über Julia?«

Jana schüttelt den Kopf. »Julia ist keine, die sich umgarnen lässt. Die weiß sehr genau, was sie will … Sie wusste es.«

»Und wenn sie Steinkellner bloß das Gefühl vermittelt hat, sie würde das tun, was er möchte? Sie war eine hervorragende

Kommunikatorin, vielleicht war sie im Manipulieren ähnlich talentiert?«

»Das klingt so negativ. Sie konnte einfach gut mit Steinkellner. Selbst wenn es unterschiedliche Ansichten gab.«

»Du hast selbst erzählt, dass viele wegen der Methoden von CoConcept sauer waren. Julia hat sie zumindest akzeptiert. Weil sie das wollte? Oder weil sie wusste, wie weit sie bei Steinkellner gehen konnte?«

»Keine Ahnung. Ihr habt keine Ahnung, wie viel gleichzeitig los war. Da analysiert man nicht ständig. Jedenfalls hatte sie genug, als sich die Verbindung zu Hutchton-Forbes herausgestellt hat.«

»Wie oft war Steinkellner im Hauptquartier?«, fragt Oskar.

»Immer wieder, aber nicht nur wegen uns. Es gibt ja seine Spedition. Genau kann ich es nicht sagen, ich war nicht ständig hier. Wir haben auch das Büro in Wien, und dann war ich mit auf Reisen. Vor Kurzem in Brüssel. Im Europaparlament ist das Thema inzwischen ziemlich groß. Wenn es nicht so krank wäre, müsste man den Verursachern der Energiekrise beinahe danken. Julia hatte Termine bei allen Fraktionen. Und beim Parlamentspräsidenten.«

»Auch bei den Rechten?«

»Ja. Mit ihnen nicht zu reden wäre die falsche Strategie, hat sie gemeint. Und natürlich hat in dem Meeting kein Einziger dumme Klimaleugner-Sprüche losgelassen. Wichtiger waren sowieso die Termine bei der Kommission. Da wissen die Experten zwar, dass extrem rasch gehandelt werden muss, wenn man die ohnehin aufgeweichten Vorgaben von eineinhalb Grad plus erreichen will, aber es gibt eben auch massig Lobbyisten, die anderes wollen. Autoindustrie, Kohlebergbau, Öl-Multis. Da ist verdammt viel Geld dahinter, sie versuchen ganze Staaten oder zumindest Regierungen zu kaufen. Damit im Rat so abgestimmt wird, wie sie es möchten. Der Rat ist nach wie vor das entscheidende Gremium in der EU.«

»Und auf der anderen Seite ihr«, ergänze ich.

»Ja. Gemeinsam mit vielen anderen. Ich habe mir schon überlegt, nach Brüssel zu gehen. Wenn das Kind da ist.«

»Vesna wird nicht besonders begeistert sein.«

»Dann sieht wenigstens niemand, dass sie Oma ist.«

»Fang bitte nicht wieder damit an, da bist du wirklich auf dem falschen Dampfer.«

»Ehrlich gestanden kann ich mir auch noch nicht wirklich vorstellen, Mutter zu werden. Selbst wenn ich mich total auf das Kind freue.«

»Passiert automatisch«, sage ich, als hätte ich das ein halbes Dutzend Mal erlebt.

»Wir hatten in Brüssel eine große Presseaktion. Mit Müttern aus allen EU-Staaten. Und Julia und mir. Sie hat mich gebeten, mir etwas Enges anzuziehen, damit man meinen Babybauch schön sieht. Julia hat mich als ihre Freundin und engste Mitarbeiterin vorgestellt. Ich sei dabei, weil ich wolle, dass die Erde auch für meine Kinder und Kindeskinder lebenswert bleibt.«

»Ist ja nicht falsch, oder?«, fragt Oskar.

»Klar. Auch wenn es für mich ein wenig … viel war. Platt. Es funktioniert allerdings. Und Julia wusste das. Ich finde die Erderhitzung in erster Linie unfair. Auf der einen Seite gibt es welche, die versauen alles, auf der anderen Seite welche, die besonders darunter leiden werden. Zumindest eine Zeit lang werden es sich die Reichen ganz gut richten können. Die Armen werden draufzahlen. National und global.«

»Was hat Julia zu solchen Argumenten gesagt?«

»Sie hat das auch so gesehen. Aber sie hat gemeint, wir müssen das so formulieren, dass möglichst viele mitkönnen. Also hat sie vor den Migrationsströmen gewarnt, die auf uns zukommen könnten, wenn ganze Länder nicht mehr bewohnbar sind. Ich war ziemlich sauer damals. Weil Angstmache auf dem Rücken von Menschen geht gar nicht. Nicht Migrantinnen tragen die Schuld, sondern alle, die viel zu viel Umwelt verbrauchen.«

»Trotzdem hast du Julia unterstützt.«

»Ja. Sie war einfach … nicht besonders politisch. Aber toll in Aktion. Und mutig. Und es ist einfach Zeit, was zu tun und nicht bloß Manifeste zu schreiben und Konferenzen zu veranstalten.«

»Die Gugger hat heute zu mir gesagt: Wenn man all das CO_2, das im Zusammenhang mit internationalen Klimakonferenzen verschwendet wird, einsparen würde, wäre der Erde mehr geholfen.«

Jana lacht. »Sie ist irgendwie nicht übel, der alte Drachen.«

»Hat Julia sie gemocht?«

»Es ging so. Sie ist ja erst in der Woche vor Julias Tod gekommen. Julia war genervt, weil sie sich als wissenschaftliche Expertin aufgespielt hat. Dabei war sie Wetteransagerin. Zwei Alphatiere. Hätte Julia auch nur vermutet, sie habe Interesse daran, ihre Nachfolgerin zu werden, es wäre heiß hergegangen.«

»Aber es ist nicht Gugger, die ums Leben gekommen ist«, stellt Oskar trocken fest.

Der nächste Gang wird in eleganten weißen Schalen serviert. Maronisuppe mit einem Hauch von geräucherter Entenbrust. Elegant, cremig, Kastanienduft. Als die Hausherrin beim nächsten Mal vorbeikommt, lobe ich das Essen in den höchsten Tönen. Zum Glück kann man sich mit ihr sehr gut auf Englisch unterhalten. Ich hätte gehört, dass auch Herbert Steinkellner zu ihren Stammgästen zähle, kein Wunder. Seine Mama stamme ja von hier und sein Speditionsunternehmen und das ehemalige Agriturismo …

Mariagiovanna lacht. Ja, er sei schon hier gewesen, aber purtroppo, leider, sein Cousin betreibe ein Gourmetlokal keine zehn Kilometer entfernt von hier. Und deswegen sehe man ihn nur sehr selten.

Ich lächle. »Es war ohnehin ein anderer Freund, der uns die Casa Moser empfohlen hat. Martin Prager. Seine Großmutter ist eine bekannte Schauspielerin, ich schreibe gerade ihre Biografie.«

»Ein sehr netter Mann, er war schon einige Male hier.«

»Ja, sehr nett. Dabei unverheiratet. Er hat, soviel ich weiß, nicht einmal eine Freundin. Seine Oma macht sich schon Sorgen …«

Das Gesicht der Hausherrin wird verschlossener. »Davon habe ich keine Ahnung, er ist sympathisch, mehr muss ich nicht wissen.«

Jana sagt zu ihr etwas auf Italienisch, von dem ich nur das Wort »Julia« verstehe.

Mariagiovanna nickt und sieht mit einem Mal traurig drein. »Che triste. Una ragazza così brava.«

»Wie traurig, so ein braves Mädchen«, murmle ich Oskar zu.

»›Brava‹ bedeutet mehr als gut oder brav«, ergänzt Jana. »Tüchtig, rechtschaffen, es ist ein Ausdruck der Hochachtung.«

Das Geburtstagskind vom Nebentisch deutet auf die leere Weinflasche. Die Hausherrin nickt und geht Richtung Küche. Ihre halbhohen eleganten Schuhe klackern fröhlich auf dem herrschaftlichen Fliesenboden.

»Du hast sie gefragt, ob Julia auch hier war?«, will ich wissen.

»Ich hab ihr nur gesagt, dass Julia ihn gekannt hat.«

»Vielleicht haben sie sich hier getroffen.«

»Hast du nicht gemerkt, dass sie nicht über ihre Gäste reden will?«

»Habe ich schon. Aber …«

»Vergiss es, sie wird dir nichts sagen.«

»Wer dann? Der Gärtner?«

»Wer weiß.«

»Es kann wichtig sein. Wenn Martin Prager Stimmung gegen Steinkellner gemacht hat …«

Oskar nimmt einen Schluck Friulano. »Steinkellner als Täter? Verrenn dich nicht, Mira.«

»Nur weil er einflussreich ist und Geld hat? Das macht ihn unverdächtig?«

»Das macht Mord oft unnötig.«

»Umso kränkender, wenn nicht einmal sein Geld Julia davon abhalten kann, sich Martin Prager zuzuwenden.«

Jana schüttelt den Kopf. »Du meinst, eine Liebestragödie? Sicher nicht. Julia war ganz anderes wichtig als Männer und Affären.«

»Vielleicht war sie den Männern wichtig.«

»Steinkellner ist über sechzig.«

»Tot ist man in dem Alter noch nicht«, erwidert Oskar trocken.

Ich lache. »Oskar wird nächstes Jahr sechzig. Und ich schwöre dir, er ist wirklich nicht tot.«

»So hab ich das nicht gemeint, aber …«

»Ich hab ohnehin weniger an einen Mord aus Eifersucht gedacht, sondern: Julia sind Steinkellners Einmischungen zu viel. Kann sein, wir wissen nicht alles, worüber er bestimmen wollte. Damit seine anderen Interessen nicht gefährdet werden. Oder einfach, weil er immer der sein will, der bestimmt. Sie verlangt, dass die Agentur abgezogen wird. Sie trifft sich mit Martin Prager, um der Bewegung eine neue, etwas weniger populistische Richtung zu geben.«

»Ich bin jetzt nicht gerade ein Steinkellner-Fan, aber das scheint mir weit hergeholt. Außerdem hätte ich es mitbekommen«, murmelt Jana.

»Wenn, dann lässt so einer morden«, ergänzt Oskar.

Ich nicke. »Die Kameraden von Natio. Er könnte sie eingekauft haben. Entweder er kennt den, der sich C-Floda nennt, oder er hat ihn erfunden. Damit sie funktionieren.«

»Woher hätte er von der absurden Figur wissen sollen? Und

woher hätte er wissen sollen, dass du bei Eva bist? Martin Prager war es, der zumindest Zweiteres gewusst hat«, widerspricht Oskar.

Wir sollten uns auf das Essen konzentrieren. Krustentiere aus der Lagune in einem hauchdünnen Backteig auf Limonenblättern. Allein der Duft.

»Wir gehen nachher in die Küche«, schlägt Jana vor. »Wir gratulieren dem Padrone zu diesem großartigen Menü, vielleicht ist er gesprächiger.«

»Woher kannst du eigentlich so gut Italienisch?«

»Schon vergessen? Ich hab es ein paar Jahre im Gymnasium gehabt. Und im Libanon …« Jana verstummt.

»Italienisch im Libanon?«

»Wo ich war, haben sie alle möglichen Sprachen gesprochen, eine internationale Community, in erster Linie natürlich Französisch, neben den arabischen Sprachen, aber …«

»Geh nicht gleich wieder in die Luft, aber kann es sein, dass der Vater deines Kindes gar kein … Libanese ist?«

Jana hat sich wieder gefangen und sieht mich spöttisch an. »Mam hat den Verdacht, das Baby wird schwarz.«

»Unsinn. Und wenn: Dunkle Babys sind oft viel hübscher.«

»In den letzten Monaten habe ich ziemlich viel Zeit in Italien verbracht und ich lerne Sprachen zum Glück leicht.« Womit das Thema eindeutig beendet ist. Ich werde meiner Freundin einen Hinweis geben – könnte sein, Jana hat mit ihrem Freund Italienisch geredet.

Nach weiteren wunderbaren Gängen und dem Dessert, einer raffinierten Mischung aus hausgemachtem Vanilleeis, Safrancreme und Rosmarin, sehen wir erstaunt auf die Uhr. Es ist bereits nach elf. Jana murmelt eine Entschuldigung und steht auf. Oskar greift nach meiner Hand. »Fühlt sich momentan tatsächlich wie ein Kurzurlaub an.«

Ich nicke und seufze zufrieden. Ich habe Material genug, um meine Artikel zu schreiben. Morgen steht noch ein Interviewtermin mit Katharina Gugger an. Steinkellner ist offenbar nicht hier, aber ich werde ihn erreichen. Und was den Todesfall angeht: Die Behörden werden ihn klären. Oder auch nicht. Brächte es die Erde weiter? Vielleicht sollten wir öfter in den großen Dimensionen denken, um die vielen Aufgeregtheiten unserer Zeit zu vergessen. Kluger Gedanke, ich sollte ihn mit Oskar teilen … teilen. »Das hat er noch nicht mit uns geteilt.« Was für Tussis. Ich teile Gedanken, oder ist mein Hirn doch nicht mehr ganz klar von zu viel außergewöhnlich gutem Essen und einigem Wein dazu, ich …

Jana. Sie winkt mir. Oder sieht es bloß so aus? Ich bräuchte seit ewig eine Brille, aber noch hoffe ich, dass die zu erwartende Altersweitsichtigkeit meine Kurzsichtigkeit aufhebt. Warum Augenärzten glauben? Ich bin nicht wie die anderen. Bei mir könnte das … Sie winkt. Sie winkt tatsächlich und ungeduldig.

Ich murmle Undeutliches, küsse Oskar kurz auf die Wange und bin bei Jana.

»Er ist da.«

»Wer?«

»Martin Prager.«

»Unsinn. Ich weiß, wie er aussieht.«

»Nicht hier im Raum, im Hotel. Er hat ein Zimmer mit Zugang zum Park. Und zum Parkplatz. Er nimmt immer dieses Zimmer. Luca hat es mir gesagt, ich bin in die Küche und hab mit ihm geredet.«

»Wir wollten gemeinsam …«

»Es war besser so. Komm.«

»Du weißt, wo …«

»Es gibt nur ein derartiges Zimmer, sagt Luca, Martin Prager mag es, weil er in der Früh im Grünen Gymnastik machen kann. Ich hab Luca natürlich nicht nach Details fragen können. Wir gehen eine rauchen.«

Wir schlendern durch die Tür. Jetzt ist es doch kühl geworden. Tausende Sterne über uns, der Mond ist bloß eine schmale Sichel. Parkplatz.

»Außer unserem Auto und dem Audi aus Villach ist da keines mit österreichischem Kennzeichen«, flüstere ich Jana zu.

»Er kann einen italienischen Leihwagen haben.«

»Oder auf seinem Pferd gekommen sein.«

»Wie bitte?«

»Andere Geschichte.«

»Dort drüben brennt Licht. Die Terrasse mit den Büschen davor.«

Ich sehe mich um. Tatsächlich scheinen alle anderen Zimmer im ersten Stock zu liegen. Ebenerdig ist das Lokal, die Rezeption, eine Bibliothek. Und der Raum mit Licht hinter den Büschen.

»Hast du eine Zigarette?«, fragt Jana.

»Du wirst wohl nicht rauchen wollen, du bist im siebten Monat.«

»Alibihalber, natürlich.«

»Oskar hätte Zigarillos gehabt.«

»Zu spät.«

Jana geht in einem großen Bogen auf die Terrasse zu. Wahrscheinlich sollte sie sich in ihrem Zustand nicht aufregen. Vesna. Die hätte ich gerne hier. Mein Herz klopft viel zu schnell. Ich bin nicht schwanger, was soll mir schon passieren? Herzinfarkt? Und wenn Martin Prager doch mehr mit dem Mord an Julia zu tun hat? Er wird uns kaum hier erschießen. Ich atme mit offenem Mund und sehe nach oben. So viele Sterne, so nah. Scheinbar. Jana gibt mir einen sanften Stoß und deutet zur Terrassentür.

Martin Prager sitzt an einem dieser typischen Hotelschreibtische, schmal, der Wand entlang, und tippt konzentriert in seinen Laptop.

»Man sollte ihn überwachen. Sehen, wohin er fährt«, flüstere ich.

»Der fährt heute nirgendwohin«, flüstert Jana zurück. »Man sollte ein Foto machen. Beweis.«

Ich nicke.

Jana zieht ihr Mobiltelefon aus der Tasche, beugt sich über die Büsche, fokussiert. Martin Prager schreibt selbstvergessen. Ohne Sorge, dass er beobachtet werden könnte.

Ein Blitz. Ich werfe mich instinktiv zu Boden. Er ist von der Terrassentür gekommen. Jana duckt sich neben mich. Die Tür geht auf. Das Gras ist feucht und riecht nach Sommer. Frisch gemäht.

»Che cosa fate qui?«

Eine Stimme hinter uns. Noch halb im Liegen drehe ich den Kopf. Ein großer Mann in schwarzem Kochhemd.

»Was ist?« Das kommt von Martin Prager. Er sieht über die Hecke. Entdeckt zuerst den Koch, dann uns.

»Hallo«, krächze ich. »Ziemlich interessant, wie man sich wiedertrifft.«

»Ciao Luca«, sagt Jana.

»Was soll das? Spionierst du mir nach?«

»Ich war bei CHANCE! und hab so einiges Interessantes gehört.« Ich stehe so elegant wie möglich auf. Meine Knie sind feucht.

»Und das wäre?«

»Es geht rund, es geht um die Nachfolge.«

»Wie bitte?«

Ich höre, wie sich Jana auf Italienisch mit dem Hausherrn unterhält. Scheint ein einigermaßen entspanntes Gespräch zu sein.

»Katharina Gugger. Die ehemalige Wettermoderatorin. Sie ist auch da.«

»Du glaubst doch nicht im Ernst, ich will CHANCE! übernehmen. Und selbst wenn, was wäre das für ein Grund, mir nachzuspionieren? Es geht dich nichts an, was ich mache. Nichts. Und wenn du daran schuld bist, dass …«

»Du warst schon öfter hier.«

Martin Prager schüttelt den Kopf. »Ich glaube es nicht. Das kann einfach nicht wahr sein. Du denkst ernsthaft …«

»Ich denke gar nichts. Ich stelle nur fest, dass du damals gelogen hast. Am Neuhof. Du warst hier, als Julia ums Leben gekommen ist.«

»Schon mal etwas von Privatsphäre gehört? Und, nur falls es dich beruhigt: Die italienische Polizei weiß es.« Martin Prager macht einen aggressiven Schritt auf mich zu, er hebt die Arme, als wolle er mich packen, lässt sie wieder sinken, sagt beinahe leise: »Du begreifst gar nichts, was? Oder tust du bloß so?«

»Und was soll ich begreifen?«

»Gar nichts. Und jetzt lass mich in Ruh. Ich hab zu tun.«

»Katharina Gugger hat dich hier gesehen.«

»Die kann ihren Mund nicht halten. Konnte sie nie. War ja faktisch ihr Beruf.«

»Zum Glück, oder? Braucht man nicht jede, die sich gegen die Klimakatastrophe einsetzt? Was machst du hier?«

»Heißt es nicht, der Täter kehrt immer zum Tatort zurück? Du hast sicher noch mehrere solche Klischees parat, oder?«

»Und was wolltest du am Tatort?«

Er lacht bitter. »Retten. Noch einer, der die Welt retten will. Oder zumindest ein Projekt. Weil es Julia ein so großes Anliegen war, dass es sie ihr Leben gekostet hat.«

»Steinkellner war für dich vor Kurzem noch der falsche Freund. Julias falscher Freund. Oder soll der auch ausgebootet werden?«

»Vergiss es.«

»Du hast dich hier mit Julia getroffen.«

»Und wenn?«

»Du hast versucht, sie zu beeinflussen. Aber sie hat dir nicht zugehört. Deine Warnungen waren Julia egal.«

»Warum bist du hier, wenn du ohnehin schon alles weißt?«

»Jetzt ist sie tot.«

»Es ist absurd, mir zu unterstellen, ich hätte etwas damit zu tun.«

»Und wer war es dann?«

Er brüllt. »Ich hab doch keine Ahnung!«

Der Padrone kommt langsam näher und legt Martin Prager eine Hand auf den Arm. Der sieht ihn irritiert an. »Scusi. Tutto e … a misunderstanding.«

»Steinkellner ist nicht hier«, rede ich weiter.

»Das habe ich auch schon gemerkt. Die feige … Der Typ ist einfach nicht aufgetaucht. Ist offenbar nicht mehr interessant, das Spiel, seit Julia weg ist.«

»Eifersucht?«

Er lacht auf. »Ich? Wenn, dann bestenfalls er.«

»Warum hast du verschwiegen, dass du Julia in letzter Zeit getroffen hast?«

»Warum? Weil ich einer neugierigen Journalistin nicht alles erzählen muss. Man sieht ja, zu welchen Ergebnissen das führt.«

»Und deswegen die zwei von Natio im Weingarten. Als Drohung. Damit ich Ruhe gebe. Was hast du mit denen zu tun?«

»Mit wem? Bist du verrückt?«

»Ich bin es nicht, die verrückt ist. Du hast Schmolle und Kogler manipuliert. Du hast C-Floda gespielt.«

Martin Prager schüttelt den Kopf. »Was habt ihr der zu trinken gegeben?«, fragt er Luca auf Deutsch.

Er zuckt mit den Schultern. »Trinken?«

Jana kommt langsam näher. »Du warst mit ihr zusammen. Das ist es. Ich packe es nicht. Du hattest was mit ihr. Der Aussteiger und Julia. Jetzt wird mir manches klar.«

»Und wie viel Unsinn wollt ihr noch reden?«

»Du hast ihn bei CHANCE! gesehen?«, frage ich Jana.

»Eigentlich nicht.«

»Was, eigentlich.«

»Einmal, kurz, aber nicht direkt dort.«

»Du warst da, aber du warst nicht da, was sagt uns das?«, fauche ich Martin Prager an.

Er hebt die Arme und lässt sie wieder sinken. »Sinnlos«, sagt er.

»Woran hast du geschrieben?«

»Ich schreibe immer. Gewohnheit. Ohne Publikationen keine wissenschaftliche Karriere.«

»Jetzt.«

»Irgendwas. Jeder schreibt heutzutage irgendwas in den Laptop, oder willst du auch daraus ein Drama machen?« Seine Stimme ist wieder laut geworden.

»Lass es mich lesen.«

»Sicher nicht. Das geht dich nichts an. Genauso wenig wie der Umstand, dass ich hier übernachte.«

»Und dass du Geheimgespräche führst.«

»Geheim? Mit wem? Mit Steinkellner, dem Abwesenden?«

»Dem falschen Freund, vor dem du Julia gewarnt hast? Und trotzdem sollte ein neuer gemeinsamer Plan für CHANCE! entstehen?«, frage ich.

»Was?«

»Daran hast du geschrieben. Es geht um die Zukunft von CHANCE!.«

»Quatsch. Vielleicht war es mein Geständnis. Die Reporterin Mira Valensky deckt auf: Der ehemalige Wissenschaftler Martin P. …«

»Was?«

»Nichts. Lass mich in Ruh.«

»Was wolltest du bei CHANCE!?«

»Noch einmal: mit Steinkellner reden, aber der hat es vorgezogen, nicht zu erscheinen.«

»Und warum versteckst du dich dann hier?«

»Wer versteckt sich, wenn er spät in der Nacht in seinem Hotelzimmer ist?«

Jana hat inzwischen leise auf den Padrone eingeredet. Ich sehe, wie sie einige Male mit dem Kopf nickt. Er geht Richtung Kücheneingang. Sie kommt zu uns. »Hört auf damit«, sagt sie leise. »Es passt alles zusammen. Es war tatsächlich ... eine Liebesbeziehung, nicht wahr?«

Martin Prager lehnt sich an die Wand neben der Terrassentür. »Es geht niemanden etwas an.«

»Du hast sie schon in New York kennengelernt. Du bist zurückgekommen, um Julia nahe zu sein.«

Er schüttelt langsam den Kopf. »Das klingt so einfach ...« Er sieht mich an. »Wenn du darüber schreibst ...«

»Was dann?«

»Nichts. Ich kann es wohl nicht verhindern. Aber vielleicht lässt du es bleiben, um meiner Großmutter einen Gefallen zu tun. Oder dem Projekt. Oder ...«

»Ich muss nicht darüber schreiben. Nicht über die Tatsache an sich. Aber ich fürchte, ich muss den Behörden ...«

Martin Prager lächelt müde. »Die wissen es.«

»Die vom Neuhof haben dich gedeckt. Sie haben gesagt, du warst zu Hause. Warum? Julia und der Wissenschaftler mit der internationalen Karriere. Die er für seine Liebe und die Klima-Bewegung opfert. Das wäre doch perfekt gewesen.«

»Weil sie das nicht wollte«, sagt Jana.

»Weil ich das nicht wollte«, sagt Martin Prager.

»Ich dachte schon, euch ist schlecht geworden«, sagt Oskar, als wir wiederkommen. Ich sehe verblüfft auf die Uhr. Es ist nicht einmal eine Viertelstunde vergangen, seit wir den Tisch verlassen haben.

»Es gibt viel zu erzählen, aber nicht hier«, flüstere ich meinem Mann zu. Er bekennt sich zu mir und ich mich zu ihm. Wie schön, ohne alle Verrenkungen und Verbiegungen. Auch, wenn wir nicht immer einer Meinung sind.

»Warum hast du mir nicht schon früher von Julias heimlicher Liebe erzählt?«, frage ich Jana leise, als wir vor den Zimmern des ehemaligen Agriturismo stehen.

»Weil ich es nicht begriffen habe«, erwidert Jana. »Jetzt hat es ein Bild ergeben. Ich hab dir gesagt, ich war mir nicht ganz sicher, ob sie nicht doch etwas mit Steinkellner hat. Sie war manchmal weg. Sie hat nicht alles erzählt. Sie war hin und wieder ohne Grund sehr gut drauf, und dann wieder mieser Laune. Es war keine ganz einfache Beziehung, glaube ich.«

»Du hast ihn hier gesehen?«

»In der Nähe. Aber ich wusste nicht, wer er war. Ein attraktiver Mann mit zerstrubbelten Locken. Ich war Käse kaufen, in einem der Nachbarorte ist eine wunderbare kleine Käserei. Julia war im Laden. Und der Mann neben ihr … Es hat so ausgesehen, als wären sie gemeinsam da. Aber dann hat sie mich entdeckt und der Mann ist gegangen, ohne sich zu verabschieden. Und ohne etwas gekauft zu haben. Ich hab ihn nie in Verbindung gebracht mit Martin Prager. Ich kannte ihn ja nicht persönlich. Und jetzt zuvor auf der Terrasse … da ist er mir nur irgendwie bekannt vorgekommen …«

»Warum so geheim? Hast du eine Idee?«

»Ich weiß es nicht. Julia war für alle eine Heldin. In gewissem Sinn unangreifbar. Kann sein, dass ihr das wichtig war. Als Image. Und es ist wohl auch klar, dass die beiden unterschiedliche Ansichten hatten, wenn es um den Kampf gegen die Klimakatastrophe geht. Er züchtet Bohnen, sie stellt sich im Hochwasser auf den Markusplatz, lässt sich filmen und postet es für Millionen von Followern auf Instagram.«

»Und was, wenn sie mit beiden ein Verhältnis hatte? Mit Martin Prager mehr der Liebe wegen, und weil sie geschmeichelt war, dass er wegen ihr nach Österreich zurückgekommen ist, und mit Steinkellner, weil sie ihn als Sponsor gebraucht hat?« Das wäre doch möglich, oder nicht?

Jana schüttelt den Kopf. »So berechnend war Julia nicht. Im Mittelpunkt stand die Idee, die Bewegung …«

»Eben.«

»Ich … Das kann ich mir nicht vorstellen. Auch wenn … ich mir bisher so einiges nicht habe vorstellen können. Ich habe geglaubt, Julia lebt für CHANCE! und der Rest ist ihr mehr oder weniger egal. Essen, Sex, Liebe, sogar Freundschaften. Vielleicht war ich auch deswegen so blind, weil ich selbst von Beziehungen genug hatte.«

»Hast du?«

»Es ist vorbei, es passt alles für mich.«

»Du bist zurückgekommen, weil eine Beziehung zu Ende war.«

»Nein. Weil ich meine eigenen Entscheidungen treffen muss. Und im Libanon ist kein Platz für mich und mein Kind.«

»Martin Prager hat für Julia seine Universitätskarriere aufgegeben, nur damit er ihr heimlich nah sein kann?«

Jana wiegt den Kopf. »Das … Das klingt wie aus einer der ganz besonders miesen Endlos-Soaps. Julias heimliche Liebe.«

»Vielleicht schreibt er an seiner eigenen Soap?«

»Das wär dann noch eins drauf. Jetzt muss es nur noch ein Weltbestseller werden und der Kitsch ist perfekt.«

»Wann hat Julia ihre Idee mit CHANCE! entwickelt, weißt du das?«

»Das erste Konzept ist aus einer Hausarbeit an der Uni entstanden, sie sollte eine Aktion entwickeln und sie dann auf ihre Wirksamkeit überprüfen. Alles in der Theorie natürlich.«

»Uni wo?«

»Weiß ich nicht. Aber Columbia University könnte schon passen.«

»Wir werden Martin Prager fragen.«

»Du glaubst, der redet noch einmal mit uns?«

»Vielleicht geht es gar nicht darum, ob er will.«

11

Geschnatter am Ententeich, zwei schlanke, schwarz gekleidete Jogger ziehen ihre Runden über die große Wiese. Die Sonne scheint. Ich gähne zufrieden und strecke mich auf unserer Terrasse. Ich habe wider Erwarten fantastisch geschlafen. Dann frage ich mich, wer die beiden Jogger sind. Und warum sie ihre untere Gesichtshälfte, obwohl es bereits angenehm warm ist, mit einem Tuch verdecken. Was, wenn sie ganz andere Absichten haben, als bloß herumzulaufen? Die beiden im Weingarten waren größer und muskulöser, aber wer weiß, vielleicht trainieren die italienischen Nachwuchs-Rechten weniger. Oder anderes. Wer hat … Martin Prager. Er war Julias Geliebter. Nicht einmal Jana hat es gewusst. Woran hat er so selbstvergessen geschrieben? Die beiden laufen weiter, ohne mir einen Blick zu schenken. Ich atme durch. Martin Prager wollte sich hier mit Herbert Steinkellner treffen. Behauptet er zumindest. Zwei Männer, wie sie unterschiedlicher kaum sein können. Trotzdem geht es beiden um die Rettung unserer Erde vor dem Hitzekollaps. Angeblich. Und es ging ihnen offenbar, so oder so, um Julia. Schnattern und Muhen und Meckern vom Bauernhof her. Offenbar werden die Tiere gefüttert. Oder sie hoffen darauf. Mein Termin mit der ehemaligen Wettermoderatorin ist in zwanzig Minuten. Soll ich ihr von der heimlichen Liebesbeziehung zwischen Julia und Martin erzählen? Es käme mir wie ein Vertrauensbruch vor.

Zwei bettwarme Arme, die sich von hinten um meinen Oberkörper legen. Leicht und fest. Und keinen Bruchteil einer

Sekunde Angst, sie könnten zudrücken oder mir wehtun. Vertrauen. Zum Glück gibt es Vertrauen. Ich habe Glück. Mit Oskar.

Heute trägt Katharina Gugger einen schmalen schwarzen Rock, der aussieht, als käme er aus einem der internationalen Designer-Läden. Gucci, Versace, irgend so etwas. Das Oberteil besteht aus einem orangefarbenen Pulli mit Kapuze. Und ihre Sonnenbrille hat Sternchen auf den Bügeln. Wenn sie CHANCE! anführen will, sollte sie dringend ihr Outfit überdenken. Klimaretterinnen sehen anders aus. Oder wird es Zeit, auch da an den Klischees zu rütteln? Wir sitzen an einem Tischchen vor der Cafeteria. Sie hat darauf bestanden, dass wir einen Platz im Schatten wählen. Ich habe mich auf Sonne gefreut. Ich rücke meinen Sessel ins Licht. Mir egal, wenn mich die Sonne anscheint. Ich plane keine Fernsehkarriere. Dafür habe ich meine Haut auch nie mit Make-up zugepflastert. Ich starte den Voice-Rekorder meines Smartphones.

»Schaffen wir es noch rechtzeitig, die Klimakatastrophe abzuwenden?«, frage ich.

»Hätte ich keine Hoffnung, dass es gelingen kann, dann wäre ich nicht hier. Es muss allerdings schnell gehen.«

»Wie schnell?«

»Meine Kollegin Kromp-Kolb hat es schon vor Jahren ausgerechnet: Selbst wenn wir eine Erhitzung um zwei Grad akzeptieren, dürfen wir weltweit noch 3200 Gigatonnen CO_2 in die Atmosphäre bringen. Im Jahr 2015 waren es bereits 2200 Gigatonnen. Blieben nur mehr tausend Gigatonnen, auf Österreich umgelegt war das eine Gigatonne. Wenn unsere Emissionen so weitergehen, haben wir das Limit spätestens 2029 erreicht. Wir müssten also 2030 CO_2-frei sein. Ähnliches trifft auf die anderen Länder in Europa zu. Wenn wir vorher ein bisschen reduzieren, dann verlängert sich der Spielraum ein wenig. Aber groß ist er nicht.«

»Haben Sie sich schon als Wettermoderatorin für die Zukunft des Weltklimas interessiert?«

»Ich habe ein Doktorat in Meteorologie. Und ich habe einen Lehrstuhl an der Wiener Universität. Die Auftritte im Fernsehen waren nur ein kleiner Teil meines Tätigkeitsbereiches. Ja, die Zukunft unserer Welt und damit auch die Klimaveränderungen waren mir immer wichtig.«

»Eine Zeit lang waren Sie so gut wie jeden Abend im Fernsehen präsent, Sie waren quasi das Gesicht zu unserem Wetter.«

»Ich habe gerne moderiert. Aber mir ist immer mehr klar geworden, dass anderes spannender ist. Inzwischen engagiere ich mich neben meiner Arbeit an der Universität in diversen Klimaforen, da geht es auch um Einflussnahme auf politischer Ebene.«

»Bei der letzten Weltklimakonferenz konnte man den Eindruck haben, dass vor allem geredet, aber nichts Konkretes getan wird.«

»Alle wissen, dass gehandelt werden muss. Aber niemand will der Überbringer der schlechten Nachricht sein. Wem es gut geht, der will keine Veränderung. Je mehr Macht, desto größer die Angst. Wahrscheinlich tut sich deswegen auch eher etwas in den Gemeinden und Regionen als auf staatlicher Ebene. Zum Glück begreifen auch immer mehr Unternehmen, dass sie umdenken müssen.«

»So wie Herbert Steinkellner?«

»Er ist ganz wichtig, wenn es darum geht, seine Kollegen zu überzeugen. Viele Veränderungen bringen Win-win-Situationen, aber die Menschen müssen das erst begreifen. Es gilt teilweise das zu tun, was wir immer schon tun wollten. Wer will schon stinkenden Verkehr? Jede und jeder muss seinen Alltag klimaintelligent gestalten. Der Wandel kann nicht allein von oben geplant und verordnet werden. Wir müssen es gleichzeitig von unten angehen – Sie und ich, wir alle haben es in der Hand.«

»Martin Prager war Umweltökonom an der Columbia University. Jetzt betreibt er einen Bauernhof, der sich an den Klimaerfordernissen orientiert. Ist das der Weg?«

»Ich kenne und schätze ihn, und es gibt nicht einen Weg, es gibt viele. Ich würde mich nicht zurückziehen und Bohnen züchten, ich verstehe davon nichts. Aber ich bin gut darin, Menschen Zusammenhänge und Möglichkeiten deutlich zu machen.«

»Könnte es sein, dass Sie die neue Frontfrau von CHANCE! werden?«

Katharina Gugger runzelt die Stirn. »Darauf sage ich nichts, ich verlasse mich darauf, dass Sie das nicht bringen. Das muss erst ausdiskutiert werden.«

»Und wer soll diskutieren?«

»Was weiß ich. Jedenfalls weg mit der Frage, sonst …«

»Was, sonst?«

»Ich muss nicht.«

»Ich auch nicht.«

Wir starren einander an.

Ich versuche ein Lächeln. »Aber wir wollen beide. Wie Sie gesagt haben: Alle sollten etwas tun. Sehen Sie das Interview als meinen Beitrag an, okay? Ich lasse die Frage weg. – Ist Steinkellner eigentlich hier?«

»Der hätte gestern kommen sollen, aber er ist nicht aufgetaucht.«

Scheint zu stimmen, was Martin Prager uns erzählt hat. Er streitet ab, dass er Julias Nachfolge antreten will. Was, wenn er lügt? Wenn er und Gugger um die Führung von CHANCE! kämpfen? Kann es sein, dass noch jemand stirbt? Man könnte es Klimaleugnern oder irgendwelchen Rechten in die Schuhe schieben.

»Nächste Frage«, fordert Gugger.

»Sie haben von Möglichkeiten im Zusammenhang mit der Klimaveränderung gesprochen, sehen gewisse Wissenschaftler zu schwarz?«

»Über die Fakten sind wir uns einig. Die Temperaturerhöhung und das Abschmelzen der Polkappen werden zu einem Anstieg der Meeresspiegel führen. Das bedeutet nicht nur, dass Städte wie Venedig bedroht sind. Viele küstennahe Siedlungsgebiete, vor allem in Flussdeltas, werden überflutet werden. Und wir werden es mit noch viel extremeren Wetterphänomenen zu tun bekommen, als es sie heute schon gibt. Wie extrem, was untergeht: Darauf haben wir noch etwas Einfluss. Wenn wir rasch handeln. Überlassen wir die Dystopien den Romanautoren. Es ist die Frage, was man in den Fokus stellt. Für mich ist es entscheidend, das menschliche Wohlergehen und die Grenzen unseres Planeten gleichzeitig im Auge zu haben. Wenn wir sie gegeneinander ausspielen, werden sich zu viele verweigern.«

»Und wie gehen Sie mit denen um, die den Klimawandel leugnen?«

»Man muss unterscheiden: Da gibt es die bezahlten Leugner und ihre Auftraggeber. Und es gibt Menschen, die ihnen glauben, weil sie keine Veränderungen mögen. Denen müssen wir klarmachen, dass die richtig großen Veränderungen gerade dann kommen, wenn sie nichts tun.«

»Können die Sanktionen gegen Russland und die Energiekrise zu einem Motor für raschere Veränderungen werden?«

»Schön wäre es, aber jetzt rennen unsere Politiker den Autokraten der Golfstaaten die Türen ein. Und schippern gefracktes Gas um die halbe Welt. Gar nicht zu reden von den Ambitionen, uns Atomstrom wieder als sauber zu verkaufen. Wir müssen Druck auf sie machen. Und das geht nur, wenn die Menschen mündig werden. Sie brauchen mehr Information. Und positive Emotion für unsere Erde.«

Ich schalte den Voice-Rekorder aus. »Das klingt schon ganz nach einer Klima-Aktivistin«, lächle ich.

»Vielleicht ist es Zweckoptimismus, aber etwas Besseres fällt mir nicht ein. Wissen Sie, was die Klima-Wissenschaftler üblicherweise tun? Sie berechnen Szenarien, schön gestaffelt nach Wahrscheinlichkeiten und seriös ausgewiesenen Parametern. Aber ich will, dass gehandelt wird. Und außerdem: Alle Parameter kann man nie berücksichtigen.«

»Und was rechnen die da so?«

Katharina Gugger lächelt mit schmalen, auch heute wieder knallrot geschminkten Lippen. »Wenn die Permafrostböden auftauen – wann setzen sie dann wie viel Methangas frei? Es geht ja nicht bloß ums CO_2, wenn wir von Klimaveränderungen reden. Wird viel Methangas auf einmal freigesetzt, könnten dann die Meere schneller als gedacht wärmer werden? Warmes Wasser dehnt sich bekanntlich aus. Wo ist der Kipppunkt, an dem der Golfstrom irritiert, abgelenkt, umgelenkt wird? Wissen Sie, dass das stabile arktische Hoch in den letzten Jahren immer wieder gesplittet hat und ein Teil nach Süden abgedriftet ist? Dann haben wir eine Wetterlage, bei der es am Nordpol außergewöhnlich warm wird. Es gibt einen Punkt, ab dem geht nichts mehr. Haben Sie einen Druckkochtopf?«

Ich nicke.

»Sie heizen an, wenn Sie dann aber nicht rechtzeitig die Temperatur regulieren oder den Druck verringern, dann explodiert er. Je nach Außentemperatur, Art des Kochguts, Stärke des Kochtopfs zu einer unterschiedlichen Zeit, aber irgendwann ist es so weit.«

»Klingt jetzt doch ziemlich nach Horrorfilm.«

»Tja. Manchmal sind drastische Beispiele gut. Ein Hardcore-Wissenschaftler würde sagen, die Wahrscheinlichkeit für einige dieser Ereignisse ist mittel bis gering. Ein sehr renommierter französischer Klimaforscher hat alle signifikanten Temperaturschwankungen der Erdgeschichte gesammelt und genau bewertet: Demnach wäre die jetzige Erderhitzung die einundfünfzigste Heißzeit. Und was ist passiert, als er die Ergebnisse veröffentlicht hat? Die Klimaleugner waren begeistert. Seine Arbeit wird als

Beweis dafür verwendet, dass es immer schon Klimaschwankungen gegeben hat.«

»Klingt aber auch danach.«

»Ist aber Unsinn. Die früheren Warm- und Kaltzeiten haben sich in unterschiedlicher Stärke über Jahrtausende entwickelt. Jetzt geht's ganz schnell, weil menschengemacht. Aus der Analyse von Eisbohrkernen weiß man, dass die CO_2-Konzentration in den letzten 800.000 Jahren nie über 300 ppm lag. Jetzt sind wir bei über 420 ppm. Diese Treibhausgase absorbieren Energie aus der Sonnenstrahlung. Und das beeinflusst die Prozesse in der Atmosphäre und im Wettergeschehen – von Hitze und Dürren bis hin zu Regen und Überschwemmungen. Wetterextreme nehmen zu. Wahrscheinlich ist es schon zu spät, die Erhitzung auf 1,5-Grad zu beschränken. Aber ohne Gegensteuern könnte sich die Erde bis zum Ende des Jahrhunderts um mehr als drei Grad erhitzen.

»Und was würde das bedeuten?«

»Teile der Erde werden unbewohnbar. Dürren und Extremwetter gefährden die Nahrungsmittelversorgung auf globaler Ebene. Übrigens: Während der meisten früheren Heißzeiten gab es noch keine Menschen, also war die Spezies auch nicht bedroht. Na ja. Gewisse Typen könnten von mir aus ohnehin untergehen. Aber das will ich nicht im Interview lesen, nur damit das klar ist. Das Problem ist, dass es alle trifft. Und die Unschuldigsten zuerst.«

»Andere Arten können überleben?«

»Sicher. Weil die Erde ja, anders als der Druckkochtopf, nicht explodieren wird. Zumindest mit einer sehr großen Wahrscheinlichkeit.«

Ein Mann, der zögerlich näher kommt. Offenbar ist die ehemalige Wettermoderatorin nicht bei allen in Vergessenheit geraten. Er lächelt sie an, sie nickt ihm zu.

»Ich wollte Sie mit jemandem bekannt machen«, sagt Katharina Gugger. »Sergio Maier, meteorologischer Berater der Regionalverwaltung.«

Offenbar ist sie gut vernetzt. Der Meteorologe, der in Ungnade gefallen ist, nickt und setzt sich zu uns.

»Nice to meet you«, sage ich.

»Wir können Deutsch reden. Mein Vater war aus Freiburg, ich habe unter anderem in Berlin studiert.«

»Ich dachte mir, es ist besser, er sagt Ihnen selbst, was er über die MOSE-Katastrophe zu sagen hat.«

»Sie haben geglaubt, das Hochwasser wird nicht so arg?«, frage ich vorsichtig.

Er fährt sich durch die schütteren braunen Haare. »Es geht nicht um Glauben. Aber sowohl die exakte Windrichtung als auch die Windstärke und die Regenmenge waren schwer zu bestimmen. Es wird seit einigen Jahren nicht einfacher, sondern immer komplizierter. Auch das hat gewissermaßen mit den Klimaveränderungen zu tun.«

»Sag ihr, wie es war«, fordert Gugger ihren Kollegen auf.

»Ich will es aber nicht in der Zeitung haben. Sie haben mich genug dafür geprügelt, dass ich die Klima-Aktionen der jungen Leute unterstützt und unser heiliges Schleusensystem kritisiert habe.«

Ich nicke ihm aufmunternd zu.

»Ich habe bloß beratende Funktion. Ich habe klargemacht, dass es mit einer gewissen Wahrscheinlichkeit ein Extremwetterereignis geben kann.«

»Da haben wir sie wieder: die wissenschaftlichen Wahrscheinlichkeiten«, mischt sich Gugger ein.

Er sieht sie irritiert an. »Ja. Die zuständige Referentin hat darauf gemeint: Das heißt, sicher ist ein schweres Hochwasser nicht? Und das habe ich bestätigt. Sie hatten unsere Unterlagen und sie haben sich dann offenbar gegen ein Hochfahren der Schleusen entschieden. Da war ich allerdings nicht dabei.«

»Warum? Wäre es nicht im Zweifelsfall besser, das System zu aktivieren?«

Gugger schüttelt ungeduldig den Kopf. »Das kostet jedes Mal mehr als 300.000 Euro. Damit fängt es an. Es müssen Abertonnen Stahl bewegt werden, es gibt achtundsiebzig Fluttore, die aufgerichtet werden, jedes zwanzig Meter breit, damit sie drei Verbindungen zwischen Lagune und offenem Meer verschließen.«

»Es gibt immer mehr Widerstand, nicht nur aus ökologischen Gründen«, fährt der Meteorologe fort. »Mit jeder Aktivierung verschlammen die Kanäle mehr und mehr. Es sind gewaltige Umwälzungen unter Wasser, die da stattfinden. Man hat keinen Platz, um auszubaggern. Viele fürchten auch, dass unangenehm viel Zeug in den malerischen Kanälen schwimmen könnte.«

»Also kein Hacker-Angriff«, fasse ich zusammen.

»Sieht nicht danach aus«, murmelt Sergio Maier.

»Und wer soll der Sündenbock sein? Ein Meteorologe!«, stellt Katharina Gugger fest. »Weil die Idioten in der Politik seit Jahrzehnten falsche Entscheidungen treffen.«

»Und was sollten sie tun?«

»Zuerst einmal raus mit allen großen Schiffen aus den Lagunen.«

»Kreuzfahrtschiffe dürfen ohnehin nicht mehr nach Venedig.«

»Schön wäre es«, seufzt Maier. »Der einzige Unterschied ist, dass die Schiffe über 180 Meter Länge jetzt einen anderen Weg nehmen müssen. Über den Canale dei petroli, der von der Lagunenöffnung in Malamocco zum Industriehafen in Marghera führt. Es ist nicht meine Zuständigkeit, aber …«

»Wir können uns nicht mehr hinter Spezialwissen verschanzen«, fällt ihm Gugger ins Wort. »Triest hätte einen Tiefwasser-Pier. Dort könnten große Schiffe, wenn sie überhaupt sein müssen, hin. Und von dort können die Leute mit einem Panoramazug oder kleinen Elektrobooten nach Venedig, für alles gibt's mehr als genug Ideen. Weil eines ist klar: Wenn sie die Lagune weiter ruinieren, dann gibt's auch Venedig nicht mehr.«

Im Schloss von Steinkellner geht niemand ans Telefon. Vesna will hinfahren und herausfinden, wo er und seine Frau sind. Ob Leute, die für ihn arbeiten, wissen, wo sie stecken könnten. In der Spedition in Udine bekomme ich die Auskunft, Steinkellner sei »geschäftlich unterwegs« und momentan nicht erreichbar. Im Wiener Büro versichert man mir, von ihm seit drei Tagen nichts gehört zu haben. Das freilich sei ganz normal. Steinkellner sei nicht nur kein großer Freund der sogenannten sozialen Medien, er liebe es, gänzlich offline zu sein. Ein Reporter der RAI will erfahren haben, dass Steinkellner einen Flug nach New York genommen hat. Der Medientross hat das Hauptquartier von CHANCE! verlassen und sich neueren Sensationen zugewandt. Es sieht so aus, als würden sich die Ermittlungen hinziehen. Viel mehr war auch auf der Pressekonferenz, die ich verpasst habe, nicht zu erfahren gewesen. Man ermittle in alle Richtungen, es sei nach wie vor nicht auszuschließen, dass es sich um einen Freitod gehandelt habe. Suicidio. Suizid. Oder um einen Unfall. Verschiedene Medikamente gegen die Verkühlung, Erschöpfung, Ohnmacht. Außerdem hat sich herausgestellt, dass der Katalysator des Autos nicht richtig funktioniert hat. Höherer Kohlenmonoxidausstoß, als anzunehmen gewesen wäre. Aber wo ist ihr Smartphone geblieben? Es gibt zu viele, deren Interessen oder Emotionen mit Julia verknüpft waren. Oder hat sie gerade das nicht ausgehalten? Den hohen Erwartungsdruck? Quasi Druckkochtopf der anderen Art? Irgendwann ist es zu viel … Irgendeine Nachricht, sie wirft, erschöpft vom Tag, das Handy in hohem Bogen aus dem Fenster, fährt in die Garage … War sie viel einsamer, als Jana, als Martin Prager, als Herbert Steinkellner, als alle ihre Fans und Follower vermutet haben? Oder müssen wir ganz woanders ansetzen? Jana ist davon ausgegangen, dass CHANCE! im Mittelpunkt von Julias Leben gestanden hat. Die Kampagne. Die Möglichkeit, Millionen Menschen zu erreichen. Wem hat das, was sie getan hat, geschadet? Wer hat sich dadurch so bedroht gefühlt, dass er bis zum Äußersten gegangen ist?

Die Letzten, denen sie ganz konkret geschadet hat, waren die beiden CO-irgendwas von CoConcept. Ich kann mir allerdings nicht vorstellen, dass sie deswegen einen Mord begehen. Sie »entfreunden« sich und halten bereits das für eine Art von Mord. Irgendetwas an unserem Gespräch war allerdings seltsam. Ganz abgesehen von der Wortwahl. Zuerst hat Con gesagt, man habe es nicht mit ihnen »geteilt«, dass die Agentur abgezogen wird. Dann hat sie gesagt, dass es schon Hinweise in der Art gegeben habe, aber nicht so konkret und nicht so schnell. Also was jetzt? Jedenfalls sind sie immer noch da. Obwohl Julia darauf bestanden hat, dass sie nicht mehr für CHANCE! arbeiten. Ich finde Jana in der Kampagnen-Zentrale, in einem Saal, der früher vielleicht als Sitzungs- und Konferenzraum vermietet worden ist.

»Weißt du, dass die Spenden seit Julias Tod um achtzig Prozent zurückgegangen sind?«, empfängt sie mich.

»Es war eben ganz viel auf sie zugeschnitten. Was ist übrigens mit ihrem Instagram-Account?«

»Hast du nicht nachgesehen? Wir stellen immer wieder etwas online. Informationen, zum Thema, aber auch zu den Ermittlungen. Bilder von neu angekommenen Aktivistinnen. Aber die Zugriffe sind weniger geworden.«

»Instagram nervt mich, ich habe nie ganz durchschaut, was man damit machen kann.«

Jana lächelt. »Es ist simpler, als du glaubst. Facebook ist dagegen eine richtige Wissenschaft. Auf Instagram postet man Bilder und vielleicht etwas Text und versucht, indem man Hashtags setzt, möglichst viele Follower zu erreichen.«

»Haben sich die von CoConcept auch darum gekümmert?«

»Teilweise. Sie wollten es. Aber Julia hat sich das nicht aus der Hand nehmen lassen.«

»Was war eigentlich die letzte Botschaft auf ihrem Account?«

»Auf Instagram? Ein Bild von ihr im Hochwasser am Markusplatz in der Abenddämmerung. Es ist NOCH nicht zu spät, hat sie dazugeschrieben.«

»Ich habe überlegt … Was, wenn es eine Nachricht gegeben hat, die sie so aufgewühlt hat, dass sie ihr Smartphone bei der Heimfahrt wütend zum Fenster hinausgeworfen hat?«

»Wir waren doch dabei. Da war nichts. Ich hab Zugang zu all ihren Accounts.«

»Private SMS? Mails?«

»Kann ich mir nicht vorstellen. Sie war müde, aber guter Dinge im Auto. ›Ein Tag noch‹, hat sie gesagt, und dass wir noch nie so viele Menschen erreicht hätten, beinahe müsse man dankbar sein fürs Hochwasser.«

»Und wenn sie dahintergekommen ist, dass welche von euch das Hochwasser verursacht haben?«

»Du meinst Hacking? Unwahrscheinlich. Das haben die Regionalpolitiker schon selbst vergeigt.«

»Man könnte sie damit erpresst haben.«

»Ist doch Quatsch. Wir setzen MOSE außer Betrieb, damit wir mit einem Jahrhunderthochwasser ganz viele Menschen erreichen, und dann erpresst man die Anführerin?«

»Es könnten auch andere davon erfahren haben. Julia weiß, dass ihre Glaubwürdigkeit zerstört ist, wenn das öffentlich wird. Sie ist müde, krank, unter dem Einfluss heftiger Medikamente und sieht keinen Ausweg mehr.«

»Passt einfach nicht. Sie war gut drauf. Wir sind noch in eine Pizzeria, die lange offen hat. Wir hatten Hunger, am Tag war wenig Zeit, was zu essen. Julia wollte lieber ins Bett und sich auskurieren. Es waren nur ein paar Kilometer, die sie allein gefahren ist.«

»Und wenn in dieser Zeit …«

»Mira, ich hatte Zugang zu den Accounts, die Behörden haben ihre Telefonkontakte sicher schon ausgewertet.«

»Und wenn die von CoConcept etwas getrickst haben?«

»Warum sollten sie?«

»Es ist da etwas eigenartig. Du hast gesagt, Julia hat darauf bestanden, dass CoConcept abgezogen wird. Bist du dir sicher?«

»Hundertprozentig sicher. Ich war dabei, als Julia mit Steinkellner darüber geredet hat.«

»Wie hat er es aufgenommen?«

»Er hat sie verstanden, kommt mir vor. CHANCE! kann es sich nicht leisten, dass Verbindungen zwischen CoConcept und Hutchton-Forbes hergestellt werden.«

»Aber angeblich hat er den Leuten der Agentur nie so konkret gesagt, dass sie gehen müssen.«

»Keine Ahnung. Es war, während wir schon die Aktion in Venedig im Hochwasser laufen hatten. Da waren andere Dinge wichtiger.«

»Und wenn Steinkellner wusste, dass es bald nicht mehr notwendig sein würde, CoConcept zu entfernen?«

Jana sieht mich an. »Du meinst, er hat sie umgebracht, damit er endlich tun kann, was er will? Er hätte ohne Frontfrau dagestanden. Man sieht jetzt, was das bedeutet. Es war eher so, dass er sie umgarnt hat. Er hat ihr sogar noch einen Tesla geschenkt, auch wenn sie ihn abgelehnt hat.«

»Sie hat den Tesla abgelehnt?«

»Hab ich das nicht erzählt? Er wollte ihr einen Tesla schenken, er steht wohl noch immer in der Garage, sie hat gesagt, dass sie so etwas nicht will. Und sie hat auch wenig Freundliches über Elon Musk gesagt.«

»Wie hat Steinkellner reagiert?«

»Er war gekränkt und ist gegangen. Julia hat zu mir gesagt, ›Glaubt der wirklich, dass ein Auto etwas Entscheidendes ist?‹«

»Und wenn es um mehr ging als um das Auto?«

»Wir haben zu dem Zeitpunkt fast rund um die Uhr gearbeitet. Keiner hatte Zeit, an irgendwelche Befindlichkeiten zu denken. Jetzt haben wir zu viel Zeit. Auch dafür.«

»Apropos Befindlichkeiten: Wie ist seine Frau mit all dem umgegangen?«

»Sie war nicht immer mit. Und wenn, war sie etwas abseits. Aber freundlich, nett, auch zu Julia. Und um es klar zu sagen: sie hat es ja nicht gerade schlecht bei ihm. Finanziell, aber auch sonst. Eine gute Beziehung, nach so vielen Jahren, wenn du mich fragst.

Der Tesla steht nicht mehr in der Garage. Offenbar hatte bloß Steinkellner einen Schlüssel. Jetzt ist er weg. Und der Tesla auch. Jana verständigt den ermittelnden Commissario in Udine.

Ich rufe Martin Prager an und bin überrascht, dass er tatsächlich ans Telefon geht.

»Steinkellner ist verschwunden.«

»Ich dachte, er ist gar nicht gekommen.«

»Es hat ihn auch niemand gesehen. Aber jetzt ist der Tesla weg.«

»Er ist mit dem Tesla auf der Flucht? Ganz schön auffällig.«

»Du weißt vom Tesla?«

»Ja. Er hat ihm ihn geschenkt, sie hat das Geschenk abgelehnt.«

»Sie hat dir das erzählt?«

»Ja. Ohne besondere Emotionen, übrigens. Eher verwundert, was ihm da eingefallen ist.«

»Und jetzt ist Steinkellner verschwunden.«

»Na, wenigstens kannst du nicht annehmen, dass Julia ihn auf dem Gewissen hat.«

»Nein, das nicht.«

»Du willst wissen, wo ich die letzten Tage war? Hier.«

»Wo bist du jetzt?«

»Im Hotel. Ich kann Luca holen, falls du eine Bestätigung brauchst.«

»Wann hast du zum letzten Mal mit Julia geredet?«

»Telefonisch am Abend, bevor sie von Venedig zurück ins Hauptquartier gefahren sind. Wir hatten vor, uns zu treffen. Sie wollte mir etwas erzählen, ich glaube, etwas Positives. Aber sie war fürchterlich verkühlt. Wir haben es … auf den nächsten Tag verschoben. All das weiß die Polizei übrigens.«

»Hast du eine Ahnung, was sie dir erzählen wollte?«

»Im Nachhinein glaube ich, es könnte mit der Agentur zusammenhängen. Ich habe ihr von Anfang an geraten, sie abzulehnen. Aber ich weiß es nicht.«

»Und gibt es einen Beweis für dieses Gespräch? Dass es sich so abgespielt hat?«

Ich höre Martin Prager trocken lachen. »Wenn man unser Telefon abgehört hat. Dann ja. Wer weiß, das österreichische und das italienische Innenministerium dürften sich gut verstehen. Jedenfalls scheinen mir die Behörden eher zu glauben als du.«

»Martin …«, sage ich und überlege, wie ich es formulieren soll. Offenbar ist er am Telefon weniger angriffslustig als von Angesicht zu Angesicht. Allerdings war das gestern auch ein Überfall der besonderen Art. Wenn Jana daran gedacht hätte, dass der Blitz der Kamerafunktion eingeschaltet war …

»Ja?« Er seufzt.

»Was meinst du? Was ist wirklich passiert?«

Stille.

»Martin?«

»Ich will versuchen, fair zu sein. Aber …«

»Steinkellner?«

»Spricht einiges dafür. Ich glaube, er war in sie verliebt. Und sie ist immer auf Distanz geblieben. Mehr noch, sie hat die Distanz vergrößert. Wenn er mitbekommen hat, dass es jemand anderen …«

»Sie hat die Distanz vergrößert?«

»Sie war nicht mehr so stark auf seine Unterstützung angewiesen. Die Kampagne hat weltweites Echo.«

»Sie hat seine Agentur abgelehnt. Sie hat sein Geschenk abgelehnt. Aber was, wenn sie ihn nicht abgelehnt hat? Wenn sie …«

»Unsinn. Was hätte sie mit ihm sollen? Sie hatte das nicht nötig und sie war nicht der Typ dafür. Ich weiß, wovon ich rede. Sie war sehr … selbstständig. Wollte sich nie abhängig machen. Und sie musste ihn auch nicht abwehren, im direkten Sinn. Er war kein übergriffiger Macho.«

»Er war?«

»Er ist. Ich habe ›war‹ verwendet im Zusammenhang mit ihr. Sie war.«

»Die Tesla-Geschichte. Könnte die den Ausschlag gegeben haben?«

»Weil sie das Auto nicht als Geschenk annehmen wollte? Es ist bloß ein Auto. Er hätte es CHANCE! zur Verfügung stellen können, wahrscheinlich hatte er das auch vor.«

»Wie hast du davon erfahren, dass Julia ums Leben gekommen ist?«

»Aus dem Internet. Du hast keine Ahnung, wie schnell sich so eine … Sensation herumspricht.«

»Schlimm.«

»Ich fahre übrigens ab.«

»Woran schreibst du? Woran hast du gestern gearbeitet?«

»Meine Mails. Ist doch heute alles, Kommunikation. Und Message Control.«

»Das klingt ziemlich bitter.«

»Es ist eine Analyse, wenn du willst, eine Analyse unserer

Zeit. Wir reden nicht mehr über Inhalte, es geht nicht um das Was, sondern um das Wie. Politik, Werbung, private Beziehungen.«

»Private Beziehungen?«

»Ich habe das nicht auf mich bezogen. Sondern darauf, wie unsere Welt tickt. Oder zumindest der Teil der Welt, in dem wir leben.«

»Schreibst du darüber?«

»Ich rate dir, keine Spekulationen zu veröffentlichen. Bist du in Wirklichkeit deswegen hinter mir her?«

»Weswegen? Was ist es? Ein Tagebuch? Die andere Wahrheit über CHANCE!?«

»Vergiss es.«

Ich will mit Oskar ins Veneto, Auszeit, wenigstens für einige Stunden. Hier haben wir viele schöne Urlaube verbracht. Conegliano und Treviso und die Palladio-Villen und wunderbares Essen, die Weine aus Campo di Pietra, immer wieder auch Venedig. Zum Beispiel am 1. Jänner zu Mittag, wenn die Plätze leer sind und die Wintersonne so warm scheint, dass man im Freien ein Glas Prosecco aufs neue Jahr trinken kann.

Ich schicke ihm eine SMS, nur noch kurz, dann fahren wir. Aber die Sache mit CoConcept lässt mir keine Ruhe. Wer hat sie wann hinausgeworfen? Oder doch nicht? Allerdings ist mir klar, dass mich die beiden COs ohne einen Funken schlechten Gewissens anlügen werden. Falls es in ihr Konzept passt. Sie halten sich an den, der ihnen mehr bringt. So haben sie es gelernt. Wer bringt ihnen mehr? Steinkellner. Zumindest bisher.

»Er ist weg?«, fragt Inge.

»Er ist verschwunden.«

»Der hat sie nie im Leben umgebracht«, stellt Con fest.

»Wie war das also wirklich? Hat er gesagt, dass der Auftrag

von CoConcept zu Ende ist und dass Sie gehen müssen, oder hat er es nicht gesagt?«

Die beiden sehen einander an.

»Wir waren per Du, das ist uns angenehmer.«

»Also: War klar, dass ihr gehen müsst?«

»Sie hat es gesagt. Julia. Er hat daneben gestanden.«

»Aber noch ist CoConcept hier.«

»Na ja. Nach ihrem Tod …«

»Sie wollte es, aber das ist kein Drama für uns. Wer nicht will, der hat schon. Dankbar hätte sie sein können. Ohne uns wäre CHANCE! nie an so viel Geld gekommen. Aber für uns ist das bloß ein Auftrag, wir gehen zurück nach München und machen das Nächste. Ist ohnehin eine eher feindliche Stimmung hier.«

»Und trotzdem habt ihr mir gestern einreden wollen, ›Man hat es noch nicht mit uns geteilt‹.«

»Firmeninterne Dinge gehen niemanden etwas an.«

»Sie hat es gesagt, Steinkellner ist stumm daneben gestanden und dann?«

»Dann sind sie gegangen.«

»Er ist noch immer stumm. Der große Firmenboss. Stumm.«

»Sie war ganz schön herrschsüchtig.«

»Ich würde ihn nicht decken.«

»Warum decken?« Con spielt mit ihren absurden Stirnfransen.

»Weil es nachher noch ein Gespräch zwischen Steinkellner und euch beiden gegeben hat.«

Inge seufzt. »Na gut. Wir haben ihn noch einmal gesehen und da hat er gesagt, es wird sich alles weisen. Nichts ist fix. Die große Julia sei nervös und überarbeitet.«

»Und dann war die große Julia tot.«

»Die war doch total durch den Wind«, ergänzt Inge. »Schwer auf Drogen, wegen ihrer Grippe und der Aktion in Venedig.«

»Auf Drogen?«

»Sagt man so.«

»Welche Drogen?«

»Woher soll ich das wissen? Grippemittel oder so, was denkst du?«

Wir nehmen die A4 Richtung Portogruaro. Oskar fährt. Inzwischen sind mir bereits zwei silberfarbene Tesla Y begegnet. Aber keiner hatte ein österreichisches Kennzeichen. Wäre doch spektakulär: Alle suchen Steinkellner und ich begegne ihm auf der Straße. Moment. Steinkellner hat einen Chauffeur. Josef. Ehemaliger Schulfreund, wenn das wahr ist. Könnte doch sein, der Chauffeur hat den Tesla geholt. Oder er ist gemeinsam mit Steinkellner unterwegs. Ich schicke Vesna eine WhatsApp. Es geht in erster Linie um Kommunikation, hat Martin Prager gesagt. Jedenfalls beachtlich, wie schnell sich unser Kommunikationsverhalten wandelt. Inzwischen sind SMS von gestern. WhatsApp gehört seit Jahren zum Facebook-Konzern. Nicht gerade berühmt für Datenschutz. Besonders vertraulich ist diese Information aber ohnehin nicht. Apropos Facebook. Entlang der Autobahn ist die Landschaft eher eintönig, kein Grund, aus dem Fenster zu sehen.

Die üblichen Katzenfotos. Vui ist schöner. Und größer, aber ich stelle unseren Kater trotzdem nicht online. Werbung für Crowdfarming – ich kann *Orangen ohne Herbizide und Pestizide* bestellen, *direkt vom Baum zu dir nach Hause*. Ist das nicht etwas aufwendig, wenn allen direkt geliefert wird? Die Stadtbücherei Voitsberg postet: *Wir sollten uns viel öfter erlauben, nicht immer erreichbar zu sein. Allein zu sein und seine Ruhe zu haben ist der neue Luxus in der heutigen Welt!* Was, wenn sich Herbert Steinkellner einfach diesen Luxus gönnt?

Ich habe Oskar versprochen, für ein paar Stunden abzuschalten. Ich werfe ihm einen kurzen Seitenblick zu. Er fährt angenehm konzentriert. Und entspannt. Eine Susi P. schreibt:

Jetzt sind sie endgültig durchgeknallt. Kann da wirklich jeder jeden Müll posten?

Darunter, in einem Kasten, die Nachricht, auf die sich das offenbar bezieht:

Julia hat eine Empfehlung für die Wahlen vorbereitet. Das wissen wir. Für die Patriotisch Soziale Union, weil die Kapitalisten und die EU-Bonzen Verbrecher sind. Die machen die Erde kaputt!

Zahlreiche Speibe-Emojis, Beschimpfungen, Hinweise darauf, dass es wohl die Rechten seien, die die Erde kaputt machen. Manche agieren einigermaßen zivilisiert:

Und Tausende Geflüchtete habt ihr auch auf dem Gewissen! Julia Melis war NIE für euch. Das ist alles Lüge!!!

Andere etwas ruppiger:

Am besten, ihr verschwindet von der Erde, dann wäre sie schon viel besser dran!

Ich will die App schon schließen, als ich die vielen lachenden Emojis sehe.

Regt euch auf, bis ihr blatzt!!! Jetzt kommts auch hier: Was Julia geschickt hat. Wer ist der Mörder? IHR!!! Linke Zecken, DIE wahr anders!!! Das hat Sie wirklich geschrieben!!!

Darunter ein Foto eines Accounts, der offenbar von Julia stammt. Samt einem Bild von ihr, sie blickt aufs Meer hinaus. Ihr offizieller Account sieht anders aus. Darunter:

Julia Mehlis: Ich werde bei den Wahlen die Patrioten unterstützen, weil es um die Bewahrung unserer Erde geht.

Der Account ist gefakt. Und schlecht auch noch. Der falsch geschriebene Familienname macht mich sicher. War es dieser Fake, der Julia so aufgeregt hat, dass sie ihr Mobiltelefon zum Fenster hinausgeworfen hat? Kann ich mir eigentlich nicht vorstellen. Warum ist die Seite samt dem Posting erst jetzt bekannt geworden? Hass und Empörung, Begeisterung und Spott. Viele sicher nette Menschen, die sich darüber aufregen, was da behauptet wird. Und die es auf diese Art immer weiterverbreiten. Als ob nicht klar wäre, dass diese Nachricht nicht von Julia stammt. Wer davon profitiert, ist auch klar. Ich gehe auf die Facebook-Seite des Generalsekretärs der Patriotisch Sozialen Union. Nicht dumm gemacht. Er verzichtet darauf, den Fake-Account abzubilden, sondern hat einfach den Text gepostet. Vor zwei Stunden.

Julia Melis: Ich werde bei den Wahlen die Patrioten unterstützen, weil es um die Bewahrung unserer Erde geht.

Interessanterweise mit richtig geschriebenem Familiennamen. Und er textet: *Da noch als Ton-File, für alle, die es nicht glauben wollen. Sie sollen hören!*

Ich höre. Eindeutig Julias Stimme. »Warum nicht bei den Wahlen die Patrioten unterstützen, wenn es ihnen um die Bewahrung unserer Erde geht?«

Möglicherweise zusammengeschnitten aus einem der vielen Interviews. Vielleicht auch nicht. Bloß dass sie es sicher vollkommen anders gemeint hat. Schlechter Versuch, der allerdings zeigt, dass die Rechten nervös sind. Wollen sie ablenken? Wovon?

Jedenfalls haben viele Freunde der selbst ernannten Patrioten darauf reagiert. Und offenbar hat der Generalsekretär nach seinem Posting nicht mehr auf sein Facebook-Profil gesehen. Sonst hätte er einen Teil der Reaktionen wohl löschen müssen. Wird schon noch passieren, aber erst in ein paar Stunden.

Wer hat die dann wohl umgebracht? Die »eigenen«! Grünlinge und Nixtuer, Dumme Studenten, die sollen in ein Straflager, wo sie hart arbeiten müssen. Gefängnis ist zu gut!!!

Unser Polizei ist ganz nah dran ihr Zeken. Ir habt Grenzen nicht wollen, wir haben Freunde in der gansen Welt! Auch Italien! Wir machen ein neues EUropa. Ohne euch!!! Damits der Welt wider gutgeht.

Die Lügner werden entlarvt! Die sogenannten Klimaforscher haben eine »Sonnenallergie«! Und sind gekauft! Echte Wissenschaftler wissen es: Die Sonne und ihre kosmischen Strahlen sind viel entscheidender als das Kohlendioxid. Es geht um das komplexe Zusammenspiel zwischen unserem Zentralgestirn und ionisierenden Sendboten aus den Tiefen der Galaxie – eben der »kosmischen Strahlung«. Julia Mehlis hat das erkannt. Sie wollte darüber reden, aber man hat sie ermordet – wer war es????? Körnerfressende Rechthaber, die man auch Linkshaberer nennen könnte oder sollte!!!

Einfach ignorieren. Das ist das Beste. Andererseits: Darf man alles ignorieren? Ich schicke Fran über den Messenger-Dienst, den er für einigermaßen sicher hält, eine Nachricht. Ob er herausfinden könne, wer einen falschen Facebook-Account von Julia Melis gebastelt hat, und wann das passiert ist. Ich sehe, dass Vesna meine Nachricht gelesen hat, aber bisher gibt es keine Antwort. Ich bin unruhig. Ich sollte mich entspannen. Ich habe das Veneto immer geliebt, mich oft danach gesehnt. Kultur und gutes Leben. Zumindest, wenn man hier auf Urlaub ist.

»Und was, wenn Julias Tod doch einen politischen Hintergrund hat?«, frage ich Oskar.

Er wirft mir einen kurzen Blick zu. »Wir können nur abwarten.«

»Viel Zeit haben wir nicht mehr, das sagt selbst eine ehemalige Wettermoderatorin«, versuche ich zu scherzen.

12

Sie hob ihren Kopf und sah Samson an.

– Wenn die Messreihen stimmen, dann tritt das Methan viel schneller an die Oberfläche, als alle gedacht haben.

– Die Messreihen stimmen. Wir waren es, die falsch programmiert haben.

– Der Punkt, an dem alles kippt.

– Als ob es nicht schon schlimm genug um die Erde stünde. Und dann noch das verdammte Geo-Engineering. Es hat die Katastrophe beschleunigt. Wie konnte man glauben, die Klimagase einfach wegsperren zu können?

Zoe schmiegte sich an Samson. – Die Städte, die es einmal gegeben hat. Mit blühendem Grün. Meine Großmutter hat sie noch erlebt, es muss wie im Paradies gewesen sein. Die Farben. Und Bäume und Sträucher, die von allein Schadstoffe gebunden und CO_2 *konsumiert haben.*

– Die Leute wollten immer mehr. Man muss sich das vorstellen, sie hatten alles und wollten mehr. Immer mehr.

– Nur hören wollten sie nicht. Und teilen. Was können wir jetzt noch tun?

– Hoffen, Zoe. Wir können bloß hoffen. Dass der Golfstrom nicht völlig zum Erliegen kommt. Dass nach dem Heißen Jahrhundert nicht plötzlich der Ewige Winter kommt. Hier bei uns.

– In der Zone A, dem, was sie einmal Afrika genannt haben, kann es besser werden, meint Ercole.

– Sie machen sich jetzt schon alle auf. Die wollen uns dort nicht.

Sie arbeiten mit Nervengas und setzen Mittel ein, die uns unfruchtbar machen. Wir sind schon so wenige …

– Aber welche Chance haben wir, wenn wir überleben wollen?

Samson strich ihr über den Kopf. – Wir sind privilegiert. Wir haben noch genug Ressourcen, um künstliches Chlorophyll herzustellen. Du bist bloß verzweifelt, weil wir die Sonne so lange nicht gesehen haben. Wir werden einen Flug in die Stratosphäre nehmen. Ich kann etwas von unserem Chlorophyll verkaufen.

– Ich wollte Kinder.

– Kinder? In dieser Welt?

– Es regnet.

– Du darfst nicht hinausgehen.

– Der Wind hat nachgelassen.

– Du weißt, was mit dem Regen kommt.

– Er ist heute besonders rot.

Ich schüttle den Kopf. Dystopische Texte sind nicht mein Ding. Keine Ahnung, wer mir das geschickt hat. Kein weiterer Hinweis, nur die Seitenzahl 87. Ein Blatt Papier in einem Briefkuvert ohne Absender. Oder ist es ein Code, der die Falsche erreicht hat? Wir sind seit gestern Abend zurück in Wien. Ich habe die Seite sofort Vesna gegeben. Vielleicht lässt sich herausfinden, von wem sie stammt.

Steinkellner ist noch immer verschwunden. Es geht das Gerücht, die italienischen Behörden haben ihn zur Fahndung ausgeschrieben. Bestätigung dafür gibt es freilich keine. Die einen vermuten, auch er ist nicht mehr am Leben. Die anderen glauben, er ist auf der Flucht. Vesna hat mit seinem Chauffeur geredet. Vor drei Tagen hat sich Steinkellner zum Flughafen fahren lassen. Seine Frau Barbara macht Wellness-Urlaub in einem Hotel für Leute mit richtig viel Geld. Auch sie hat nichts von ihm gehört, aber das sei durchaus normal. Natürlich sei sie inzwischen beunruhigt. Kann sein, die Behörden wissen, wo Steinkellner hingeflogen ist. Warum lassen sie es zu, dass derart wild spekuliert wird? Wir haben kaum eine Chance, es herauszufinden. – Wer schickt mir eine Seite aus einem tristen Zukunftsroman? Und warum?

Die Medien haben den Facebook-Fake mit Julias Unterstützung für die Patriotisch-Sozialen aufgegriffen. Das Zitat an sich ist offenbar echt. Und es gibt das Ganze auch als Video. Zwar verschwommen, weil bloß mit einem Smartphone mitgefilmt worden ist, aber doch. Jana hat mich bebend vor Wut angerufen. Sie war in den Hauptnachrichten. Als Assistentin der »aus unbekannter Ursache ums Leben gekommenen Klima-Aktivistin« und Sprecherin von CHANCE!. Sogar CNN hat einen Beitrag gebracht. »Die haben ihr Zitat komplett aus dem Zusammenhang gerissen. Sie hat erklärt, was sie für echten Patriotismus hält und dass der genau nichts mit den Typen zu tun hat, die sich den dauernd unter den Nagel reißen. Die haben das einfach nicht gebracht.«

Wir sind zu spät heimgekommen, um etwas davon live mitzubekommen. Inzwischen haben wir einiges via Internet gesehen. Die Fernsehberichte waren einander ähnlich, in Italien, Deutschland, in Österreich, Ungarn, Frankreich, Polen, den USA: Der Star der Klimaschutz-Bewegung habe unter Umständen kurz vor seinem Tod überlegt, bei kommenden Wahlen die Patrioten zu unterstützen. Die Rechte in Österreich behaupte, damit gemeint zu sein. Und mehr noch: Der neue Zusammenschluss der EU-kritischen Fraktion in der Europäischen Union hat vor, sich Patriotische Alternative für Europa zu nennen. Es sei nicht neu, dass sich Julia Melis den typischen Öko-Aktivisten verweigert und breite Bündnisse gesucht habe. »Mir geht es um neue Allianzen!«, das sei sogar plakatiert worden. Natürlich dürfe man nicht zu viel darauf geben, was in der Facebook-Community behauptet werde, aber: Es könne nicht mehr ausgeschlossen werden, dass radikale enttäuschte Öko-Aktivisten hinter dem

Tod der »Jeanne d'Arc des Weltklimas« stecken. Man sieht Bilder von jungen Frauen, die sich an Straßenkreuzungen geklebt haben, wütende Demonstranten. Und es wird die Frage gestellt: Seit einigen Tagen ist ihr großer Förderer und Unterstützer Herbert Steinkellner spurlos verschwunden – war der erfolgreiche Unternehmer denselben Personen ein Dorn im Auge?

Jana hat in den Beiträgen ruhig und bestimmt gewirkt. Sie trug eine weite bunte Bluse, ihr Babybauch war trotzdem deutlich zu sehen. Sie halte die Gerüchte für »reine Spekulation« und es sei »ausgeschlossen«, dass Julia nationalistische Gruppierungen bei anstehenden Wahlen unterstützt hätte. Für Maßnahmen gegen die Klimakatastrophe könne es keine Grenzen geben. Im Übrigen habe sich längst herausgestellt, dass der Facebook-Account Julias gefälscht worden sei. Mit einiger Sicherheit übrigens von Natio, diesen jungen Neo-Nationalisten, die angeblich bloß gemeinsam in Fitnesscentern trainieren. Im österreichischen Beitrag hat der Redakteur nachgefragt: »Aber Sie bestreiten nicht, dass die Aussage von Julia Melis echt ist?« Jana hat den Kopf geschüttelt. Was dann kam, war eine Zusammenfassung von all dem, was Julia in den letzten Monaten bekannt und beliebt gemacht hat. Nichts von dem, was Jana offenbar auch noch gesagt hat. Nämlich dass Julia den Rechten abgesprochen hat, wahre Patrioten zu sein.

»Medienfreiheit der anderen Art«, hat Oskar trocken kommentiert. Er hat Glück gehabt, dass ich keine Kraft für noch mehr Wut gehabt habe. Oder war es mein Glück? Warum den Zorn an Oskar auslassen. Letztlich hat er recht. Da hat sich jemand die Freiheit genommen, das zu berichten, was er möchte. Übrigens einer, den unsere liebe Volkspartei von einem kleinen Privatsender in die wichtigste Hauptnachrichtensendung gespült hat. Hat wohl mehr als einen Grund, warum es Fernseh-Kanal heißt. Was kann ich dagegen ausrichten? Beinahe komme ich mir vor wie diese Zoe im dystopischen Text. Können wir nur noch hoffen? Okay. Immerhin. Wir haben Chlorophyll und wir kennen die Sonne, der Regen ist mehr oder weniger farblos, das Methangas real, aber im Klimakatastrophen-Zusammenhang erst eine Drohung. Und wir leben in Demokratien. Mehr oder weniger.

Wenigstens habe ich die Möglichkeit, bei ECCO das zu schreiben, was ich mir denke. Sam hat mir »so viel Platz, wie du willst« gegeben – und dazugesagt, dass sehr lange Artikel nur von sehr wenigen Menschen gelesen werden. Ich versuche also knackig, präzise, spannend und natürlich wahr zu sein. Mir ist bewusst, wie viel mehr Menschen die Fernsehnachrichten sehen. Oder lesen, was im »Magazin« steht. Aber: Dort hätte ich nicht schreiben können, was ich möchte. Oder zumindest nicht ohne Einmischung des Chefredakteurs. Samt Einschränkungen, um potente Anzeigenkunden nicht vor den Kopf zu stoßen. Ich bin gerade mit meinem Artikel fertig und will bloß noch einen Campari-Spritz und von einem Venedig träumen, wie man es aus Filmen kennt. Mein Telefon vibriert, ich habe es auf lautlos gestellt, um nicht abgelenkt zu werden. Aber so stört es noch mehr.

Vesna. Natürlich nehme ich das Gespräch an. Der Campari-Spritz muss warten. Oder ich trinke ihn mit ihr. Vielleicht ist Freundschaft das Einzige, was uns zum Trost bleibt. Feiern wir das Leben, solang es noch geht.

»Ich habe Idee, wo Steinkellner sein kann.«

»Wir haben ihn überall gesucht. Und offenbar suchen ihn auch andere.«

»Diese Seite 87 hat mich auf Idee gebracht.«

»Ich kann mir nicht vorstellen, dass der Text von Steinkellner stammt. Eher von Martin Prager. Wer weiß? Er ist zurückgekommen, um einen Roman über die fürchterliche Welt mitten in der Klimakatastrophe zu schreiben. Das mit dem Bohnenzüchten im

Weinviertel ist nur Tarnung. Und Julia hat es nicht gefallen. Viel zu pessimistisch für sie.«

»Der Brief ist in Mistelbach aufgegeben worden.«

»Der Neuhof ist nicht weit von dort.«

»Genau.«

»Steinkellner soll am Neuhof sein? Absurd. Er und Martin Prager sind Konkurrenten, Gegenspieler.«

»Was, wenn sie tun sich zusammen?«

»Steinkellner war schon verschwunden, als wir Martin Prager in der Casa Moser gesehen haben.«

»Du hast erzählt von dem seltsamen Ende bei deinem Gespräch mit ihm. Du hast ihn gefragt, was er schreibt, und er hat gesagt, ›Bist du in Wirklichkeit deswegen hinter mir her?‹«

»Das stimmt. Ich hab an ein Tagebuch gedacht. Oder an eine Story über CHANCE!, die Julia verhindern wollte. Aber: Er wollte nicht, dass ich das lese. Und jetzt schickt er mir eine Seite?«

»Vielleicht ist etwas passiert. Vielleicht er hat gemeint, du weißt mehr. Und verstehst die Botschaft.«

»Am Neuhof würde man Steinkellner wohl zuletzt suchen«, überlege ich. »Und die Leute am Bauernhof sind verschwiegen.«

»Es gibt auch noch eine andere Möglichkeit«, fährt Vesna fort. »Einer der beiden ist Täter.«

»Und der andere weiß davon?«

»Wenn er noch lebt. Wir treffen uns bei Eva, okay?«

Der starke Wind lässt mich trotz der für die Jahreszeit viel zu hohen Temperatur frösteln. Ich stehe mit Eva vor der Halle, in der ihr Wein etikettiert und verpackt wird.

»So früh haben wir noch nie begonnen zu lesen, aber trotzdem braucht der Wein Zeit zum Reifen. Ich fülle nur ab, was wir an Literware dringend brauchen. Wenn du nicht immer liefern kannst, bist du weg. Keiner will heute mehr warten.«

»Wo ist Susi?«

»Wieder bei Martina und Dominik. Sie ist süß, nicht?«

»Zuckersüß. Wenn sie so alt ist wie wir: Wie wird es hier aussehen?«

»Wie meinst du das?«

»Klimaveränderung.«

Eva wiegt den Kopf. »Sie sagen uns, dass der Klimawandel für den Weinbau in Österreich und Deutschland und der Schweiz Vorteile bringt. Wir sind angeblich die Gewinner. Allerdings: Man muss immer überlegen, welche Interessen hinter solchen Aussagen stecken.«

»Es war heuer nicht nur heiß, sondern auch extrem trocken.«

»Ja, und in Deutschland noch viel trockener als bei uns. Ungewöhnlich im Vergleich zu früher. Es ist keine Wetterkapriole. Ich brauche nur in unserem Hausbuch nachzusehen. Das Klima ändert sich.«

»Die Bauernverbände – viel ist von ihnen nicht zu hören, wenn es um Maßnahmen gegen die Erderwärmung geht.«

»Es ist wie überall. Man hofft, dass sich nichts ändern muss. Ich war bei einem Vortrag, da haben sie uns einfach geraten zu bewässern. Und eher Sorten zu setzen, die mehr Trockenheit aushalten. Dafür muss ich keinen Halbtag opfern, das weiß jeder selbst. Ganz abgesehen davon: Wie bewässern? Wenn wir das Wasser aus der Erde pumpen, dann brauchen wir Diesel. Und haben noch mehr Abgase. Außerdem geht das zulasten des Grundwassers. Und: Neue Rebsorten setzen klingt nett. Aber richtig tiefe Wurzeln haben vor allem die ganz alten Stöcke. Die sind natürlich nicht so ertragreich.«

»Vielleicht solltest du einmal mit Martin Prager darüber reden.«

»Der versteht etwas vom Zusammenhang zwischen Klima und Wirtschaft, aber er ist kein Agrarwissenschaftler, auch wenn er klimaangepasste Bohnen und Karotten züchtet. Beim Umweltbundesamt gibt's ein paar sehr gute Leute. Es gibt längst ausgearbeitete Anpassungsstrategien für alle möglichen Sektoren. Nur dass die Politik den Experten viel zu wenig zuhört. Wenn es darum geht, unser Leben konkret umzustellen. So kann Susi vielleicht noch Winzerin sein, wenn sie so alt ist wie ich. Aber unsere heutigen Sorten wird es kaum mehr geben. Veltliner, Welschriesling. Stattdessen neue Züchtungen, die auch widerstandsfähig sind gegen die Schädlinge, die mit dem wärmeren trockeneren Klima kommen. Aber ob die so gut schmecken? Ich hab mir schon vorgenommen, dass ich testamentarisch verfüge, dass sie ein paar der alten Rebanlagen nicht aushacken dürfen. Dass wenigstens eine Ahnung von dem bleibt, was einmal war.«

»Kann es sein, dass wir gar nicht begreifen, wie gut es uns geht? Ich hab eine Seite bekommen, die offenbar aus einem sehr düsteren Zukunftsroman stammt.«

»Eine Seite?«

»Mit ein Grund, warum ich mit Vesna zum Neuhof fahre. Sie könnte von Martin Prager sein. Seine Großmutter hat mir erzählt, dass er schon in der Schule berühmt war für seine guten und fantasievollen Aufsätze. Sein erstes Buch hat er mit dreizehn zu schreiben begonnen.«

»Noch ein Wunderkind.«

»Noch eines?«

»Vergiss mir Susi nicht.«

Ich lache. »Ich bin gespannt, ob Martin Prager tatsächlich an einem Roman arbeitet. Es könnte einiges erklären.«

»Aber warum bloß eine Seite?«

»Das wissen wir hoffentlich in den nächsten Stunden.«

Eva sieht mich aufmerksam an. »Soll ich mitkommen?«

Ich schüttle den Kopf. »Ich hab Nemecek angerufen, den Bezirkspolizeikommandanten. Für den Fall, dass etwas aus dem Ruder läuft, ist er mit einigen Leuten zur Stelle.«

»Und er weiß, worum es geht?«

»Nicht so genau.«

Dürre Blätter tanzen und sammeln sich in einer Ecke des Hofes.

»Weißt du, dass eine deutsche Winzerin heuer im August einen Regentanz aufgeführt hat? Um für ein Ende der Dürre in ihren Weinbergen zu flehen?«

»Nicht wirklich.«

»Vielleicht nicht gerade wissenschaftlich, aber öffentlichkeitswirksam. Sie hat es damit sogar in unsere Weinbau-Zeitung geschafft. Sie ist durch die Weinberge geradelt, hat die Dürreschäden gesehen und hat sich gedacht, das, was die Indianer können, kann sie auch. Sie hat die Mitglieder ihrer Tanzgruppe zusammengetrommelt und sie haben losgelegt.«

»Und? Hat es geregnet?«

»Am nächsten Tag.«

»Unsinn.«

»Tatsache. Allerdings nur einen Millimeter. Dann war es wieder trocken. Mehr oder weniger bis jetzt.«

Auch diesmal ist die Eingangstür zum Neuhof unversperrt. Ich gehe mit Vesna in den zentralen Verkaufsraum. Parkettboden, der hohe Tisch, die Holzkisten mit Bohnen und Karotten und Papiersäcke mit Getreide. Daneben die Blechbüchse, auf der »Kassa« steht. Alles, wie es war. Wieder habe ich mich nicht angekündigt. Ich weiß nicht, ob ich tatsächlich gehofft habe, am Vorplatz einen Tesla zu finden. Aber da ist nur derselbe Traktor wie beim letzten Mal. Und ein C-Zero, eines der ersten kleinen E-Autos.

»Dort drüben ist der Gemeinschaftsraum«, flüstere ich Vesna zu. »Mehr kenne ich nicht vom Haus.«

Vesna nickt.

Kein Geräusch zu hören. Inzwischen hat sich auch der Wind gelegt.

Vesna deutet zur Tür. Das heißt wohl, ich soll nachsehen, ob im großen Raum jemand ist. Üblicherweise machen das mehrere Polizeibeamte. Allerdings kann ich mich an eine der Anekdoten von Nemecek erinnern. Großeinsatz, die schwer bewaffnete Sondereinheit befiehlt ihnen, hinten zu bleiben. Der Einsatzleiter geht filmreif voran. Zwei seiner Truppe sichern ihn, er holt Luft, tritt die Tür auf – und steht in der Besenkammer. Vielleicht sollte ich es Vesna zur Entspannung erzählen. Wir könnten einfach rufen. Stattdessen hole ich Luft und drücke vorsichtig die Klinke. Niemand da. Hat man bemerkt, dass wir kommen? Warum sollten sie sich vor uns verstecken? Und wenn wir alles völlig falsch gedeutet haben? Vielleicht mussten sie fliehen? Oder sie sind einfach auf einem ihrer Felder. Mit Pferd Ali. Und sie retten auf ihre Weise die Welt.

Vesna ist unterwegs in den ersten Stock. Ich gehe unsicher hinter ihr drein. Wir können nicht einfach in irgendwelche fremden Zimmer und … Ich zucke zusammen. Mein Telefon. Vesnas Blick. Na gut, ich habe vergessen, es lautlos zu stellen. Aber es ist ohnehin Martin Prager.

»Da seid ihr ja endlich«, sagt er.

»Wo?«

»Bitte! Also: Einfach wieder hinaus und dann zum Elektroauto.«

»Was ist das? Eine Schnitzeljagd? Warum ist hier niemand?«

»Hast du gerufen?«

»Nein. Aber …«

»Bis gleich.« Und damit ist die Verbindung abgerissen.

Wir gehen langsam zum C-Zero. Ich sollte Nemecek anrufen. Für alle Fälle. Was, wenn das Auto explodiert? Eine Sprengfalle, und wenn ich die Tür öffne … Als die Autotür von innen aufgestoßen wird, kann ich gerade noch einen Schrei zurückhalten. Martin Prager deutet ungeduldig, dass wir einsteigen sollen.

Beim Neuhof in einen C-Zero gestiegen. Mit Prager, tippe ich möglichst unauffällig. Das Auto ist so klein, dass ich auf der Rückbank die Beine anziehen muss. In diesem Fall gut. Sichtschutz.

»Was machst du?«

»Der Ton. Ich habe vergessen, den Ton abzuschalten«, sage ich, während das Auto so gut wie lautlos anrollt.

»Das musst du dem Telefon schriftlich geben?«

»Ich habe mich vertan.«

»Wohin fahren wir?«, fragt Vesna. »Ist es Geheimnis?«

»Sozusagen.«

»Die Seite. Du arbeitest an einem Roman, richtig? Über unsere Welt der Zukunft, wenn nichts gegen die Klimakatastrophe passiert.«

»Dann stimmt es, dass du es gewusst hast …«

»Ich habe es nicht gewusst. Ich dachte eher, es geht um ein Enthüllungsbuch. Über CHANCE!, über Populismus, über … ich weiß nicht, was.«

»So etwas hätte ich Julia nie angetan. Du hast es wirklich nicht gewusst?«

»Wie hätte ich sollen?«

»Du warst im Neuhof. Zuerst allein. Ich war mir nicht sicher, ob ich alles gut weggesperrt hatte … Jedenfalls ist das Ganze vertraulich. Sozusagen Sperrfrist mal drei. Schon allein wegen der eingebauten Fakten. Urheberrecht. Nichts darf darüber an die Öffentlichkeit, verstanden?«

»Und warum hast du mir die Seite dann geschickt?«

»Es war die Idee von …«

»Steinkellner«, ergänzt Vesna trocken. »Er wird gesucht. Er will Geständnis machen?«

Martin Prager schüttelt den Kopf. »Er wollte mit mir reden.«

Mir kommt eine äußerst unkomfortable Idee. Was, wenn wir einiges richtig vermutet haben, aber nicht das entscheidende Detail, nämlich dass Martin Prager der Täter war und Steinkellner es herausgefunden hat und er ihn damit konfrontiert hat und dann … Ich kann es Vesna nicht sagen, und ob telepathieren hilft? Ich probiere es trotzdem. Wenn Winzerinnen Regentänze aufführen, warum sollten Journalistinnen es nicht mit Telepathie versuchen? »Wo fahren wir hin?«

»Zu Steinkellner.«

»Ins Schloss?«

»Nein, nicht ganz so weit.«

Ich sehe auf mein Mobiltelefon. Nemecek hat die Nachricht gelesen. Aber wie soll er wissen, in welche Richtung wir unterwegs sind? Schmale Straße, offenbar die alte Brünner Straße. Bereits zur Römerzeit waren auf ihr Menschen unterwegs. Seit mehr als zweitausend Jahren gibt es sie. In Erdzeitaltern gerechnet nicht besonders viel. Ich versuche, ohne hinzusehen halb in der Jackentasche zu tippen.

»Lass das«, sagt Martin Prager scharf. »Wem schreibst du?«

»Niemandem. Ich wollte schauen, ob das Telefon jetzt stumm ist.«

»Ich habe versprochen, dass nur ihr kommt.«

»Siehst du sonst noch jemanden?«, frage ich.

»Und wer garantiert uns, dass stimmt, was du erzählst?«, erwidert Vesna.

Eine Frage, die ich mir lieber gar nicht stellen will.

»Wir sind gleich da.« Martin Prager biegt in einen Hohlweg ein. Neben uns steile Wegränder, überhängende Büsche. Jetzt ist es zu spät zu bereuen. Zu spät. Was momentan alles zu spät ist. Oder fast zu spät. Was, wenn ich die Tür aufreiße und …

Martin Prager deutet nach vorne. Der Weg wird wieder etwas breiter, Weingärten. Und auf einer braungrünen Wiese ein kleines Haus, eher eine Hütte.

Der Wohnraum ist gemütlich. Massiver alter Holztisch, ein paar unterschiedliche, aber stabile Holzsessel, Flickenteppich am Boden. In der Ecke eine kleine Kochnische, die ziemlich neu aussieht.

Herbert Steinkellner wirkt beinahe zufrieden.

»Ich hatte recht«, sagt er zu Martin Prager.

Ich habe nicht den Eindruck, dass die beiden einander besonders gut leiden können. Es verbindet sie, was in den letzten Tagen und Wochen geschehen ist. Und vielleicht die Sorge um das Erdklima. Und Julia.

Dann wendet er sich mir zu. »Ich muss meine Version erzählen. Ich habe keine Ahnung, wie lange ich dazu noch Gelegenheit haben werde.«

»Sie sind untergetaucht. Die italienischen Behörden suchen Sie.«

»Es gibt keinen Haftbefehl, das sind Fakenews. Trotzdem: Ich habe unterschätzt, wie schnell man heutzutage verdächtig ist, wenn man nicht zur Verfügung steht.«

»Warum haben Sie beschlossen, nicht … zur Verfügung zu stehen?«

»Es war kein Entschluss. Es ist passiert. In der letzten Zeit ist in meinem Leben viel mehr passiert als in den Jahrzehnten davor. Ich war daran gewöhnt, Kontrolle zu haben. Ich habe entschieden. Und meist nicht einmal schlecht.«

»Sie hatten mit Martin Prager und mit Katharina Gugger Termine vereinbart. Im Hauptquartier. Sie sind nicht erschienen.«

»Ich war dort. Ich bin spät in der Nacht gekommen, einfach deswegen, weil ich noch in der Spedition zu tun hatte. Ich bin durch das Hauptquartier, unser früheres Agriturismo, gegangen. Ich habe mich erinnert, wie wir es gebaut haben. Mit der Vision, dass Bequemlichkeit und Tradition und neue Technologie zusammenpassen können. Liebe und Hirn, so hat es meine Mutter genannt. Tiere, die ein gutes Leben haben, Fotovoltaik, um die

Energie der Sonne zu nutzen, Gastfreundschaft. Meine Mutter war in ihrer alten Heimat viel glücklicher als in Wien, sie war schon über siebzig, aber sie hat es sich nicht nehmen lassen, für die Gäste täglich zu backen. Wunderbare Biscotti und Dolci mit Ricotta, ich bin an diesem Abend dagestanden und habe die Kuchen beinahe gerochen. Was für ein Gefühl nach all den Verwerfungen. Und dann habe ich gehört, wie ein paar Menschen, die ich nicht kannte, miteinander gesprochen haben. Ich will nicht auf meinem Geld herumreiten, aber es ist schon erstaunlich, wie viele Menschen ich im Hauptquartier nicht kenne, obwohl das Gelände mir gehört. Aber darum ging es gar nicht. Oder nicht in erster Linie.«

»Was haben sie gesagt?«

»Sie haben sich lustig gemacht. Sie haben gesagt, dass der alte Trottel, gemeint war offenbar ich, jetzt wohl die Lust verlieren wird an seiner großzügigen Unterstützung. Jetzt, wo sexy Julia nicht mehr da ist. Genau so haben sie es gesagt. Sexy Julia. Als ob ihr Erfolg nur damit zu tun gehabt hätte – mit Äußerlichkeiten.«

»Sie haben Sie nicht bemerkt?«

»Nein, ich war am Vorplatz, beinahe ums Eck, und ich war im Schatten. Sie haben darüber geredet, wie es weitergehen soll. Und wer CHANCE! anführen soll. Katharina Gugger haben sie den ›alten Drachen‹ genannt, einer der Leute dürfte sie gekannt haben, vielleicht hat er bei ihr studiert. Vielleicht war er auch in der Wetterredaktion. Sie waren derart überheblich. Und dann haben sie auch noch damit angefangen, dass kein Reicher rechtmäßig zu seinem Geld gekommen sein kann. Dass sie alle von mir profitierten, war ihnen aber offenbar kein Problem.«

»Und wer sollte nach Ansicht dieser Leute CHANCE! in Zukunft anführen?«

»Keiner. Man sollte losen, wer bei welcher Aktion vorne stünde, das sei am gerechtesten, und basisdemokratisch. Und es führe nicht dazu, dass jemand so abheben könne, wie Julia es getan habe. Man muss sich das vorstellen. Julia ist erst ein paar Tage tot und die Leute, die ihr hinterhergelaufen sind, reden bereits so über sie. Ich habe mir gedacht, da hab ich nichts mehr verloren. Ich bin wie automatisch zu den Garagen. Ich weiß nicht, warum ich den Tesla herausgeholt habe. Ich bin eingestiegen und davongefahren.«

Ich nicke. »Wie war das mit dem Tesla? Julia wollte ihn nicht, oder?«

»Ich wollte ihn ihr schenken. Ich dachte, sie freut sich darüber. Die ganze Fahrerei zwischen dem Hauptquartier und Venedig und dann wieder Wien und Mailand und Paris und Brüssel … Ich wollte sie für ihre Arbeit belohnen, ihr zeigen, wie sehr ich sie schätze.«

»Und sie hat ihn zurückgewiesen.«

»Ich habe es nicht verstanden. Aber wenn sie ihn nicht will … So habe ich ihn in die Garage gestellt. Meine Frau hat noch gesagt, vielleicht will ihn Josef, mein Chauffeur. Sie mag keine Elektroautos und es wäre mir auch unpassend vorgekommen …«

»Ihn zuerst der einen und dann der anderen Frau zu schenken?«

Ich sehe, wie Martin Prager die Augen verdreht.

»Nicht so, wie Sie das sagen. Man kann diese Beziehungen doch nicht vergleichen. Julia hätte meine Tochter sein können, ich habe sie gemocht und unterstützt.«

»Es war der Abend, bevor Julia ums Leben gekommen ist, nicht wahr?«

»Ja. Ich habe mir hundertmal gedacht, wäre sie mit dem Tesla gefahren, das alles wäre nicht passiert.«

»Sie wussten, dass sie allein unterwegs war?«

»Ich habe es später erfahren. Einige vom Team waren mit ihr in Venedig, sie hatten zwei Autos. Sie wollten nach dem langen Tag noch etwas essen gehen. Julia ist ins Quartier gefahren.«

»Wo waren Sie?«

»Ich … Ich war noch in Udine. In der Spedition. Ich bin jemand, der sehr gerne in der Nacht arbeitet, wenn keiner mehr stört. Der Portier hat mich gesehen, das wissen die Behörden natürlich.«

»Als Sie gekommen sind: Hätten Sie nicht merken müssen, dass in einer der Garagen ein Wagen läuft?«

»Ich hab meinen Wagen nicht zu den Garagen, sondern gleich vors Bauernhaus gestellt. Wir haben hier einige private Räume. Meine Mutter hat hier gelebt.«

»Ihre Frau war auch da?«

»Ja, sie hat schon geschlafen. Sie hat einen großen Fehler gemacht. Sie hat der Polizei gesagt, dass ich circa um elf in der Nacht heimgekommen sei, sie habe kurz auf den Wecker gesehen. Das hat nicht gestimmt.«

»Warum hat sie das getan?«

»Sie muss sich verschaut haben. Sie nimmt meistens ein leichtes Schlafmittel. Und vielleicht hat sie ein wenig getrunken. Sie ist keine Trinkerin, aber sie mag Wein, ein Glas, oder zwei.«

»Vielleicht ist sie viel allein.«

»Sie täuschen sich. Wir haben unterschiedliche Interessen, aber wir leben gut zusammen. Wir mögen und schätzen einander. Sie hat immer gewusst, dass ich sehr aktiv bin. Sie ist eher ein ruhiger Typ. Es hat ihr im Hauptquartier gefallen. Sie ist spazieren gegangen und hat gelacht, weil die Leute sie für eine Klima-Aktivistin gehalten haben.«

»Ist sie das nicht?«

»Sie findet es gut, dass ich CHANCE! unterstütze. Jedenfalls habe ich den Behörden gesagt, wann ich wirklich zurückgekommen bin. Es war halb zwei, als ich im Bauernhaus war.«

»Und wenn Ihre Frau Sie schützen wollte?«

»Das war nicht notwendig. Und das war ihr sicher klar.«

»Warum sind Sie zu Martin Prager in den Neuhof?«

»Das war anders«, mischt sich der Klima-Ökonom ein. »Er

hat mich angerufen und sich entschuldigt, dass er den Termin nicht eingehalten hat. Ich habe ihm klargemacht, dass inzwischen alle möglichen Menschen nach ihm suchen. Einige auch, weil sie sich Sorgen machen.«

»Ich wollte meine Ruhe. Und nachdenken. Ich bin mit dem Tesla heim ins Haus im Weinviertel gefahren. Meine Frau war in diesem Bio-Wohlfühl-Hotel, in dem sie so gerne ist. Sie war erschüttert nach Julias Tod. Ich war das natürlich auch. Ich selbst habe ihr vorgeschlagen, eine Auszeit zu nehmen. Aber ich wusste nicht, dass sie schon weg war. Am nächsten Morgen bin ich mit Josef zum Flughafen. Sie werden es nicht glauben, erst am Flughafen ist mir eingefallen, dass ich wahrscheinlich nicht weit wegfliegen sollte. Dass das ein schlechtes Licht auf mich werfen könnte. Ich habe mich anders entschieden und Martin Prager angerufen. Und auch Katharina Gugger. Und meinen Leuten in den Büros habe ich gesagt, dass ich mir eine Zeit lang Funkstille wünsche, falls nicht etwas Gravierendes passiert. Es ist der einzige wirkliche Luxus. Zeit, in der man nicht zur Verfügung steht.«

Ich nicke. Gar nicht lange her und ich habe einen ähnlichen Spruch auf Facebook gelesen.

»Ich habe ihm angeboten, bei uns zu bleiben. Da hat er Ruhe.« Martin Prager lacht. Es klingt nicht besonders froh.

»Ich war dann für dieses Weingartenhäuschen. Und ich habe überlegt. Bevor die sogenannte Öffentlichkeit, in welcher Form auch immer, wieder über mein Leben hereinbricht, wollte ich jemandem Unbeteiligten alles in Ruhe erzählen. Weil mir klar ist, dass vieles missverständlich wirken kann.«

»Sie haben sich für mich entschieden.«

»Martin Prager hat mir dazu geraten.«

Ich sehe ihn erstaunt an. Er versucht ein süffisantes Lächeln.

Steinkellner redet weiter. »Deswegen auch die Seite aus seinem Manuskript. Obwohl es ihm sehr am Herzen liegt, dass nichts vorzeitig bekannt wird. Er hat vermutet, dass Sie zumindest ahnen, woran er schreibt. Und dass Sie daher den Wink verstehen. Nur für den Fall, dass wir überwacht werden.«

»Ich wusste nichts von dem Roman. Warum wussten ausgerechnet Sie darüber Bescheid?«

»Missgeschick.« Steinkellner und Martin Prager sagen es gleichzeitig.

»Missgeschick?«

»Ich habe hier geschrieben, und ich habe den Text ausgedruckt. Sicherheitshalber. Ich habe ihn vergessen zu verstecken, die Ereignisse haben sich überschlagen. Er hat ihn gefunden.«

»Ich habe ihm angeboten, die Veröffentlichung zu unterstützen. Mit Werbung oder was weiß ich, mit allem, das dazu beiträgt, dass der Roman bekannt wird.«

»Dafür dürfen Sie hier untertauchen«, setzt Vesna trocken hinzu.

»Unsinn«, antwortet Martin Prager ruppig.

»Und was passiert jetzt? Wann tauchen Sie wieder auf?«, frage ich Steinkellner.

»Ich weiß es noch nicht. Das sieht mir nicht ähnlich, aber ich weiß es nicht.«

»Sie arbeiten sozusagen noch an Ihrer Strategie.«

Steinkellner schmunzelt. »So könnte man es auch nennen. Klingt, als ob es die Damen von CoConcept formuliert hätten. Besser als die Wirklichkeit.«

»Glaubst du ihm?«, fragt mich Vesna, als wir wieder unterwegs zum Weingut sind.

»Eher ja. Wir sollten mit seiner Frau reden. Und ich frage mich, wie viel Martin Prager ihm erzählt hat. Von seiner Beziehung zu Julia. Warum hat er Steinkellner wirklich angeboten, ihn vor der Öffentlichkeit zu verstecken? Weil er hofft, dass er sein Buch unterstützt? Oder weil er ihn unter Kontrolle haben möchte?«

13

Alzt Brujnne???????, schreibt Fritz Nemecek.

Ich sehe die Message erstaunt an und begreife erst dann, dass ich am Weg zu Steinkellner »alte Brünner Straße« schreiben wollte. Quasi als Rückversicherung, falls wir in eine Falle laufen. Auch wenn die Brünner Straße lang ist. Martin Prager hat mich ertappt. Ich wusste gar nicht, dass ich die Nachricht doch abgeschickt hatte.

Eine lange Geschichte, alles okay, schreibe ich, diesmal total korrekt, zurück. Ich kann ihm nicht sagen, wo Steinkellner steckt. Zumindest noch nicht.

»Die Bio-Wohlfühloase – Kloster Freiburgen«. Offenbar beschäftigt auch die Kirche inzwischen Marketingexperten. Und sie hat keine Scheu vor plakativer Werbung. Ich habe beschlossen, lieber sofort bei Barbara Steinkellner vorbeizuschauen. Wer weiß, wann Steinkellner mit seiner Frau redet. Auch wenn ich bislang nicht den Eindruck hatte, sie gehören zu jenen Paaren, die einander alle paar Stunden ihr Leben mitteilen müssen. Zum Glück ist die Wohlfühloase keine hundert Kilometer von Evas Weingut entfernt. Und auf der Homepage wird darauf hingewiesen, dass man *im Einklang mit Natur und Kosmos* nicht nur durchgängig auf Bio-Produkte setze, sondern auch eigenen Fotovoltaik-Strom nutze und sich freue, eine Schnellladestation für Elektroautos zu haben.

»Klingt so, als ob man sich dort ein paar Tage gönnen sollte«, seufzt Eva.

Vesna ist sofort, sogar ohne Susi besichtigt zu haben, wieder nach Wien gebraust.

»Irgendwann kriegt sie einen Herzinfarkt«, meint meine Winzerfreundin.

»Vielleicht hat sie eine gewisse Scheu vor Enkelkindern«, erwidere ich.

Susi sitzt auf Evas Schoß und kaut glücklich an einem Stück Apfel.

»Vor Susi?«, sagt Eva empört.

»Nicht vor Susi. Überhaupt.«

»Du meinst, sie ist wie du?«

»Anders«, lache ich. »Sie hat Stress mit Jana. Die hat in sechs Wochen ihren Geburtstermin. Und Vesna würde gerne wissen, wer der Vater ist.«

»Weißt du es?«

»Warum ich?«

»Weil du neugierig bist. Und weil du schon immer einen guten Draht zu Jana hattest.«

»Es ist im Libanon passiert. Ich vermute inzwischen, dass sie mit dem Vater Italienisch gesprochen hat.«

»Ist doch schon ein Anknüpfungspunkt.«

»Und sieht zumindest nicht danach aus, als hätte sie sich einen Hirten oder Bauern angelacht.«

»Was habt ihr gegen einen Bauern? Wir sind auch Bauern.«

»Du weißt schon, wie ich das meine.«

»Dass dort die Bauern keine Fremdsprachen sprechen. Hier tun das viele auch nicht. Zumindest nicht in meiner Generation. In unserer Generation.«

»Ich hab das nicht …«

»Passt schon, aber sag so etwas ja nie zu Martina. Sie hat so viel Standesbewusstsein, dass man es beinahe schon Dünkel nennen könnte.«

»Auch Martin Prager ist jetzt Bauer. Und du warst Lehrerin.«

»Vielleicht wäre es am besten, man sieht sich die Menschen an, ohne sie in Schubladen zu stecken«, sagt Eva. »Als ob alle Bäuerinnen und alle Wissenschaftler und alle Unternehmer gleich wären. So, und jetzt kostest du den neuen Wein.«

Noch hat die Klimaveränderung hier nichts angestellt. Der Veltliner ist knackig, mit schöner Säure und feinem Duft.

»Dabei ist das nur die Literware«, lächelt Eva.

Es gibt definitiv Gründe, trotz allem positiv in die Zukunft zu blicken. Zumindest in die nahe.

Es ist gar nicht so einfach, in der Wohlfühloase zu Barbara Steinkellner vorzudringen. Freundlich, aber bestimmt macht man mir klar, dass ich in der Lobby zu warten habe. Alle weiteren Bereiche seien für »die lieben Gäste« reserviert. Nachsatz: »In einem Kloster können Sie auch nicht überallhin.«

Die Rezeptionistin sieht nicht gerade wie eine geistliche Schwester aus. Außer es gibt inzwischen welche, die fünfundzwanzig sind, nicht zu knapp Mascara verwenden, Stretchhosen und körperbetonte Blusen tragen.

Barbara Steinkellner sei gerade »bei einer Anwendung«. Kurz habe ich den Verdacht, dass es hier neben der seelischen und körperlichen Erholung auch noch ein Programm zur optischen Optimierung geben könnte – oder dem, was sich gewisse Leute darunter vorstellen. Es ist schon Jahre her, dass mir in einer Beauty-Oase der besonderen Art eine tote Nonne untergekommen ist. Quasi niedertemperaturgegart nach zu langem, unfreiwilligem Aufenthalt in der Sauna. Geschäftstüchtig wollte damals freilich jemand ganz anderer sein.

Ich warte, blättere in den üblichen Frauen- und Gesundheitszeitschriften und beobachte die Menschen. Männer sind wenige zu sehen, auch wenn sie offenbar nicht ausgeschlossen sind. Die Mitarbeiterinnen der Wohlfühloase tragen jedenfalls keine Ordenstracht, sondern einheitlich dunkelblaue Hosen, allerdings aus unterschiedlichen Materialien, und hellblaue T-Shirts oder Blusen. Die Haare sind kurz oder am Hinterkopf zu einem Knoten gebunden. Die Frau, die mit gerunzelter Stirn auf ein Klemmbrett blickt, sieht ein wenig so aus, wie ich mir eine Gouvernante vorstelle. Ein Beruf, der allerdings bereits ausgestorben sein dürfte. Außer vielleicht in derart elitären Zirkeln, dass unsereins damit keinerlei Berührungspunkte hat. Billig ist der Wohlfühl-Spaß hier jedenfalls nicht. Aber das ist für die Steinkellners wohl kein Problem.

Wenig später sitze ich mit der Frau des untergetauchten Unternehmers im Café der Wohlfühloase. Zierliche Holztischchen mit gedrechselten Beinen, ebensolche Sesselchen. Menschen mit Übergewicht oder Übergröße sind hier fehl am Platz. Ich komme mir plump vor, tröste mich aber mit dem Gedanken, wie Oskar hier wirken würde.

Wir rühren in Teetassen aus ganz dünnem Porzellan.

»Es war einfach ein Missverständnis«, sagt Barbara Steinkellner. »Ich habe in diesem sogenannten Bauernhaus nie gut geschlafen, ich habe ein leichtes Schlafmittel genommen und mich in der Zeit vertan. Und dann war ich natürlich auch noch aufgeregt bei dieser Befragung. Ich hatte einen Dolmetscher, aber es ist trotzdem ein besonders ungutes Gefühl im Ausland.«

»Sie sprechen kein Italienisch?«

»Leider. Kaum.«

»Die Mutter Ihres Mannes war Italienerin.«

»Sie konnte ausgezeichnet Deutsch. Sie hat bald nach dem Krieg ihren Mann kennengelernt und ist mit ihm nach Österreich. Sie hatte Glück, der Hof muss damals fürchterlich ausgesehen haben.«

»Verarmter Adel«, ergänze ich.

»Schon die Generation vor ihr hatte nichts mehr. Sie konnte sich glücklich schätzen, Herberts Vater getroffen zu haben.«

»Und wie war das mit Ihnen?«

»Mit mir?«

»Konnten Sie sich auch glücklich schätzen, Ihren Herbert kennengelernt zu haben?«

Sie lächelt. »Sie meinen, wegen des Geldes? Sicher, in gewisser Hinsicht. Aber ich war vor allem glücklich, einen so netten Menschen kennengelernt zu haben. Es heißt ja allgemein, dass Krankenschwestern und Stewardessen, auch wenn sie jetzt Flugbegleiterinnen heißen, sich kaum erwehren können vor interessanten Männern. Ich verrate Ihnen ein Geheimnis ...« Barbara Steinkellner beugt sich tatsächlich näher zu mir, beinahe streift sie an der eleganten Zuckerdose. »Das ist nicht so. Erstens sind sie bei uns im Krankenhaus ... krank. Das macht sie im Allgemeinen nicht attraktiver. Und zweitens glauben einige, sie hätten dann quasi eine Privatkrankenschwester daheim, die ihnen jeden Wunsch von den Augen abliest und sie verwöhnt.«

»Herbert Steinkellner ist anders.«

»Ja.« Sie lächelt und für einen Moment kann ich mir vorstellen, wie diese wunderbar gepflegte Blondine ausgesehen hat, als sie wirklich jung war. Und verliebt.

»Ihr Mann ist in dieser fürchterlichen Nacht also später heimgekommen.«

»Ja. Offenbar. Es stimmt sicher, was er sagt. Und der Portier der Spedition hat das dann auch bestätigt.«

»Kann es nicht sein ... dass Sie sicherheitshalber eine frühere Zeit genannt haben? Um Ihren Mann zu schützen?«

Sie schüttelt den Kopf. »Er hat nichts damit zu tun. Das war mir immer klar.« Stille. Und dann der Nachsatz: »Und ich hätte auch gar nicht gewusst, welche Zeit ich nennen sollte, um ihm ein Alibi zu geben.«

»Haben Sie in dieser Nacht etwas Außergewöhnliches gehört?«

»Ich bin das natürlich schon gefragt worden. Und ich habe es mir auch selbst überlegt. Aber nein, da war nichts. Man hört immer etwas dort. Vor allem die Tiere. Sie sind ja ganz nah bei dem Haus, in dem wir wohnen. Dem Bauernhof, wie ihn die Familie seit jeher nennt. Auch wenn die Tiere schon lange nicht mehr vom Hof aus betreut werden. Das macht ein Ehepaar aus Risano. Ich habe wie immer Menschen gehört, die heimkommen oder sich noch im Freien unterhalten. Je nach Wind kann man sogar verstehen, was sie sagen.«

»Und? Haben Sie etwas verstanden?«

»Nein. Gar nichts. Autos sind gekommen oder gefahren, aber darauf achtet man ja nicht.«

»Warum sind Sie von der Feier eigentlich so früh nach Hause gekommen?«

»Von der Feier?«

»Haben Sie mir beim letzten Mal nicht etwas von einem Geburtstagsfest erzählt?«

»Das war doch schon einen Tag vorher.«

»Und Ihr Mann?«

»Hatte leider keine Zeit. Aber ich verstehe das. Er ist dort nicht auf Urlaub.«

»Wollen Sie nicht wissen, wo er jetzt ist?«

»Wo ist er?«

»Oder wissen Sie es ohnehin?«

»Ich bin froh, wenn Sie sagen, dass es ihm gut geht. Manchmal braucht man eine Auszeit von allem, ich weiß das. Und er weiß das auch. Er war es, der mir vorgeschlagen hat, ins Bio-Kloster zu fahren.«

»Sie sind katholisch?«

»Warum?«

»Na, weil Kloster.«

Barbara Steinkellner lächelt. »Das war einmal ein Kloster. Jetzt gehört es so einem Konsortium, das in erster Linie Thermenhotels betreibt. Mein Mann weiß da mehr. Aber irgendwie strahlen die Mauern eine gewisse Kraft aus, immer noch.«

»Und die Mitarbeiterinnen in ihrer Uniform …«

»Sind keine Nonnen, natürlich nicht. Aber wir nennen sie Schwestern. Weil wir doch alle Brüder und Schwestern sein sollten. Sie nehmen sich zurück, im Mittelpunkt steht ein ganzheitliches Leben. Im Einklang mit der Natur. Plastik hat man hier schon lange verbannt. Und natürlich gibt es nur biologische Nahrungsmittel.«

»Also eine neue Glaubensgemeinschaft?«

Barbara Steinkellner sieht mich irritiert an. »Was ist schlecht an Bio?«

»Gar nichts. Als ich Martin Prager erzählt habe, dass ich ein Elektroauto fahre, war er nicht besonders begeistert. Er hat gemeint, Öko-Konsum sei eben schick geworden. Leute, die es sich leisten können, zeigen gerne her, wie gut sie leben. Gut im doppelten Sinn. Besser wäre es zu verzichten. Quasi Klosteridee alt.«

»Soll ich lieber in ein Fünfsternehotel gehen, wo die Hälfte aus Plastik ist und sie sich nicht für mich, sondern nur für mein Geld interessieren? Dieser Martin Prager, der bewirtschaftet doch auch einen Bio-Hof, oder?«

»Ja. Er züchtet Bohnen und anderes, das auch eine Erderhitzung aushält. Er ist … Er hat Julia sehr geschätzt und sie schon lange gekannt. Und er schreibt offenbar an einem Roman über die Zukunft der Welt, er spielt in der Zeit, in der die Klimakatastrophe Realität geworden ist.«

»Science-Fiction? Das mag ich ganz gern.«

»Er würde sagen, es ist ein faktenbasierter Zukunftsroman.«

»Und worum geht's?«

»Ich kenne nur eine Seite, Ihr Mann hat diesen Roman gelesen. Ich weiß nur, dass das Buch für Martin Prager ziemlich wichtig ist. Das ist alles.«

»Klingt interessant. Vielleicht kann ihn mein Mann unterstützen.«

»Er hat es bereits angeboten. Warum ist er eigentlich nicht mitgekommen? Hier hätte er auch Ruhe gehabt.«

»Es war wie immer zu viel zu tun. Da ist die Spedition, er ist ja nicht immer dort, also sammelt sich alles an. Und dann musste er auch noch einmal ins Agriturismo, also ins Hauptquartier.«

»Er musste?«

»Es sei alles Mögliche zu ordnen, hat er gesagt. Er ist immer unterwegs. Er ist kein Mann für solche Hotels, wenn Sie verstehen. Das macht ihn nervös. Ich finde es wunderbar hier. Man hat sogar eine persönliche Betreuerin. Sie kümmert sich um alles, auch um das seelische Wohl, wenn man das möchte. Der Ansatz ist eben ganzheitlich. Ich habe kein Problem, wenn mein Mann nicht hier ist, solange wir uns … weil wir uns verstehen. Es ist eine tiefe Bindung, ein Gleichklang trotz aller Verschiedenheit.«

Klingt ein wenig nach Wohlfühl-Esoterik.

»Weiß man eigentlich schon, wer es gewesen sein könnte?«, fährt sie nach einer Pause fort.

Ich schüttle den Kopf. »Ihr Mann hat mir erzählt, dass Sie der Tod von Julia sehr getroffen hat.«

»Natürlich. Es ist fürchterlich, wenn jemand stirbt. Und so jung. Einfach so. Sie war eine sehr … ein sehr besonderer Mensch. Sie hatte zu viele Mittel gegen ihre Verkühlung genommen, glaube ich. Oder waren es diese neuen jungen Rechten? Die haben ja auch Sie zusammengeschlagen, oder?«

»Und sie haben vor Kurzem einen Fake-Account von Julia angelegt. Sie behaupten, Julia hätte vorgehabt, bei den nächsten Wahlen die Patriotisch Soziale Union zu unterstützen. Was sicher Unsinn ist. Trotzdem haben sie es damit in die Nachrichten geschafft.«

Barbara Steinkellner nickt. »Ich habe es gesehen. Mein Mann sagt, als Unternehmer muss man offen bleiben in alle Richtungen, aber … Und was, wenn sie sie doch auf dem Gewissen haben, gerade weil sie sie nicht unterstützen wollte? Und weil sie das auch öffentlich sagen wollte?«

»Haben Sie einen Hinweis in diese Richtung?«

»Nicht wirklich, nur … Mein Mann hat gesagt, man muss sich abgrenzen. Dort, wo Menschenrechte infrage gestellt werden und wo solche Leute sogar katholische und andere Organisationen angreifen, nur weil sie sich für die Schwächsten einsetzen, egal ob arme Familien im Land oder Ausländer. Außerdem sollten Sie sich ansehen, wie die über meinen Mann hergezogen sind. Bis hin zu ganz bösen rassistischen Unterstellungen. Von wegen Weltverschwörung des Kapitals gegen die echten Österreicher. Sie wissen, was das heißt? Das ist eine Chiffre für das angebliche jüdische Weltkapital, das alles beherrscht … Fürchterlich, dass es so etwas immer noch gibt. So lange nach der Nazizeit.«

»Hatte CHANCE! etwas in die Richtung geplant? Eine öffentliche Abgrenzung?«

»Ich weiß nicht … Ich hatte den Eindruck.«

»Aber Mordmotiv wäre das wohl trotzdem noch keines.«

»Manchmal geht es schnell.«

»Wie meinen Sie das?«

»Es kann eskalieren.«

»Kann es sein, dass Sie mehr wissen?«

»Nein.« Schweigen. »Wenn, würde ich es sagen. Warum sollte ich solche decken? Ich denke bloß, wenn sie einbrechen und prügeln und nach ihrem Tod offenbar lügen und wollen, dass es so aussieht, als hätte sie sie unterstützen wollen: Vielleicht war ihnen das wichtiger, als wir denken? Und ihre … Hemmschwelle ist vielleicht niedriger, als wir glauben.«

»Angeblich war der Generalsekretär der Rechten darüber alles andere als froh. Oder er hat zumindest so getan. Sie scheinen vor ihm ziemlichen Respekt zu haben.«

»Weiß man, wer wirklich den Auftrag gegeben hat?«

»Nein. Der eine hat etwas von einem Führer fantasiert. C-Floda. Verkehrt herum für Adolf. Es hat ein inzwischen verbotenes rechtsextremes Computerspiel gegeben, da hieß die Hauptfigur so. Und es gibt Gerüchte in den einschlägigen Foren, dass jemand unter diesem Namen versucht, rechtsextreme Gruppen zu vereinigen. Kann schon sein, dass sie international besser vernetzt sind, als wir glauben. Aber wahrscheinlicher ist, er hat es erfunden. Als Ausrede.«

»Und wenn sie wirklich vernetzt sind?«

»Von irgendjemandem müssen sie erfahren haben, wo ich zu finden bin.«

»Vielleicht haben sie Sie ja schon länger … wie sagt man … beschattet.«

»Kann sein. Vielleicht hätte Julia mit CHANCE! Wähler abgezogen, die sonst aus Protest für die Rechten gestimmt hätten.«

»Das wäre doch ein Motiv, oder?«

Ich nicke. »Wenn Ihnen etwas einfällt …«

Barbara Steinkellner lächelt. »Das klingt wie bei den alten Filmen mit Columbo. Ich liebe sie. Wenn mir etwas einfällt, melde ich mich.«

Im Shop der Bio-Wohlfühloase nehme ich Saiblingskaviar, Ziegenfrischkäse, Speck vom Mangalitzaschwein und weiße Bohnen mit. Freundlicherweise bereits kochfertig. »In hauseigenem Quellwasser vorbereitet«, wie die dunkel- und hellblaue Verkaufs-Schwester versichert.

»Machen Sie das alles selbst?«, frage ich erstaunt.

»Liebe Menschen in der Umgebung, deren Produkte zu unserem Lebenskonzept passen«, erklärt die brünette Frau mit einem Lächeln. Kann es sein, dass sie früher Nonne war? Dass dieses Konsortium das Kloster quasi in Bausch und Bogen übernommen hat?

»Weil es uns ja auch im Diesseits gut gehen darf«, ergänze ich.

Sie sieht mich irritiert an. »Natürlich. Vorausgesetzt, wir respektieren unsere Mitlebewesen. Und unsere gemeinsamen Lebensgrundlagen.«

»Kennen Sie CHANCE!?«

»Selbstverständlich. Wir unterstützen die Bewegung.«

»Wer ist ›wir‹? Die ehemaligen … Bewohnerinnen des Klosters?«

»Die ehemaligen … Jetzt verstehe ich. Nein, die Nonnen des Klosters waren alle über achtzig, hat man mir erzählt. Sie sind in irgendein katholisches Heim gegangen. Wir werden bloß Schwestern genannt. Wer da arbeitet, muss mehr mitbringen als bloß fachliche Eignung. Es geht um die Einstellung, wenn Sie verstehen. Also unterstützen wir natürlich auch CHANCE! quasi privat.«

»Und wenn jemand das nicht will?«

»So einer passt nicht zu uns.«

»Wer entscheidet das?«

Sie sieht mich misstrauisch an. »Ich weiß nicht, was Sie wollen. Es gibt einen Fonds für so etwas. In den übrigens auch unsere Gäste einzahlen können.«

»Ich habe gerade Barbara Steinkellner besucht, ihr Mann ist der wohl größte Unterstützer von CHANCE!.«

Sie lächelt erleichtert. »Natürlich. Steinkellner, er hat auch für unseren Fonds immer ein offenes Herz.«

»Und eine offene Brieftasche, nehme ich an. Allein schon durch die Aufenthalte seiner Frau.«

»Unter anderem.«

Zu Hause habe ich Zeit, auch darüber nachzudenken. Ich überlege, was ich aus den Produkten der Wohlfühl-Schwestern koche. Billig waren sie jedenfalls nicht. Dafür sind sie biologisch, nachhaltig, hochwertig. Vor Kurzem habe ich gelesen, dass wir, trotz der hohen Inflation der letzten Jahre, gemessen am Einkommen viel weniger für Lebensmittel ausgeben als noch vor zwanzig oder gar vierzig Jahren. Vielleicht wird es Zeit, dass uns gute Ernährung wichtiger wird als möglichst günstige. Nicht nur aus Klimaschutzgründen. Hat gleichzeitig mit Genuss zu tun. Auch wenn mir die Bio-Oase etwas überdreht scheint: Die wohlhabenden Damen könnten ihr Geld für Dümmeres verschleudern. – Oder auch für Besseres? Oder sollten sie überhaupt sparen? Öko-Konsum … Also, was koche ich? Bohnen mit Mangalitzaspeck, als Vorspeise Saiblingskaviar auf geröstetem Weißbrot und danach Frischkäse mit meinem selbst gemachten Feigen-Chutney? Oder doch einmal ganz anders … Ganz anders. Barbara Steinkellner hat mich in gewisser Weise irritiert. Was hat Eva gemeint? Man sollte darauf verzichten, Menschen in Schubladen zu stecken. Sage ich natürlich auch immer. Aber es passiert mir trotzdem bisweilen. – Wer bitte ist schon gefeit davor? Ich habe Barbara Steinkellner in die Schublade »verwöhnt, bequem und dankbar« gesteckt. Sie ist lange nicht so oberflächlich wie gedacht. Und auch nicht so anhänglich. Sie lebt ihr eigenes – zugegeben ziemlich luxuriöses – Leben. Und sie macht sich Gedanken. Könnte sein, dass wir tatsächlich unterschätzt haben, wie schnell heutzutage etwas eskalieren kann. Ich habe es ja selbst erlebt. Die Schulter schmerzt immer noch, wenn ich den Arm hebe. Die Typen von Natio bloß lächerlich zu finden ist falsch. Es gibt Motive. Interessenlagen. Hass gegen Andersdenkende. Und es gibt immer immer bessere Möglichkeiten der Manipulation und der Vernetzung. Ich habe den Eindruck, dass Steinkellners Frau mehr weiß, als sie mir gesagt hat. Oder dass sie zumindest mehr vermutet. Wahrscheinlich will sie zuerst mit ihrem Mann darüber reden.

Gedankenverloren zünde ich die weiße Kerze auf unserem Esstisch an. Es ist längst finster. Die Tage sind kurz. Licht ist warm und friedlich und gibt Hoffnung. Vielleicht hat die Klosterumgebung schneller abgefärbt, als ich dachte.

Ich sehe auf das Feuerzeug in meiner Hand. Es ist so groß, dass es selbst Oskar nicht so ohne Weiteres verlegen kann. Und es hat eine ultraheiße Flamme, gut für die Zigarren, die er hin und wieder raucht. Geht auch zum Karamellisieren. Das ist eine Idee. Karamellisierter Ziegenfrischkäse. Mit Kräutern und etwas Rucola von der Terrasse, dazu knusprige Mangalitza-Chips. Danach weiße Wohlfühl-Bohnen mit Saiblingskaviar.

SMS-Signal. Ich sehe auf mein Telefon. Eigentlich sollte Oskar schon daheim sein. Eine italienische Telefonnummer. Ich kenne sie nicht. Die ersten Worte sind *Martin P. will was, eine Freund …* Was soll passieren? Zumindest habe ich noch nie davon gehört, dass man sich durch eine Nachricht in ein Smartphone hacken kann. Außerdem bin ich zu neugierig. Ich öffne die Message. Viel länger ist sie auch nicht. *Martin P. will was, eine Freund warnt …* Dazu ein Link zum »Magazin«. Was soll das? Ich arbeite dort nicht mehr. Und ich habe auch keine Lust, ein Blatt zu lesen, das sich in allererster Linie um die Steigerung von Auflage und Gewinn kümmert. Wie hat der inzwischen gar nicht mehr so neue Chefredakteur gesagt: Man soll die Hand nicht beißen, die einen füttert. Daher hätten die Inserenten natürlich Einfluss auf den Inhalt. Und natürlich sollten wir das schreiben, was unsere Abonnenten gerne lesen. Sonst gäbe es irgendwann das »Magazin« nicht mehr und auch ihn nicht und auch mich nicht und auch nicht das Christkind. Ich glaube nicht ans Christkind, aber ich mag frohe Botschaften und hoffe, dass es sie immer wieder geben kann. Und ich bin ganz freiwillig gegangen. Ich öffne den Link trotzdem.

Ein großes Bild von Martin Prager, neben Ali dem Friesen, ein Acker mit hügeliger Weinviertler Landschaft im Hintergrund. Bildunterschrift:

Martin Prager – Umweltökonom mit Chance auf den Nobelpreis

Seit wann bekommt man fürs Ackern den Nobelpreis? Außerdem: Hat er nicht gesagt, er gäbe aus Prinzip keine Interviews mehr?

DIE CHANCE! LEBT! Das ist der Titel, übergroße Blockbuchstaben, gleiche Schrift, wie die Bewegung CHANCE! sie verwendet.

Martin Prager ist einer der vielen Wissenschaftler, die sich hinter CHANCE! stellen. Er hat vielleicht noch mehr Grund als andere. Obwohl noch keine vierzig, lehrte er als Universitätsprofessor an der Columbia University in New York. Seine Arbeiten über die Zusammenhänge von Klimaveränderungen und Ökonomie sind so bahnbrechend, dass sie für den Nobelpreis gehandelt werden. Seit einem knappen Jahr lebt er wieder in Österreich und führt vor, dass jeder etwas gegen die Klimakatastrophe tun kann. Gemeinsam mit Freunden betreibt er den »Neuhof«, forscht dort an Feldfrüchten, die die kommenden Klimaveränderungen gut bewältigen und trotzdem im Einklang mit der Natur stehen. Und er hat vielleicht noch mehr vor. Er gab uns eines seiner ganz wenigen Interviews.

– Herr Professor Prager, warum sind Sie nach Österreich zurückgekommen?

– Weil ich zeigen möchte, dass jede und jeder etwas tun kann gegen die Klimakatastrophe. Sie ist keine Drohung, sie ist präzise vorhersehbar, wenn wir nicht rechtzeitig handeln.

– Auf der letzten Weltklimakonferenz wurde der schrittweise Ausstieg aus der Kohle bekräftigt, aber der Abschied von Öl und Gas nicht einmal erwähnt. Auch die Einigung auf einen Entschädigungsfonds für die am meisten betroffenen Staaten blieb ohne konkreten Umsetzungsplan. Reicht das?

– Natürlich nicht. Bereits im Jahr 1965, also vor mehr als fünfzig Jahren, gab es erste Warnungen: Heute liegt die weltweite Durchschnittstemperatur um rund 1,15 Grad über dem Durchschnitt der vorindustriellen Zeit. Das Tempo des Meeresspiegel-Anstiegs hat sich seit 1993 verdoppelt und das 1,5-Grad-Ziel ist kaum noch in Reichweite. Zur Erinnerung: Wenn wir die Erderhitzung nicht bei

1,5 Grad stoppen, werden gefährliche Kipppunkte immer wahrscheinlicher. Greenpeace übertreibt nicht, dass eine so lasche Abschlusserklärung der Weltklimakonferenz den Weg in die Klimahölle programmiert.

– Also ist die Katastrophe fix?

– Nein. Noch ist es möglich zu handeln. Europa hat 2020 ein Klimaneutralitätsziel für 2050 und ein verbindliches Klimaschutzgesetz mit einer Emissionsreduktion von minus 55 Prozent bis 2030 vorgelegt. Aber dafür muss viel mehr getan werden. Ich warne davor, sogenannte »Energiekrisen«, die eigentlich selbst verschuldete Abhängigkeitskrisen sind, als Ausrede zu nehmen. Wie verrückt ist es, dass der angebliche Klimavorreiter Deutschland ein Dorf zerstört, um neue Kohle abzubauen?

– In Lützerath wohnt niemand mehr, da sind nur mehr Klimaaktivisten, argumentieren die Verantwortlichen.

– Die Bewohner hat man schon weggelockt, aber darum geht es nicht. Es darf keinen neuen Kohleabbau geben.

– Damit Venedig nicht untergeht?

– Spott ist nicht angesagt. Venedig ist ein sehr gutes Symbol für das, was passieren wird, wenn wir nicht umdenken. Es geht nicht um sogenannte technische Lösungen, die alles nur verschlimmern, sondern um neue Spielregeln.

– Die Frontfrau von CHANCE!, Julia Melis, ist unter ungeklärten Umständen ums Leben gekommen. Sie ist in einem Auto der Bewegung erstickt, an Kohlenmonoxid. Die ultimative Warnung?

– Es gibt Menschen und Gruppierungen, die ihrer Arbeit und dem enormen internationalen Zuspruch für die Bewegung CHANCE! feindlich gegenüberstehen.

– Die Öl-Lobby beispielsweise? Es gab das Gerücht, saudi-arabische Agenten könnten im Spiel sein.

– Ich bin weder ein Kenner der Geheimdienstszene noch Polizist. Ich verlange, dass der Todesfall aufgeklärt wird.

– Der Unternehmer Herbert Steinkellner hat CHANCE! in gro-

ßem Stil unterstützt. Seit geraumer Zeit ist er von der Bildfläche verschwunden. Ist er das nächste Opfer einer neuen Mafia, die mit allen Methoden gegen klimafreundliche Veränderungen arbeitet?

– Kein Kommentar.

– Weil Sie sonst selbst in den Fokus dieser Mafia kommen könnten?

– Weil ich keiner bin, der spekuliert. Ich halte mich an Fakten. Wissen Sie, dass selbst bei einer Erhitzung von 1,5 Grad bis 2100 die Hälfte der Gletscher weltweit verloren sind? Aktuell steuert die Welt allerdings auf einen Anstieg von 2,7 Grad Celsius zu. Dies hätte bis 2100 das Verschwinden von zwei Drittel aller Gletscher zur Folge, das würde den Meeresspiegel um 115 Millimeter an steigen lassen, Landmassen überfluten, aber auch Kippeffekte begünstigen, die nicht »bloß« irgendwelche Inseln, sondern uns alle bedrohen. Das sage ich als Umweltökonom. Unser heiliges Wirtschaftssystem klappt nicht mehr, wenn ganze Länder unbewohnbar werden.

Ich sehe auf und bemerke, dass mir die Bohnen beinahe angebrannt wären. Ich habe reichlich grob geschnittene Zwiebel in Butter glaciert, aber ich habe offenbar unterschätzt, wie viel Flüssigkeit die Bohnen noch aufnehmen. Sie ziehen ohnehin nur auf ganz kleiner Flamme, mit einem Thymianzweig und Lorbeerblatt, natürlich ohne Salz. Salz verhindert, dass die Bohnen weich werden. Ich überlege, öffne eine Flasche Veltliner, gieße etwas davon zu den Bohnen und schenke mir ein Glas ein. Ich lese weiter.

– Und wir schaffen es nicht einmal, Tempo 100 auf Autobahnen einzuführen. Stattdessen erregen wir uns lieber darüber, dass sich Aktivistinnen an Verkehrsknotenpunkte kleben.

–Sie unterstützen die Aktionen der radikalen Klimaschützer?

– Ich verstehe sie. Was uns bevorsteht, wenn wir nicht handeln, ist viel gravierender als ein Stau oder verschmutzte Glasscheiben vor Gemälden.

– Ist es, global gesehen, überhaupt relevant, was das kleine Österreich, was auch Europa tut?

– Jede, jeder ist relevant. Genau das ist der Zugang von CHANCE! Apropos China, USA, aber auch Europa: Der nächste Wahnsinn wird bereits konkreter. Geo-Engineering. Man entwickelt Strategien, mit denen klimarelevante Gase der Atmosphäre entzogen werden sollen. Man will CO_2 zum Beispiel in den Meeren oder in ehemaligen Gaslagerstätten sammeln. Und Flugzeugflotten sollen dafür sorgen, dass künstliche Wolken die Erde beschatten. In Norwegen wirbt man für die Methode, verflüssigtes CO_2 unter der Nordsee zu speichern. Und holt sich dafür die großen Ölkonzerne an Bord. Klar, das Land lebt selbst vom Öl, ein bisschen Öko leistet man sich nebenher. Motto: Verseuchen wir die Erde ruhig weiter, alles geht! In Wirklichkeit ist das doppeltes Dynamit: Erstens schafft man zusätzliche Gefahr, wenn gewisse Kipppunkte erreicht werden. Und zweitens werden die noch mächtiger, die es angeblich in der Hand haben, gegen die Erderhitzung zu arbeiten und unser Klima zu beeinflussen.

– Können wir damit rechnen, dass die Nachfolge bei CHANCE! demnächst entschieden wird?

– Die CHANCE! lebt!

Ich habe gar nicht bemerkt, dass Oskar gekommen ist. Ich stehe immer noch in der Küchenzeile und winke ihm zerstreut zu. Martin Prager, der aus Prinzip keine Interviews geben wollte, spricht mit der auflagenstärksten, aber nicht gerade seriösesten Wochenzeitung. Kann es sein, dass er doch das neue Gesicht von CHANCE! sein möchte? Dass er im Laufe der letzten Monate den Eindruck bekommen hat, da sollte einer vorne stehen, der mehr Fachwissen hat? Der nicht in erster Linie Emotionen, sondern Inhalte transportiert? Ich rühre in den Bohnen, als ob das Erkenntnis bringen würde. Martin Prager und Julia Melis waren ein Liebespaar, und das schon ziemlich lange. Was, wenn sie mit ihm gebrochen hat? Sie ruft ihn an, fährt von Venedig zurück ins Hauptquartier. Dort wartet Martin Prager und erkennt, dass die Gelegenheit günstig ist. Julia ist allein. Er steigt zu ihr ins Auto … Und wie passt dann die Sache mit Steinkellner dazu? Eigentlich gar nicht so schlecht. Martin Prager muss den Sponsor davon überzeugen, weiterzumachen. Sie ziehen sich zurück, um ein neues gemeinsames Konzept auszuarbeiten.

Oskar liest das Interview am Laptop, während ich den Ziegenkäse karamellisiere. Einfach eine Schicht Kristallzucker auf ein Ziegenkäsetörtchen, dann mit voller Flamme ganz nah zum Zucker, bis er geschmolzen ist und eine knusprige karamellbraune Schicht bildet. Etwas Balsamico-Crema über das Grünzeug rundum, den Speck habe ich ohne zusätzliches Öl in einer Pfanne knusprig werden lassen. Während wir essen, erzähle ich Oskar den Rest.

»Es kann aber auch so ähnlich und trotzdem ganz anders sein. Martin Prager hat Julia geliebt und trauert um sie. Was spricht dagegen, dass er seine Meinung ändert und die Nachfolge übernimmt? Er führt quasi ihr Werk fort.«

»Und Steinkellner? Der untertaucht und für mich auftaucht und plötzlich mit Martin Prager gemeinsame Sache macht?«

»Wenn es stimmt, was er euch erzählt hat, dann hat er von sich aus sein Alibi zerstört.«

»Ein Alibi der Ehefrau. Dem glaubt man ohnehin nicht. Und dann war da ja auch noch der Portier in der Spedition.«

Ich salze die Bohnen, gebe einen Hauch Cayennepfeffer und einen kräftigen Schuss Olivenöl dazu. Dann nur ganz kurz mixen, damit noch etwas von der Konsistenz der Bohnen zu merken ist. In tiefe, vorgewärmte Teller geben und zum Schluss einen großen Löffel vom Saiblingskaviar in die Mitte.

»Wohlfühl-Bio-Bohnen«, sage ich, als ich unsere Teller zum Tisch trage.

Oskar befindet, dass er gewissen klösterlichen Nachfolgeerscheinungen eine Menge abgewinnen kann. Und er erzählt, dass er sich inzwischen über Steinkellner informiert hat.

»Er gilt als guter Geschäftsmann und Vernetzer. Als einer, der zuhören kann. Aber er kann auch ziemlich ungeduldig werden, hat mir eine Anwältin erzählt. Wenn man nicht begreift, was er möchte, oder nicht genau in seinem Sinn handelt, wird er unangenehm.«

»Trifft auf viele Macher zu, oder?«

»Sicher. Und es gibt auch genug Menschen, die sehr empfindlich auf Kritik reagieren. Ein etwas lauteres Wort wird dann in der Erzählung schon zum Wutausbruch.«

»Freundinnen?«

»Er scheint keiner von denen zu sein, die damit protzen müssen.«

»Oder er ist wirklich treu.«

»Oder er hat sich wirklich verliebt in Julia. Die auch stark war. Und ein großes Kommunikationstalent hatte. Und die, wie er, hart war und viel gearbeitet hat.«

»Während seine Frau auf Wellness macht und auch sonst nicht mehr die Jüngste ist.«

Oskar schenkt Wein nach und dreht den Fernseher in Richtung Tisch. Nachrichten. Man sollte Bescheid wissen, was in der Welt los ist. Momentan mehr denn je. Diesen Eindruck haben wir beide.

Man sieht das verschwommene Bild eines schlanken Mannes mit langem schwarzem Ledermantel und Sturmhaube. Schon wieder ein Attentat. Flaches Gebäude, verstörte Menschen mit vielen Kindern. Offenbar eine Schule.

»Die amerikanischen Waffengesetze sind einfach zum Kotzen …«, murmle ich.

Oskar greift aufgeregt nach meinem Arm. Dann sehe ich es

auch. Das Gebäude steht nicht irgendwo in den USA, es steht ganz in unserer Nähe. »Schulzentrum« kann ich entziffern.

Ernste Reporterinnenstimme aus dem Off. »Der zuständige Bezirkspolizeikommandant war unter den Ersten, die eingetroffen sind.«

Fritz Nemecek. Er steht vor dem Eingang der Schule und ist sichtlich betroffen. »Wir sind sehr schnell vor Ort gewesen. Die meisten Kinder waren zum Glück bereits im Freien oder in ihren Klassen verschanzt, aber niemand wusste, ob es sich um einen oder um mehrere Täter handelt. Es gab zahlreiche Hinweise, dass der Schütze geflohen ist. Aber es war nicht auszuschließen, dass es weitere bewaffnete Attentäter gibt. Wir haben das Gelände gesichert, bis die Spezialeinheit eingetroffen ist. Inzwischen ist sehr wahrscheinlich, dass es sich um einen Einzeltäter gehandelt hat.«

»Der kurze Zeit darauf festgenommen werden konnte. Was weiß man schon über den Tathergang?«

»Der Schütze hat, nachdem er während der Pause im Nachmittagsunterricht die Schule unbehelligt betreten konnte, seine Waffe unter dem langen Mantel hervorgezogen und wahllos um sich geschossen. Offenbar sind alle Verletzten außer Lebensgefahr. Er wollte nachladen, hat es aber nicht geschafft. Danach ist er aus dem Schulgebäude gelaufen.«

»Niemand hat ihn aufgehalten?«

»Was glauben Sie? Dass man versucht, einen Bewaffneten zu überwältigen, der gerade noch um sich geschossen hat? Wir raten allen, nicht den Helden zu spielen. Zum Glück haben die Aufsichtslehrerinnen völlig richtig reagiert. Sie haben versucht, die Kinder in die Klassen zu scheuchen. Dabei ist eine Lehrerin übrigens auch verletzt worden, das ist für mich eine Heldin.«

»Die Sondereinheit hat den Attentäter gestellt?«

»Nein, einer meiner Mitarbeiter. Der Schütze hatte kein Auto. Er hat seine Flucht offenbar gar nicht oder sehr schlecht vorbereitet. Er hatte sich bei den Müllcontainern hinter einer nahe gelegenen Busstation versteckt. Ein Mann in einem langen schwarzen Ledermantel fällt bei uns auf.«

»Bei dem Attentäter scheint es sich um einen ehemaligen Schüler zu handeln. Es gibt Studien, nach denen Schüler immer gewaltbereiter werden. Ist die Polizei darauf vorbereitet?«

»Was meinen Sie damit?«

»Ich ... äh ... Es gibt Studien ...«

»Ja. Aber ich sag Ihnen auch eines: Wenn es früher eine Rauferei gegeben hat, dann war eine blutige Nase kein Fall von schwerer Körperverletzung und Bandenkriminalität. Nicht, dass ich Gewalt kleinreden möchte: Aber etwas weniger Hysterie wäre manchmal im Interesse aller.«

»Die Polizei ist auf solche Vorfälle also nicht vorbereitet.« Die Stimme klingt eisig.

»Wie sollten wir das sein? Indem jeder vierundzwanzig Stunden überwacht wird? Wir waren in sieben Minuten vor Ort. Wir haben das Gelände gesichert. Wir haben die Verletzten gemeinsam mit der kurz nach uns eingetroffenen Rettung versorgt. Wir haben den Täter gefasst.«

»Ja, weil er kein Auto hatte.«

»Wir hätten welche gehabt. Und wenn Sie meinen, dass wir eine Sondereinheit brauchen, um in der Schule den Streit zwischen Zwölfjährigen zu schlichten, dann sehe ich das anders. Es nützt einer Gesellschaft nichts, wenn es totale Überwachung, für alles Strafen und eine schwer bewaffnete Polizei gibt. Stattdessen wäre es besser, wir lernen, Gegensätze und Konflikte friedlich zu lösen. Gemeinsamkeit statt dieser ewigen Aufheizerei und Hetze gegeneinander. Da braucht es keine Eingreiftruppe, sondern Pädagogen und Psychologen. Wäre vielleicht für manche Regierenden auch nicht schlecht. So als Vorbild.«

Ich hebe mein Glas. »Super.«

»Er wird Probleme bekommen. Diese Antwort hat die Redakteurin nur gebracht, weil er auf ihre Frage nicht so reagiert hat, wie sie es wollte.«

»Es war trotzdem super.«

»Ich fürchte, da gibt es welche, die das anders sehen.«

Und wieder Bilder von dem Mann in langem schwarzem Mantel, der eine Waffe hält.

Dazu die Erklärung einer Redakteurin: »Bei der Tatwaffe handelt es sich um eine Baikal-Schrotflinte. Der Zwanzigjährige hatte sie legal in einem Waffengeschäft erworben und zwischen Kauf und Abholung die vorgeschriebene Abkühlphase eingehalten. Nur einen Tag später machte er sich mit ihr auf den Weg zum Schulzentrum. Der Mann war für ein Jahr Schüler des Schulzentrums, hatte die Schule dann aber ohne Abschluss verlassen. Zurzeit leistet er seinen Wehrdienst ab. Bei der Munition handelt es sich offenbar um Schrotkugeln kleinerer Dimension.«

»Ich hab mit Nemecek heute über WhatsApp Kontakt gehabt«, murmle ich. »Das war offenbar vor dieser Geschichte.«

Wäre unser Besuch am Neuhof eine Falle gewesen: Er und seine Leute hätten uns wohl kaum zu Hilfe kommen können. Der Versuch, unbemerkt »alte Brünner Straße« zu schreiben, ist ohnehin danebengegangen. Ob er Zeit gehabt hätte, das Rätsel zu lösen?

14

Ich bin in der Redaktion von ECCO und freue mich, hier nicht stationär arbeiten zu müssen. Auch das Großraumbüro im »Magazin« war nicht nach meinem Geschmack, aber zumindest haben mich meine beiden Riesenphilodendren etwas abgeschirmt. Da arbeiten bloß fünf Leute in einem Raum, dafür auf weniger als dreißig Quadratmetern. Allerdings ist keiner von ihnen älter als dreißig. Braucht man in jungen Jahren weniger Platz? Hält man mehr Nähe und Enge und Chaos aus?

»Sind wir vielleicht wie das Universum und dehnen uns mit zunehmendem Alter aus?«, frage ich Sam.

Sie sieht mich irritiert an. »Du hast nicht zugenommen, sicher nicht.«

Ich lache. »Sehr nett, der Winter kommt erst. Ich habe es anders gemeint. Wir brauchen mehr Platz.«

»Das wäre eigentlich ein spannender Ansatz für eine Reportage. Vielleicht nehmen auch deswegen die verbaute Fläche und der Wohnraum pro Bewohner zu – weil das Durchschnittsalter der Menschen steigt. Zumindest was Mitteleuropa angeht.«

»Womit wir wieder bei Maßnahmen gegen den Klimakollaps wären. Dem Umgang mit Boden.«

Sam nickt. »Ich weiß, dass es um die Regenwälder geht und ums Aufforsten. Dafür ist Urban Gardening zumindest richtig schick geworden.«

»So wie vor ein paar Jahren Stricken«, spotte ich.

»Mehr Grün kann jedenfalls nicht schaden.«

»Pass auf, sonst hauen dich die Rechten. Jetzt weiß ich, warum gerade unter ihnen besonders viele Klimawandelleugner sind: Sie mögen Grün nicht. In unserer aufgeheizten Zeit wird aus dem Nicht-Mögen eben schnell die totale Ablehnung von allem, was grün ist.«

Sam brüllt: »Wollt ihr das totale Grün?!« Sie lacht und verzieht das Gesicht. »Die würden sich auch noch darüber empören, dass die Klimaschützer Nazi-Parolen verwenden. ›Wollt ihr den totalen Krieg?!‹« Sie rollt mit den Augen und persifliert mit ihrem Zeigefinger ein Hitler-Bärtchen. »Die drehen ja alles so, wie es für sie passt. Wir sollten recherchieren, wie viele Spinat-Hasser es unter rechtspopulistischen Funktionären und Wählern gibt. Und woher die Phobie kommt.«

Es tut so gut, jemanden zu haben, mit dem man auch über Ernstes Witze reißen kann. »Wer die Welt todernst nimmt, wird immer töter«, habe ich vor Kurzem irgendwo gelesen, Graffiti, glaube ich. Ich hätte es fotografieren sollen.

Türglocke. Früher war die Redaktion eine ganz normale Wohnung im Erdgeschoss. Empfangsdame oder, um korrekt zu sein, Empfangsperson gibt es hier keine. Läutet jemand, geht automatisch die Eingangstür auf. Der Elektriker ist ein Freund von Sam, und er hat nicht nur das offenbar aus Freundschaft am Wochenende und leider ohne Rechnung gemacht.

Ein Mann um die vierzig steht in der Tür. Schwarze Jeans, helles Hemd ohne Krawatte, graues Sakko. Es fiele mir schwer, ihn in eine Schublade zu stecken. Er passt in jede. Journalist? Buchhalter? Start-up-Gründer? Der Elektriker? »Mira Valensky«, sagt er ganz ohne Fragezeichen und sieht mich an.

»Richtig«, antworte ich.

»Können wir in Ihr Büro?«

»Das ist das Büro. Und ich habe hier keinen fixen Schreibtisch.«

Er kommt etwas näher. »Clemens Josthuber, Landeskriminalamt Wien.«

Ich versuche neutral dreinzusehen. Trotzdem überlege ich sofort, ob ich etwas angestellt habe. Ums Schnellfahren kann es nicht gehen. Landeskriminalamt. Die kümmern sich um gravierendere Fälle. »Worum handelt es sich?«

»Sie wollen wirklich hier …«

»Geh ins Extrazimmer«, sagt Sam. Sie hat dort einen Schreibtisch, auch wenn sie meist im zentralen Raum arbeitet. Außerdem gibt's im Extrazimmer eine Couch. Und einen Tisch mit ein paar Sesseln, falls doch einmal eine vertrauliche Besprechung angesagt ist. »Soll ich mitkommen?«

»Ich möchte mit Frau Valensky allein reden. Aber ich hoffe, Sie haben nicht vor wegzugehen. Ich brauche Sie nachher für ein paar kurze Fragen.«

»Sonst niemanden?«, meldet sich Tanja. So viel zu der Überlegung, ob die anderen mithören konnten oder nicht.

Der Tisch hat eine knallrote Platte aus Acryl. Josthuber sieht blass aus, als er sich über den Tisch zu mir beugt. Aber wahrscheinlich sollte ich ihm lieber nicht mit einer Typberatung kommen. Trotzdem. Knallrot steht ihm nicht.

»Wir wissen, dass Sie vorgestern Herbert Steinkellner getroffen haben. Auf dem Gelände des Hofes, auf dem Martin Prager lebt.«

»Ja.«

»Es ist Ihnen bekannt, dass es zu diesem Zeitpunkt einen internationalen Haftbefehl gegen ihn gegeben hat?«

Ich sehe ihn erstaunt an. »Nein. Und er wusste es auch nicht, da bin ich mir zumindest ziemlich sicher.«

»Sie waren im Auftrag dieses Mediums ECCO dort?«

»Nein.«

»Sie arbeiten doch für ECCO. Beweis genug, Sie sind jetzt hier.«

»Ich bin freie Journalistin. Ich arbeite für einige Medien.«

»In wessen Auftrag waren Sie dort?«

»In keinem.«

»Woher wussten Sie, dass Steinkellner auf dem Gelände des sogenannten Neuhofs untergetaucht war?«

»Ich wusste es nicht. Es war Zufall.«

»Ach.«

»Eine gute Freundin, sie ist Winzerin, lebt in der Nähe. Wir haben einen Ausflug gemacht ...«

»Vergessen Sie es.« Das kommt jetzt einigermaßen scharf. »Sie waren nicht mit Eva Berthold unterwegs, sondern mit Vesna Krajner.«

»Nachdem wir uns bei Eva Berthold getroffen haben. Wenn Sie schon so gut Bescheid wissen, dann wissen Sie sicher auch das.«

»Stimmt. Und danach waren Sie bei der Frau von Steinkellner. Was sollten Sie ihr ausrichten?«

»Gar nichts. Ich wollte mit ihr reden.«

»Über Bio und Wellness?«

»Über das Hauptquartier von CHANCE! und ihr Alibi. Das heißt, das Alibi ihres Mannes.«

»In wessen Auftrag?«

»Noch einmal: Ich arbeite frei, ich brauche keinen Auftrag. Die Geschichte interessiert mich.«

»So sehr, dass Sie leider vergessen haben, die Behörden über den Aufenthaltsort von Steinkellner zu informieren.«

»Ich wusste nicht, dass es einen Haftbefehl gibt.«

»Wir müssen nicht alles an die große Glocke hängen.«

»Dann muss ich aber auch niemanden informieren. Würde ich der Polizei immer Bescheid sagen, wenn ich mit jemandem rede, dann hätte sie viel zu tun. Und ich auch.«

»Worum ging es in dem Gespräch?«

»Vertraulich. Redaktionsgeheimnis. Informantenschutz. Ich muss es nicht sagen.«

»Es wäre besser, Sie ziehen sich nicht auf Formalismen zurück. Die Redaktion von ECCO steht, unter uns gesagt, ohnehin auf wackligen Beinen. Wenn Sie kooperieren, könnte das nicht von Nachteil sein.«

»Es ist eine kleine, aber international vernetzte Redaktion. Und wenn die Polizei uns droht, dann kann das sehr schnell über die Landesgrenzen hinaus bekannt werden. Journalistinnen einschüchtern kommt nicht gut. Der österreichische Ruf in Bezug auf Menschenrechte war ohnehin schon einmal besser.«

»Lassen Sie die Politik aus dem Spiel.«

»Sie mischt sich ein.«

»Verschwörungstheorien der …«

»Der was? Der Linken? Weil alle freien Zeitungen links sind?«

Er sieht mich an und schüttelt langsam den Kopf. »Verschwörungstheorien der Verschworenen. Haben Sie nicht selbst damit gedroht, dass ECCO international vernetzt ist?«

»Steinkellner ist von der Bildfläche verschwunden, weil er nachdenken wollte. Er hat sich den Luxus erlaubt, nicht erreichbar zu sein. Früher war es ganz normal, ein paar Tage offline zu sein.«

»Ist es aber nicht mehr. Und schon gar nicht, wenn man dringend tatverdächtig ist, einen Mord begangen zu haben.«

»Seit wann? Er war in der Spedition in Udine, es gibt einen Portier, der das bestätigt.«

»Seine Frau hat zuerst eine andere Zeit genannt, sehr interessant, finden Sie nicht?«

»Sie hatte ein Schlafmittel genommen. Sie hat nur kurz auf die Uhr gesehen und sich verschaut.«

»Wenn er bereits vor Mitternacht zurück gewesen wäre, hätte er so etwas wie ein Alibi. Was, wenn ihn seine Frau schützen wollte?«

Ich lächle möglichst entspannt. »Darüber habe ich mit ihr geredet. Und Sie wohl auch schon.«

»Eine Kollegin ist bei ihr.«

»Woher hätte sie wissen sollen, welche Zeit für ein Alibi günstig ist?«

»Haben Sie mit Steinkellner über seine Beziehung zu Martin Prager gesprochen?«

»Nein.«

»Er hat sich mit seinem Wissen in diesem Häuschen aufgehalten.«

»Völlig legal.«

Ohne Vorankündigung steht der Kriminalbeamte auf und sieht mich von oben herab an. »Es wird Ihnen noch leidtun, wenn Sie nicht kooperieren. Die Tochter Ihrer Freundin Vesna Krajner arbeitet für CHANCE!.«

»Das ist kein Geheimnis und kein Verbrechen. Oder sind Sie hinter CHANCE! her? Gemeinnützige Organisationen schlechtmachen ist ja momentan zum Sport gewisser Leute geworden.«

»Wir verfolgen mutmaßliche Täter und keine politischen Ziele.«

Es klingt wie in einem Seminar gelernt. »Wo ist Steinkellner jetzt?«, will ich wissen.

»Hören Sie keine Nachrichten?«

Ich schüttle den Kopf.

»Wir haben ihn gestern Abend auf dem Gelände dieses Öko-Hofs festgenommen. Er ist in Untersuchungshaft.«

»Bloß weil er sich erlaubt hat, einige Tage unterzutauchen?«

»Der Haftgrund ist Verdunkelungs- und Fluchtgefahr.«

»Er ist nicht erreichbar, daraus konstruiert man Fluchtgefahr und deswegen wird er eingesperrt? Interessant.«

Jetzt stehen wir beide. Wir starren einander über die rote Acrylplatte hinweg an.

»Es gibt eine Pressemeldung dazu. Vielleicht sollten Sie sich eher um solche Fakten kümmern, statt Tatverdächtige zu schützen.«

»Da bin ich einmal gespannt.«

»Ich kann es Ihnen auch gleich sagen. Damit Sie vielleicht doch kapieren, wen Sie decken. Die ersten Tatortuntersuchungen sind inzwischen abgeschlossen. Man hat in diesem Wagen, in dem er angeblich nie mitgefahren ist, signifikante DNA-Spuren gefunden. Von ihm.«

»Von vielen, nehme ich an.«

»Keine waren so deutlich und frisch wie seine.«

Ich hole Luft und versuche, so neutral wie möglich dreinzusehen. »Davon konnte ich nichts wissen.«

Der Kriminalbeamte nickt und setzt sich wieder. »Mehr noch. Man hat Fasern gefunden. Sie stammen von einer Jacke, die ihm gehört.«

»Und die hat er einfach so liegen lassen? Herbert Steinkellner ist nicht eben dumm. Und außerdem: Er hat Julia und CHANCE! unterstützt. Was wäre das Motiv?«

»Darüber wollte ich mit Ihnen reden. Setzen Sie sich.«

Ich nicke und setze mich, nur so als Zeichen, dass ich sehr wohl bereit bin zu kooperieren. Und um Zeit zu gewinnen.

Der Ermittler legt die Arme auf den Tisch und beugt sich wieder vor. Rosastich im Gesicht, die Nase leuchtet rot. »Wie Sie selbst gesagt haben, hat er Julia Melis und ihre Organisation mit sehr viel Geld unterstützt. Und sie hat ihn zurückgewiesen. Es war Tagesgespräch im Hauptquartier: Er hat ihr einen Tesla geschenkt und sie hat ihn abgelehnt. Er soll sehr wütend gewesen sein.«

»Zweimal Ja und einmal Nein.«

»Das heißt?«

»Er hat CHANCE! unterstützt. Und er wollte Julia Melis einen Tesla schenken, sie hat abgelehnt. Aber dass er sehr wütend war …«

»Er wird es nicht zugeben.«

»Wissen Sie, wie viel in so einer Organisation getratscht wird?

Nicht alle haben ihn sympathisch gefunden. Er ist Unternehmer. Und er macht nicht nur Geschäfte, die man klimafreundlich nennen kann.«

»Was den Ökos und Linken nicht gepasst hat.«

»Wie war das mit der Politik?«

Er trommelt mit dem Zeigefinger auf die Tischplatte. »Wir haben Herbert Steinkellner in U-Haft genommen. Einen sehr bekannten Unternehmer. Spricht wohl eher für unsere Unvoreingenommenheit, oder? Wir ermitteln ohne Ansehen der Person.«

»Der Auftrag kam aus Italien.«

»Das bestätigt, dass es auch dort einen funktionierenden Rechtsstaat gibt. In welchem Verhältnis stehen Martin Prager und Herbert Steinkellner zueinander?«

»Ich nehme an, Sie haben Martin Prager befragt. Ich habe keine Ahnung.«

»Wie haben Sie Steinkellner gefunden?«

»Zufall, ich habe es schon gesagt.«

»Sie schreiben die Biografie der Großmutter von Prager.«

»Ein Grund, mich vorzuladen?«

»Das ist keine Vorladung, das ist ein Gespräch. Sollten Sie wissen.«

»Wenn Sie jetzt auch noch Rosa Prager ins Spiel bringen: Die Frau ist über neunzig. Und ein Publikumsliebling.«

»Sie brauchen mir nicht zu drohen.«

»Was für eine Drohung? Dass ich darüber schreiben könnte? Das ist mein Beruf.«

»Wir könnten gegen Sie wegen Vertuschung einer strafbaren Handlung vorgehen.«

»Dafür hätte ich von dem Haftbefehl wissen müssen.«

»Und im Vertrauen: Gegen ECCO laufen Ermittlungen wegen diverser Vergehen.«

»Wer droht da wem?«

»Kann Ihnen doch egal sein, bei Ihren vielen Auftraggebern.«

»Die Pressefreiheit ist mir nicht egal. Wie hat das LKA Wien Steinkellner eigentlich gefunden?«

»Die Kooperation mit unseren Kollegen klappt.«

»Sie haben mich überwacht?«

»Kein Kommentar.«

Ich bin mit Sam unterwegs zu einer Anwältin, mit der sie befreundet ist. Lieber nicht telefonieren, lieber nicht riskieren, dass zu viele mithören.

»Der Generalsekretär droht mir und jetzt das – wie kann man da keinen Zusammenhang sehen?«, empört sie sich.

»Es geht nicht um Natio, es geht um Mord.«

»Sieht so aus, als hätte Steinkellner Julia ermordet. Aber er war es nicht, der ins Büro von CHANCE! eingebrochen hat. Und er hat dich auch nicht niedergeschlagen.«

»Du meinst, dass es Steinkellner war«, sage ich matt. Ich sollte es endlich begreifen. Ich habe mich getäuscht. Ich habe mich täuschen lassen. »Eine Beziehungstat. Wie fast alle Morde.«

»Die meisten werden mit einem Messer begangen, es gibt gerade wieder eine neue Statistik«, ergänzt Sam.

»Dieser eben nicht. Seine Frau kann recht gehabt haben. Er war doch schon vor Mitternacht zu Hause. Danach ist er wieder weggegangen, vielleicht, weil er gehört hat, dass Julia heimkommt. Vielleicht haben sie auch telefoniert oder einander Nachrichten geschickt. Wir wissen nichts über die Auswertung ihrer Telefondaten.«

»Oder alles sollte genau so aussehen«, überlegt Sam. »Martin Prager. Vielleicht hat er die Polizei selbst verständigt. Oder ihr einen Hinweis gegeben, so wie dir.«

»Das mit der Seite aus dem Roman. Er hat sie doch genau deswegen geschickt, damit die Behörden nicht auf Steinkellners Spur kommen, selbst wenn sie mich überwachen und die Seite finden sollten.«

»Oder du solltest das glauben. Vergiss nicht, er ist offenbar nicht nur Wissenschaftler und Bauer, sondern auch Autor. Und fantasiebegabt. Er hat sich in dich hineinversetzt und begriffen, worauf du anspringst.«

»Und die Jacke von Steinkellner? Die DNA im Auto?«

»Martin Prager hat die Jacke von Steinkellner angehabt.«

»Klar, er fährt vom Hotel zum Bauernhof, klaut die Jacke, obwohl Steinkellners Frau da ist, bringt in der Jacke Julia um und dann hängt er sie wieder zurück.«

»Wär interessant zu wissen, wo sie die Jacke gefunden haben«, überlegt Sam.

»Werden uns die Typen vom LKA kaum erzählen. Jedenfalls haben sie sie.«

»Steinkellner ist ein Planer.«

»Ich weiß nicht …«

»Dass es Martin Prager war, gefällt dir auch nicht, was jetzt? Ist doch super, dass du mit Steinkellner geredet hast. Eine bessere Story gibt's momentan kaum.«

»Die naive Mira Valensky redet mit dem Mörder, ohne zu begreifen …«

»Sei nicht so eitel, es ist keine Neuigkeit, dass Mörder nicht wie Mörder aussehen. Trifft übrigens auch auf Prager zu. Wie geht's eigentlich Fritz Nemecek? Die Sache mit dem Amoklauf ist irre, aber noch verrückter ist die Hysterie rundum.«

»Nichts von ihm gehört, der hat klarerweise anderes zu tun.«

Sam lacht. »Zumal sich die Üblichen darüber empören, dass er nicht für die Aufrüstung der Polizei ist. Ein außergewöhnlicher Polizeichef.«

»Hab ich gemerkt, dass du ihn magst.«

»Gibt eben auch coole Leute bei der Polizei.«

»Keine weitere Verabredung?«

»Ich wollte ihn anrufen, aber dann hab ich mir gedacht, das ist wahrscheinlich das Letzte, was er jetzt brauchen kann. Ein Telefongespräch mit der Macherin von ECCO, das gewissen Leuten ohnehin als verdächtig gilt.«

»Fritz Nemecek. Er hat gewusst, wo wir sind. Oder zumindest hätte er es sich zusammenreimen können.«

»Unsinn. Der sagt nichts.«

»Er ist Polizeibeamter. Vielleicht wollte er gar nichts sagen …«

»Und sie haben ihn gefoltert, was?« Sam schüttelt den Kopf.

»Nein, aber … er wusste, dass wir im Weinviertel recherchieren. Vesna und ich. Nur für den Fall, dass ich ihn um Hilfe bitte, sollte er das ernst nehmen und rasch reagieren. Er hat noch darüber gewitzelt, du kennst ihn ja.«

»Das Weinviertel ist groß.«

»Na ja. Es war schon etwas seltsam, als wir allein im Neuhof waren und Martin Prager mich dann angerufen hat, wir sollen auf den Parkplatz und einsteigen … Ich habe Fritz geschrieben, dass wir beim Neuhof in ein Auto steigen.«

»Steinkellner war nicht direkt im Neuhof.«

»Auf dem Gelände. Und ich hab später noch einmal etwas geschrieben. Verunglückt, weil halb in der Tasche. ›Alte Brünner Straße‹ hätte es heißen sollen. Wart einmal …«

Ich öffne mein Smartphone, suche die Nachrichten und halte es Sam vors Gesicht.

Alzt Brujnne???????

Eine lange Geschichte, alles okay

»Dafür brauchst du kein Kriminalist zu sein, um es zu entschlüsseln«, murmelt Sam.

»Ja, weil ich gesagt habe, was es heißen soll.«

»Ich hätte Fritz das nie zugetraut«, sagt sie leise.

»Wir wissen nicht, ob es so war. Noch dazu, wo ganz kurz darauf der Amoklauf passiert sein muss.«

»Vielleicht ist das der Schlüssel. Wir sollten über die Hintergründe dieses Amoklaufs berichten. Und über den sinnvollen Umgang mit solchen Phänomenen.«

»Sagt die Frau, die gerade noch gemeint hat, das Letzte, was er jetzt brauchen kann, ist Kontakt mit ECCO.«

»Nicht mit mir, mit dir. Wer weiß, wer ihn unter Druck setzt.«

»Umso unangenehmer für ihn, wenn ich auftauche.«

»Unangenehm? Richtig unangenehm wird es für ihn, wenn er deine Nachrichten weitergegeben hat. Vielleicht war er schon öfter Spitzel bei deinen Recherchen.«

»Sagt die Frau, die ihn gerade noch so sympathisch gefunden hat.«

»Fakten ändern viel.«

»Es ist nicht mehr als ein Verdacht.«

Ich platze mitten in ein Pressegespräch. Polizeibeamte, Journalistinnen, wahrscheinlich auch lokale Politiker, Pressereferentinnen. Sie stehen in der Aula, dem Redner hat man ein Pult zugedacht. Ich sehe mich nach dem Bezirkspolizeikommandanten um. Man hat mir den Tipp gegeben, dass er hier sein könnte. Ein junger Mann mit einer Frisur wie unser ehemaliger Kanzler fragt mich leise, für welches Medium ich arbeite. »Bitte in die Liste eintragen«, flüstert er und hält mir das durchaus übliche Formular hin.

»Frei«, flüstere ich zurück. Sein Blick wird misstrauisch. Ich strecke ihm ganz kurz meinen Presseausweis hin und er ist zufrieden. Der Ermittler vom LKA Wien: Er hat mir seinen Ausweis nicht gezeigt. Vielleicht … Aber zuerst einmal konzentriere ich mich darauf, einen völlig unleserlichen Namen in die Liste zu schmieren.

»Der letzte Eintrag des Tatverdächtigen lautete: ›Macht kaputt, was euch kaputt macht‹«, doziert ein Mann in Zivil. »Für die Jüngeren unter uns: Es war der Slogan der linken Anarcho- und Hausbesetzerszene. Wir leiten nicht automatisch daraus ab, dass der mutmaßliche Täter dieser Szene oder einer Nachfolgebewegung angehört hat. Richtig ist allerdings, dass er sich seine Vorbilder unter Gewalttätern gesucht hat. Eine erste Auswertung seines Computers und seines Smartphones hat ergeben, dass er sich immer wieder Videos von Schulmassakern angesehen hat. Vor allem das Columbine-High-School-Massaker mit dreizehn Toten im Jahr 1999 hatte es ihm angetan. Die beiden Täter trugen damals übrigens lange Trenchcoats. Nach ihrem Amoklauf haben sie sich selbst gerichtet. Der Tatverdächtige hat Waffen, Mantel und Hose im Internet gesucht und in einem Hass-Tagebuch, wie er es nannte, legte er den vorgestrigen Tag als ›D-Day‹ fest. So wird der Tag einer großen militärischen Aktion, einer Schlacht genannt. Ein Kriegsfilm dieses Titels handelt von der Landung der Alliierten in der Normandie. Der Schulabbrecher hat sich, nach Aussagen von ehemaligen Freunden, immer stärker zurückgezogen. Sein ehemaliger bester Freund nennt ihn ›unfreundlich und hasserfüllt‹. In der Kaserne, in der er in den letzten Monaten seinen Wehrdienst abgeleistet hat, bezeichnet man ihn als Einzelgänger, der aber nie negativ aufgefallen sei.«

»Hätten die nicht merken müssen, wie er tickt?«, fragt ein junger Mann, der selbst noch in die Schule gehen könnte.

Der Polizeibeamte runzelt die Stirn. »Eher hätten es wohl seine Eltern merken müssen.« Ein Kollege übernimmt und erklärt die weitere Vorgangsweise. U-Haft, Pflichtverteidiger, Maßnahmen gegen Selbstgefährdung.

»Er hat seinen Hass auf die Schule ganz offen gezeigt. Ist es wahr, dass schon beim Verdacht auf aggressive Handlungen am Eingang von Schulen und Ämtern Polizeikontrollen stattfinden werden?« Die Frau, die das fragt, kommt mir irgendwie bekannt vor. Aber über die Jahrzehnte lernt man so viele Kolleginnen kennen, dass man selbst mit einem viel besseren Personengedächtnis, als ich es habe, nicht alle zuordnen kann. Fritz Nemecek könnte wissen, wer sie ist. Wo steckt er?

Der Ermittler, der zuerst geredet hat, nickt. »Das ist Sache der

Politik. Es ist notwendig, auf konkreten Gefährdungsverdacht besser als bisher zu reagieren.«

Die Journalistin fragt weiter. »Wer hat versagt? Die Bezirkspolizei? Bei ihr sollen Hinweise auf Hassausbrüche des Amokläufers eingegangen sein.«

»Das wird alles geprüft. Was sich jetzt schon sagen lässt, ist, dass der Innenminister eine bessere Kontrolle der Bildungseinrichtungen angekündigt hat.«

»Wenn jemand auf einen Lehrer sauer ist, dann nimmt man ihn hops?«

Ich sehe zu der jungen Frau, die an der Wand lehnt. Die kenne ich. Nemeceks vegane Nichte. Lena.

»Für welches Medium arbeiten Sie?« Es klingt beinahe wie gebellt.

»Schulzeitung.«

»Dieser Schule?«

»So ist es.«

»Vielleicht hätten auch die Mitschüler besser achtgeben können.«

Lena löst sich von der Wand. »Er war nicht mehr an der Schule. Es ist fürchterlich, was er getan hat. Aber es gibt genug, die einmal über Lehrer schimpfen, nicht immer ohne Grund. Wenn die dann gleich verdächtig sind … Kann es sein, dass Kritik nicht mehr erwünscht ist?«

»Man wird wohl unterscheiden können. Und etwas mehr Zurückhaltung würde den Schülern auch nicht schaden.«

Der jugendliche Pressesprecher mit der Kanzlerfrisur beendet die Pressekonferenz, weist noch auf Fotos und Kontaktmöglichkeiten hin, die Medienleute zerstreuen sich, einige bleiben und wollen ihr Glück noch mit speziellen Fragen an die Ermittler versuchen. Ich kenne das. Hunderte Male erlebt. Nichts Besonderes. Vielleicht mit Ausnahme der Tatsache, dass jetzt nach jedem Delikt nach mehr Polizei und mehr Befugnissen verlangt wird. Ich schlendere hinüber zur Nichte von Nemecek. Sie grinst mir zu: »So ein Pech, dass es sich um einen waschechten Inländer handelt. Sonst hätten sich die Typen noch viel mehr aufführen können. Unsere Schule als Zentrum des islamistischen Terrors, klingt doch super.«

»Wo ist dein Onkel?«

»Der steckt in der … Dem geht es nicht so gut.«

»Was hat er?«

»Probleme mit den Vorgesetzten. Er ist selbst Polizist, was viel sagt, aber: So arg wie die jetzige Partie ist er nie gewesen.«

»Was für Probleme? Ist er suspendiert?«

»Nein, glaub ich nicht. Mutti hat gestern erzählt, dass er überprüft wird, intern.«

»Es ist ziemlich normal, dass nach so einem Vorfall geschaut wird, ob die örtliche Polizei alles richtig gemacht hat.«

Lena sieht mich spöttisch an. »Sie müssen mit mir nicht reden wie mit einem Kind. Ich weiß, worum es geht. Er hat sich bei seinem Fernsehinterview zu weit aus dem Fenster gelehnt und das lassen sie ihn jetzt büßen. Er hätte nach mehr Polizei schreien müssen, statt zu sagen, dass man an den Schulen mehr Dialog braucht.«

»Und: Hat er recht?«

»In diesem Fall schon.«

»Weißt du, wo ich ihn finden kann?«

Sie sieht auf die Uhr. »Wenn sie ihn nicht einsperren, dann in zwanzig Minuten bei uns daheim. Mutti hat Geburtstag. Da ist großer Familienauftrieb. Deswegen ist er auch gestern schon kurz aufgetaucht. Weil er bei so einer Geschichte nie weiß, ob etwas dazwischenkommt. Mutti legt absurd viel Wert auf Gratulationen. Dabei hat sie ohnehin drei Brüder.«

»Und du?«

»Ich fahr jetzt auch hin. Ich muss meinen Beitrag zum Geburtstagsessen aus dem Rohr holen.«

»Du kannst kochen?«

»Klar. Krieg sonst etwas anständiges Veganes zum Essen bei uns! Die geben dir gekochte Karotten und dazu ein Spiegelei und wundern sich dann, dass ich das nicht esse. Außerdem ist es üblich, dass alle Familienmitglieder irgendwas zum gemeinsamen Geburtstagsessen beisteuern. Ist eigentlich ziemlich nett. Vor allem, weil Onkel Franz immer jede Menge Wein mitbringt. Er ist Winzer.«

»Du trinkst ... Ist der vegan?«

»Fast. Man muss ja keine Religion daraus machen. Und klar trinke ich Wein, ich bin achtzehn. Im Gegensatz zu vielen Älteren kenne ich meine Grenzen.«

»Du willst Journalistin werden?«

»Kann ich mir gut vorstellen.«

»Ich mir auch.«

Fritz Nemecek ist noch nicht da, dafür jede Menge sonstiger Verwandtschaft. Ich zähle deutlich mehr als zwanzig Personen. Sie scheinen einander zu mögen. Zumindest heute. Das Essen dürfte für mindestens doppelt so viele Menschen reichen. Zwei Heurigentische mit bunt bedruckten Tischdecken. Die kalten Sachen stehen auf der einen Seite, die anderen auf Warmhalteplatten und Chafing-Dish-Einsätzen auf der anderen Seite. Nemeceks Schwester lädt mich ein, mitzuessen und mitzufeiern. Weinviertler Gastfreundschaft. »Auf eine mehr oder weniger kommt es nicht an«, lacht sie.

»Damit klar ist, dass vegan super schmecken kann«, sagt Lena und hält mir einen kleinen Teller mit Karfiol hin.

Ich koste vorsichtig. »Wirklich gut«, sage ich erstaunt. Der Karfiol ist ganz weich, er schmilzt beinahe auf der Zunge. Getrocknete Tomaten dürften dabei sein, Oliven und ...

»Lenas Oma sagt, sie soll unbedingt Köchin werden«, mischt sich das Geburtstagskind ein. »Obwohl sie Veganerin ist. Aber momentan schaut's eher nach einem Volkswirtschaftsstudium aus.«

»Ich dachte, du wirst Journalistin?«, frage ich.

»Werde ich. Aber wenn ich die Mechanismen unseres Wirtschaftssystems nicht kenne, dann kann ich auch nicht kritisch berichten«, gibt sie zurück.

»Da ist was dran. Und wie ist das Karfiolrezept?«

Sie strahlt. »Supersimpel. Einen Topf oder eine Steingutschüssel mit fest schließendem Deckel. Zwiebeln und Knoblauch in Olivenöl hell anrösten, dann halb getrocknete Paradeiser dazu, eventuell ein paar Oliven. Den Karfiol in Rosen teilen und in den Topf geben, die Zwiebelmischung darüber leeren, zudecken und im Ofen vierzig Minuten bei zweihundert Grad backen. Ich gebe noch etwas Chili dazu. Muss man aber nicht.«

Ich nicke. »Ich mag Chili auch sehr gern.«

»Sei vorsichtig, sie ist eine ganz Scharfe«, sagt eine Stimme hinter mir. Nemecek. Ich weiß nicht, hat er das auf seine Nichte oder auf mich bezogen.

»Was machst du hier?«, fragt er mich dann. »Solltest du nicht beim Pressetermin meiner lieben Kollegen sein?«

»Schon vorbei. Wir waren beide dort. Ich hab sie mitgenommen«, erzählt seine Nichte.

»Wo warst du?«, will ich wissen.

»Das ist ein großes Ding. Da hat der Bezirkstyp nichts verloren.«

»Vor zwei Tagen war das noch anders.«

Er grinst etwas schief. »Und ob. Da wollte keiner. Weil noch nicht ganz klar war, wie die Sache gelaufen ist. Und wer sie wie bewertet. Da haben sie mich vorgeschubst.«

Seine Nichte hält ihm Karfiol hin.

»Oh, der berühmte Karfiol. Ich mag ihn ja noch lieber, wenn ein wenig Speck dabei ist.«

»Er muss mich immer ärgern.«

»Das Originalrezept ist mit Speck oder Schinken.«

»Ohne schmeckt es besser.«

»Stammt übrigens aus Sardinien«, sagt er in meine Richtung. »Du hast doch Freunde dort, oder?«

»Sie sind nicht von dort, aber sie haben ein Haus an der Südküste. Beinahe über dem Meer.« Allein wenn ich daran denke, wird mir warm ums Herz. »So einen Karfiol habe ich in Sardinien nie bekommen.«

»Klar, das kochen die Leute nicht im Restaurant, sondern daheim.«

Ich ziehe Fritz Nemecek etwas zur Seite. Der Vorteil bei so großen Festen ist, dass man ohne Probleme abseits stehen kann.

»Du solltest unbedingt noch den faschierten Braten kosten, auch so etwas, das es kaum mehr …«

Ich schüttle langsam den Kopf. »Sie haben Steinkellner bei Martin Prager gefunden. Der Einzige, der wusste, wo er ist, warst du.«

»Wissen? Das war weniger als bei einer Schnitzeljagd.«

»Weil ich versprochen hatte, niemanden einzubeziehen. Von dem Haftbefehl hatte ich keine Ahnung.«

»Ich auch nicht, zu diesem Zeitpunkt.«

»Also eine Fleißaufgabe, damit du deine Scharte wieder auswetzt?«

Er schüttelt den Kopf.

»Ich hab schon gehört, dass sie deine Arbeit … evaluieren.«

»Passiert nach jedem größeren Einsatz.«

»Könnte diesmal aber auch damit zu tun haben, dass du nicht gerade sagst, was der Innenminister laufend von sich gibt.«

»Was weiß man.«

»Und?«

»Was, und?«

»Und dann kam der Haftbefehl und du hast gesagt, du weißt, wo Steinkellner sein könnte.«

»Das traust du mir zu?«

»Ich bin selbst schuld. Du bist Polizeibeamter.«

»Das klingt wie ein Schimpfwort. Aber gut. Es war anders. Unmittelbar nachdem du mir die Botschaften geschickt hattest, ist diese irre Geschichte an der Schule passiert. Ich hab mir um euch Sorgen gemacht, aber ich hatte null Zeit. Ich hab einem meiner Leute gesagt, er soll sich auf dem Gelände des Neuhofs umsehen. Vor allem dort, wo in der Nähe die alte Brünner Straße verläuft. Ich hab deinen Code geknackt. Ich hatte eine Idee, was er bedeuten könnte. Und als ich gesehen habe, dass die Grundgrenze ein Stück dieser Straße entlang verläuft …«

»Das war kein Code, ich hab es in der Jackentasche geschrieben.«

»Umso wahrscheinlicher, dass nicht alles rundläuft, wenn du heimlich schreiben musst.«

»Als du mich gefragt hast, was das heißen soll, hab ich geschrieben, dass alles okay ist.«

»Und falls du dich getäuscht hättest?«

»Du hast also einen deiner Leute losgeschickt. Der hat Steinkellner gefunden und verhaftet.«

»Nein. Er hat ganz ordnungsgemäß Meldung gemacht und dann ist die Einheit der Kripo gekommen. Ich habe erst später davon erfahren.«

»Und du hast nicht jeden Mann für das sogenannte ›Schulmassaker‹ gebraucht?«

»Sag das nicht so spöttisch. Es war ein Riesenglück, dass er es nicht geschafft hat nachzuladen. Und dass er offenbar die Munition verwechselt hat. Er hatte auch andere mit.«

»Toller Grundwehrdiener.«

»Das war wohl sein Problem. Er war nirgendwo toll. Oder man hat ihm zumindest nicht die Chance gegeben, herauszufinden, worin er toll sein könnte.«

»Dein Vertrauensmann jedenfalls war toll.«

»Vertrauensmann … Es war das Gegenteil. Wir haben bei uns immer noch Männer, die ganz gerne Action haben, die ganz gerne schießen. Sie haben zu viel Fernsehen geschaut. Ich versuche, solche Leute zu verhindern, oder zu erziehen, aber immer geht das nicht. Harry beim Amoklauf mitzuhaben war mir zu riskant. Ich dachte mir, wenn ich ihn nachschauen schicke, was du machst, passt das.«

»Du hast ihn zum Neuhof geschickt, nachdem schon Großalarm war?«

»Hat nur zehn Sekunden gedauert. Ich hatte schon etwas früher überlegt, was ihr da im Weinviertel macht, und hatte mir alles zusammengeschrieben. Das mache ich immer so. Ich musste ihm nur den Zettel geben, und den Befehl. Er war übrigens stinksauer.«

»Aber Befehl ist Befehl.«

»So ist es.«

»Na, vielleicht bringt es dir ja Pluspunkte.«

Fritz Nemecek sieht mich empört an. »Ich bin Polizist, wie du so richtig gesagt hast. Wenn es einen Haftbefehl gibt und ich Hinweise auf den Gesuchten habe, muss ich handeln.«

»Ein Ermittler vom LKA Wien hat mich befragt, als hätte ich Steinkellner persönlich versteckt. Ich hatte keine Ahnung vom Haftbefehl und von den neuen Indizien.«

»Ich hab den Haftbefehl auch erst nach dem Einsatz an der Schule gesehen.«

15

Ich warte auf Jana. Sie ist wieder in Österreich und versucht gemeinsam mit einigen anderen, CHANCE! zu retten. Seit dem Tod von Julia ist die große Klimaschutzbewegung in der Krise. Seit der Verhaftung von Steinkellner aber ist CHANCE! mehr oder weniger im freien Fall.

Klimawandelleugner, bezahlte Lobbyisten, Kritiker an allem, was Veränderung wäre, höhnen auf Facebook und in Foren, von denen ich bisher noch nichts wusste. Selbst ernannte »freie Aufdecker«, die seit Jahren gegen die »Klimalüge« wettern, dubiose Onlinemedien, denen gemeinsam ist, dass ihr Layout so fürchterlich ist wie ihre Sprache. Vom Inhalt ihrer Artikel gar nicht zu reden.

Jetzt haben sich die Klimalügner selbst enttarnt!!! Sie morden, damit sie uns das Geld aus der Tasche ziehen können. SO sehen unsere Eliten aus. Aber das Volk ist schlau: Nicht das Klima ist unser Problem!!!

Nobelpreisträger entlarvt Klimagewinnler!!! Bitte teilen!!!, lese ich. Auf YouTube gibt es alles, selbst einen Nobelpreisträger, der den Klimawandel bezweifelt. Wenn es denn wahr ist.

Der »Gott« Weltklimarat und auch unsere Politik hackt auf CO_2 herum. Es gibt aber viele Klimagase. Eines sind Wolken. Wer so einseitig daherkommt, hat beim Poker auch ein Ass im Socken und zieht die Kanone, wenn er merkt, dass ihm dieses geklaut wurde.

Das lese ich auf der Seite eines selbst ernannten »Klima-Weisen«. Er behauptet, dass bei ihm endlich vorurteilsfrei über die Zukunft der Erde diskutiert werden könne.

CO_2 ist ein ganz natürliches Gas. Wir atmen es aus und Pflanzen nehmen es auf und verwandeln es über Fotosynthese in Zucker und Sauerstoff. Gärtner versuchen, in ihren Treibhäusern den CO_2-Gehalt zu steigern, damit das Pflanzenwachstum angeregt wird. Studien weisen nach, dass der ohnehin ganz geringe Anstieg des CO_2-Werts in den letzten Jahren dazu beigetragen hat, Wüsten und Trockengebiete wieder grünen zu lassen. CO_2 fördert ja das Wachstum aller Pflanzen. Und sie erzeugen dann den Sauerstoff, den wir Menschen zum Atmen und Leben brauchen. Das nennt man natürlichen Kreislauf. Ich frage mich: Wer hat Interesse, diesen Kreislauf zu stören? Warum sind es die Reichen, die am meisten Panik vor dem sogenannten Klimawandel verbreiten?

Ich schüttle den Kopf. Klingt nahezu schlüssig, ginge es nicht um das viele zusätzliche CO_2, das Pflanzen eben nicht mehr verarbeiten können. Und dass in den letzten Jahren Wüsten zu grünen begonnen haben, ist mir auch neu. Die Reaktionen auf das Statement sind natürlich begeistert, wenngleich manchmal wirr. Man bleibt ja weitgehend unter sich.

Elitenpack und Lügenpresse, vom Klima bis Rauchen, bald fallen sie noch über die Messer, den Alkohol und Nichtsportler her …

Ich glaube … DIE WELT BRAUCHT EINE UMARMUNG. Ich sende allem, was lebt und wächst, meine Strahlen der wärmenden LIEBE – mein LICHT gegen das Böse.

Klimaschutz, der Heilige Gral der Eliten – der sogenannte Weltklimavertrag ist die größte Dummheit, seit Dinosaurier durch einen Meteoriten ausgestorben sind! Die Sonne macht das Klima, auch *wenn ideologisch verwirrte sogenannte Wissenschaftler etwas anderes lügen. Für die Menschen ist CO_2 lebensnotwendig, wer es abschafft, bringt uns um!*

Ich sehe auf die Uhr. Eigentlich sollte Jana längst hier sein. Sie wollte nicht, dass wir uns im Büro von CHANCE! treffen, die Stimmung sei einigermaßen angespannt. Es gäbe welche, die machen mich mitverantwortlich dafür, dass Steinkellner in Haft sitzt. Ich habe einen Termin mit Rosa Prager. Beinahe hat es wie eine Vorladung geklungen, aber so klingt meine alte Freundin auch sonst bisweilen. Der Kellner lächelt mich auffordernd an. Mein Kaffee ist längst getrunken. »Einen Campari-Soda, bitte«, sage ich und gehe auf Facebook.

CO_2 ist schwerer als Luft. Wie soll es dann in die obere Atmosphäre aufsteigen und den Treibhauseffekt verstärken?

Das hat ein gewisser *H. H. Zeng* auf die Seite von CHANCE! gepostet. Nahezu wohltuend, immerhin eine Frage.

Die Grünlinge und Klimakleber sind alle Mörder und machen mit den Reichen eine Sache. Die wollen teures Benzin, damit wir uns nicht mehr rühren können!!! Selbst vegan Kaviar essen und uns vorschreiben, dass die Kuh zu viel furzt. Steinreich im Häfen und die Erde dreht sich weiter!!! So schaut's aus!!! Patrioten, wehrt euch!!!

Das kommt von *Klimadoktor 88*. Offenbar haben sie bei CHANCE! keine Ressourcen mehr, um solche Posts sofort zu löschen. 88. Die bekannte Chiffre von Neonazis für zweimal den achten Buchstaben im Alphabet. Heil Hitler.

Und dann lese ich endlich etwas, das Information ist. *Ulrich Baumgartner* hat es gepostet, mit dem Hinweis, dass er es in einem Blog gefunden hat und es die Sache mit dem Gewicht von CO_2 bestens zusammenfasse:

Richtig ist: CO_2 ist schwerer als Luft. Luft ist ja ein Gasgemisch. Sie besteht nur zu einem winzigen Bruchteil aus Kohlendioxid, zu 99 Prozent dagegen aus Stickstoff und Sauerstoff, die beide wesentlich leichter sind als CO_2. Wenn man Luft als Gasgemisch betrachtet und es mit reinem CO_2 vergleicht, dann ist tatsächlich das CO_2 ungefähr 50 Prozent schwerer, oder physikalisch korrekt: dichter.

Sinkt es damit also zu Boden?

Nein. Das würde nur passieren, wenn die Luft eine stehende Masse wäre, in der die schweren CO_2-Moleküle gemütlich nach unten sinken würden. Dann allerdings hätten wir auch ein großes Problem. Denn wenn die Luft eine stehende Masse wäre, würden wir in Abgasen ersticken, und wenn das ganze CO_2 aus der Atmosphäre zu Boden sinken würde, erst recht. Aber so ist es ja nicht. Sondern die Luft bewegt sich. Auf und ab. Es gibt Wind und Turbulenzen. Warme Luft erwärmt sich am Boden und steigt auf. Das passiert jeden Tag.

Die vielen CO_2-Teilchen in der Luft haben überhaupt keine Zeit, sich langsam abzusetzen und am Erdboden anzureichern, weil die Luftmassen durch Wind und Wetter ständig aufgewirbelt werden und sich so über die Atmosphäre verteilen. Das ist auch schon oft gemessen worden, und das Ergebnis ist: Der Anteil der CO_2-Moleküle in der Luft ist bis in eine Höhe von fast 100 Kilometern nahezu konstant, es gibt keine »Anreicherung« am Boden, auch wenn es sich noch so einleuchtend anhört.

Aber wenn es sich am Boden anreichern würde, würde dann das Argument stimmen?

Nein, auch dann nicht. Denn das Argument sagt ja, dass CO_2 aufsteigen muss, um den Treibhauseffekt zu entfalten. Auch das ist falsch. Da führt vielleicht der Begriff Treibhauseffekt ein bisschen in die Irre. Es klingt ein bisschen so, als würde das CO_2 irgendwo über uns eine Art Dach bilden – wie das Glasdach in einem Treibhaus. Aber der Treibhauseffekt beginnt teilweise ja schon unmittelbar über der Erdoberfläche, indem Gase wie CO_2, Methan und Wasserdampf *die Wärmestrahlung der Erde absorbieren und einen Teil dieser Wärme wieder zurück zur Erdoberfläche abstrahlen. Um diesen Effekt zu entfalten, müsste das CO_2 gar nicht in die Höhe aufsteigen. Trotzdem, wie gesagt, gelangt es in die obere Atmosphäre und dort entfaltet es noch mal eine zusätzliche Wirkung.*

»Lies lieber gar nicht, was die schreiben«, sagt eine Stimme hinter mir. Jana.

»Ist in diesem Fall aber schlau. Und erklärt den Treibhauseffekt«, erwidere ich. »Steht übrigens auf eurer Seite. Gemeinsam mit viel Müll.«

»Sie sind gerade dabei, die heutigen Posts zu sichten.«

»Alle Aktivistinnen haben euch also doch nicht verlassen. Du hast am Telefon ziemlich verzweifelt geklungen.«

»Auf die Leute, die jetzt noch dabei sind, kann man sich verlassen. Aber du hättest gewisse Typen im Hauptquartier hören sollen. Sie hätten von Anfang an vor Steinkellner gewarnt. Ganz klar, was passiert, wenn man sich mit Kapitalisten ins Bett legt. Und wer, bitte, hätte wissen sollen, was passiert? Verdammte Besserwisser!«

»Wie geht's weiter? Gibt es inzwischen einen neuen Sprecher? Oder eine Sprecherin?«

»Nein. Steinkellner war für Katharina Gugger. Sie hat einem Teil der Leute ganz gut gefallen, auch wenn sie schräg ist. Oder gerade deswegen, was weiß ich. Jetzt wird das wohl nichts mehr. Nicht gerade eine Empfehlung, dass er sie ins Spiel gebracht hat.«

»Und Martin Prager?«

»Da kennt sich keiner aus. Er gibt Interviews, in denen er sich für CHANCE! einsetzt und richtige Sachen sagt, aber er hat mit keinem von uns wirklich geredet. Die Fundis wollen, dass wir gemeinsam mit Last Generation und ähnlichen Gruppen auftreten, und wenn man ihnen sagt, dass die total okay sind, aber wir mehr Menschen erreichen, wenn wir einen eigenen Weg gehen, und dass wir für die Medien eine Frontfigur brauchen, dann beschimpfen sie einen als Kompromissler.«

»Wie geht's mit den Ermittlungen der italienischen Behörden weiter? Oder reicht ihnen Steinkellners Verhaftung?«

»Ich bin noch einmal befragt worden, aber was hätte ich schon Neues erzählen können? Jedenfalls sind die Beweise dicht. Auch wenn ich noch immer …«

»Du glaubst nicht, dass es Steinkellner war?«

»Er wird es wohl gewesen sein. Man will es einfach nicht wahrhaben. Hast du seit der Verhaftung mit seiner Frau geredet?«

»Nein, aber ich frage mich, ob sie nicht doch etwas geahnt hat. Immerhin hat sie versucht, ihm ein falsches Alibi zu geben.«

»Hast du die irrste Schlagzeile zum Thema gelesen? Stammt natürlich wieder einmal von der allerdümmsten Gratiszeitung.«

Ich nicke und kann mir ein Grinsen nicht verbeißen. »Steinkellners Frau aus Gram ins Kloster eingetreten.«

Ich bin in der großzügigen Altbauwohnung von Rosa Prager. Sie hat mich herbestellt, damit wir an der Biografie arbeiten. In Wirklichkeit will sie freilich über ihren Enkel reden.

»Martin ist so gescheit und auf der anderen Seite so naiv, aber das hab ich dir schon gesagt, nicht wahr? Ich merke mir so etwas, ich bin nicht wie meine senile Kollegin, die sich immer wiederholt. Du hast keine Ahnung, wie schwer sie es haben, mit der zu drehen. Die merkt sich nicht einmal einen Satz mehr.«

»Hätte er ahnen können, was in Steinkellner vorgeht? Er hat ihn kaum gekannt.«

»Weil es logisch ist. Nicht bis zum Mord, aber … Stell dir vor, du bist ein großer Mann. Ein Macher. Oder halt eine große Frau. Du unterstützt ein wichtiges Projekt und die Kleine, die das anführt, schmiert dir die ganze Zeit Honig um den Mund. Sie will ja dein Geld.«

»Nicht sehr freundlich, was Julia angeht.«

»Lass mich weiterreden. Du glaubst also natürlich, du bist der große Held für sie. Und gibst viel aus und bist total großzügig. Und hoffst, dass sie das zu schätzen weiß. Aber die denkt nur an das Projekt.«

Ich wiege den Kopf.

»Na, nicht nur, ist schon wahr. Die muss auch noch meinem Enkel den Kopf verdrehen. Aber das weiß der Steinkellner ja nicht. Vielleicht ahnt er es.«

»Den Kopf verdrehen? Da gehören wohl zwei dazu …«

»Glaubst du, ich weiß nicht, wie das gelaufen ist? Schon in Amerika? Ich kenne die Buben, wenn sie schwärmen. Vor mir hat er nie etwas verbergen können.«

»Er hat dir erzählt, dass er eine geheime …«

»Beziehung hin oder her, vielleicht war es ja auch in erster Linie Sex. Er hat es leider erst vor Kurzem erzählt, sonst hätte ich ihm gleich Bescheid gesagt.«

»Julia und er … Was, wenn sie sich einfach geliebt haben?«

»Jaja, Liebe. Wenn du so lange wie ich auf der Welt bist, dann weißt du, wie vergänglich das ist. Und einfach ist da sowieso nichts. Wenn sie sich wirklich so geliebt haben: Warum im Geheimen? Weil ihnen diese Klima-Sache wichtiger war? Na gut. Auf alle Fälle haben sie jetzt den Schlamassel. Und die Trottel triumphieren wieder einmal. Kann es sein, dass es auf der Welt immer mehr Trottel gibt? Oder ist es nur so, dass die Trottel mehr zu sagen haben?«

Ich lächle. »Ich glaube, ihre Anzahl bleibt konstant. Ist außerdem eine Frage des Blickwinkels. Für sie bin ich der Trottel.«

»Nein, für sie bist du der Feind. Du kannst dich erinnern, dass sie dich niedergeschlagen haben?«

»Trotzdem: Der Mörder war offenbar Steinkellner.«

»Schaut so aus. Aber dass sie Martin auch in den Dreck ziehen … Ich hab ihm gesagt, dass er zurück soll nach Amerika. Da sind zwar immer wieder Obertrottel an der Regierung, aber die Unis sind gut. Dort gehört er hin.«

»Er schreibt an einem Buch, hat er dir das auch erzählt?«

»Ja. An so einem Zukunftsroman. Er nimmt ihn fürchterlich wichtig, als ob ein Buch die Welt verändern könnte. Mir ist die Gegenwart genug.«

»Und du denkst gar nicht an deine Enkel und Urenkel?« Martin umarmt sie von hinten. »Überraschung.« Und mit einem wenig freundlichen Blick auf mich: »Im doppelten Sinn.«

»Ich war es nicht, die der Polizei gesteckt hat, wo Steinkellner ist.«

»Nein, du hast nur die Fährte gelegt. Zu uns. Die Belegschaft des Neuhofs dankt.«

»Was willst du? Hättest du ihn decken wollen? Seit wann? Ist noch gar nicht lange her und du hast mir geflüstert, dass Steinkellner Julias falscher Freund sei. Du erinnerst dich?«

»Sieht man jetzt. Nur dass leider die Dumpfbacken triumphieren. Sie trompeten, wie suspekt Klimaschutzorganisationen und alle anderen NGOs sind. Bis hin zu Mord und Totschlag.«

Rosa Prager steht auf. »Jetzt hörts auf zu streiten. Und was die Urenkel angeht: Urenkel ist keiner in Sicht, oder?«

»Es gibt andere Urenkel.«

»Vielleicht ist es eh besser, wenn die Idioten aussterben. Was braucht die Erde schon Menschen?«

»Nur, bis dorthin wird es ungemütlich«, stellt ihr Enkel fest.

»Na, ich werd' es nicht mehr erleben.«

»So zäh wie du bist, wer weiß.«

»Dann überleb ich eben.«

»Hast du Steinkellner eigentlich von deinem Verhältnis zu Julia erzählt?«, frage ich.

»Nein.«

»Ein Glück im Nachhinein. Sonst hätt er dich auch …«, mischt sich Rosa Prager ein.

»Mit Kohlenstoff erstickt? So einfach geht das nicht.«

»Ja, wie hat er das eigentlich gemacht?«, fragt Rosa Prager.

»Julia hatte offenbar einen Cocktail an Medikamenten in sich«, erkläre ich meiner Auftraggeberin. »Und wenn er ihr dann noch etwas gegeben hat …«

Martin Prager schüttelt den Kopf. »Ich kann das alles nicht mehr hören. Ich hätte es viel früher ahnen müssen.«

»Du hast ihn versteckt.«

»Ich wäre nie darauf gekommen. Ich … Wahrscheinlich wollte ich in ihrem Sinn handeln. CHANCE! quasi eine zweite Chance geben. Ihrem Lebenswerk.«

Ich sehe Martin Prager an. »Wie war das damals im Weingarten? Warum bist du mir nach? Weil du mir wirklich mehr von Steinkellner erzählen wolltest? Das glaube ich nicht. Und ich hab es auch damals nicht geglaubt.«

Er lacht böse. »Du meinst, ich habe die beiden rechten Jungs auf dich gehetzt? Klar, wahrscheinlich bin ich heimlich Mitglied bei Natio und Oberführer in einem Geheimbund für die Weltherrschaft.«

»Vielleicht wolltest du ablenken. Die Fotos von Kevin Schmolle sind herumgegangen, du hast …«

»Das ist absoluter Unsinn.« Das kommt von Enkel und Oma gleichzeitig.

»Unsinn ist, an einen Führer aus einem Computerspiel zu glauben. Jemand sehr Konkreter hat sie angestiftet. Gut möglich, dass wir ihn oder sie kennen.«

»Und wenn es doch ein internationales rechtes Netzwerk gibt?«, überlegt Martin Prager.

»Das ausgerechnet die beiden anheuert? Kann schon sein, dass sie bei ihren Trainingseinheiten über so etwas fantasieren, aber den Auftrag, mich zum Schweigen zu bringen, hat ihnen jemand gegeben, der mit CHANCE! zu tun hatte.«

»Ich war es jedenfalls nicht.«

»Was ist mit dem Buch?«, fragt Rosa Prager.

»Das Buch?«, fragt ihr Enkel zurück. »Mein Manuskript, meinst du?« Er sieht mich an. »Inzwischen ist es ja egal. Da war noch etwas. Ich hatte Sorge, du könntest im Neuhof darauf gestoßen sein. Ich hab nicht gewusst, ob du in meinem Zimmer warst. Ich wollte auf keinen Fall, dass etwas davon an die Öffentlichkeit kommt, bevor es fertig ist.«

»Erstens bin ich keine, die in fremden Zimmern schnüffelt. Und zweitens: Was hätte ich tun sollen? Glaubst du, es ist eine derart heiße Schlagzeile, wenn Martin Prager ein Buch schreibt? Das tun viele.«

»Ja, das tue auch ich«, mischt sich seine Großmutter ein.

Er lächelt schmal. »Ich hatte eine Idee. Wenn man mit Vorlesungen, Fachpublikationen und Fakten wenig bewirkt, dann vielleicht mit einem Roman? Indem man den ganzen Schrecken beschreibt, der uns tatsächlich bevorstehen kann, wenn es zu gewissen Kippeffekten kommt. Ohne dazusagen zu müssen, dass das nicht sicher ist. Sicher, was ist schon sicher. Reicht es nicht, dass es möglich ist? Ich habe einen sehr guten Verlag gefunden, sie vertrauen mir und nehmen genug Geld in die Hand, um dafür zu werben.«

»Willkommen im Land der heiligen Kommunikation.«

Rosa Prager kichert. »Früher gab es die heilige Kommunion.«

»Sind irgendwie verwandt, die beiden, Oma.«

»Julia war mit ihrer Strategie und mit CHANCE! erfolgreich, du wolltest ihr zeigen, dass es anders besser geht.«

»Es gibt eben verschiedene Wege. Wir brauchen alle gleichzeitig. Und es geht auch, ohne sich auf Instagram zum Trottel zu machen. Du siehst, wozu das geführt hat. Ich hab sie gewarnt, oft genug.«

»Ach, du hast es kommen sehen.«

»Nein! Natürlich nicht!«

»Dystopische Romane gibt es übrigens wie Sand am Meer«, sage ich.

»Ja, aber wenn Martin so einen schreibt, dann ist es etwas anderes«, mischt sich Rosa Prager ein. »Hast du eine Rolle für mich? Ich will eine Klimaforscherin spielen.«

»Wie wäre es mit einer abgehalfterten zynischen Wettermoderatorin?«

»Wie kommst du darauf? Und warum abgehalftert?«

»Weil du alles spielen kannst, liebste Oma. Sogar eine wie die Gugger. Die tut, als hätte sie einen ernsthaften Lehrstuhl für Meteorologie. Wisst ihr, was sie in Wirklichkeit lehrt? ›Die Präsentation von Wetterdaten in der Öffentlichkeit‹.«

»Vielleicht war sie die Mörderin«, überlegt Rosa Prager. »Du solltest das in dein Buch hineinnehmen und ich spiele sie. Höchste Zeit, dass ich nicht nur Demente oder uralte Verliebte spiele. Also ob man in meinem Alter keine anderen Perspektiven hätte.«

»Klar, du spielt eine neunzigjährige Pseudo-Meteorologin. Nur blöd, dass das ein Roman und kein Film wird.«

»Wenn du ihn schreibst, wird er sicher verfilmt.«

Ich verdrehe die Augen.

»Spotte nur. Die Verlagsleute denken, es könnte auch ein großer kommerzieller Erfolg werden, wenn ein anerkannter Wissenschaftler ein derartiges Buch schreibt – einen Roman, der auf brisanten Fakten aufbaut. So soll auch die Werbung laufen.«

»Ach, du willst also vor allem Geld verdienen.«

»Sie wollen das. Und ich will, dass möglichst viele Menschen das Buch lesen.«

»Dann verschenk es doch.«

»Schon einmal etwas vom Einmaleins der Marktwirtschaft gehört?«

»Du bist mir also damals nach, weil du wissen wolltest, ob ich bei dir gestöbert habe.«

»Ja, und dann waren die beiden Schläger da.«

Klingt irgendwie logisch. Es erklärt einiges. »Warum ist Gugger zynisch?«, frage ich Martin Prager.

»Glaubst du, es geht ihr um die Sache? Sie braucht Öffentlichkeit, die hält es nicht aus, wenn sie nicht mehr zu sehen ist.«

»Ach, und du bist der Einzige, dem es um die Sache geht.«

»Na, deswegen ist er ja in das Kuhdorf gegangen, auch wenn ich es für Blödsinn halte«, erwidert Rosa Prager.

»Deswegen? Oder weil du gehofft hast, dort in Ruhe an deinem Bestseller schreiben und es Julia zeigen zu können?«

Martin Prager dreht sich um und schlägt die Tür hinter sich zu.

»Das kannst du nicht machen. Die war vielleicht kein Engel, aber die ist tot. Und das mit dem Buch ist eine gute Idee.«

»Wenn es eine Rolle für dich gibt.«

»Wird es, sonst schreibt er mir eine. Wettermoderatorin … Ich erinnere mich an die Gugger. Die war eigentlich ganz gut.«

Ich sitze vor meinem Laptop und arbeite meine Mails durch. Nahezu beruhigend, dass es gewisse Routinen gibt. Zwischendurch schau ich in mein Lieblings-Newsportal. Wie bitte? Katharina Gugger. Sie hat sich mit Aktivistinnen von Last Generation auf eine Kreuzung geklebt. Hätte ich ihr nicht zugetraut. Bei Rosa Prager bekommt sie sicher ein weiteres Plus. Die liebt Aktionismus. Ich erinnere mich an eine Anti-Regierungs-Demo. Da ging sie in der ersten Reihe und hat der Polizei entgegengerufen, dass sie wohl keine Hundertjährige niederprügeln werden. Ich bin auf das Buch ihres Enkels gespannt. Wer weiß, vielleicht wird es wirklich ein Bestseller. Telefon. Gugger auf allen Kanälen, quasi.

»Ich habe Ihnen gerade eine Menge Unterlagen zu Klimathemen geschickt. Hintergrundwissen kann nicht schaden. Bei all den Dramen und Trauerfällen. Da steht das wirkliche Drama drin. Besser als jeder Roman. Und: Da wird es mehr als bloß –

Sie wissen, wie ich das meine – eine Tote geben. Es können Millionen Tote sein. Wenn Sie wollen, stehe ich Ihnen für ein Interview zur Verfügung. Oder Sie verwenden die Zusammenfassung der Fakten, die ich mitgeschickt habe.«

Will sie mir beweisen, dass sie sich sehr wohl auskennt, auch wenn sie offenbar bloß Wetterpräsentation lehrt?

»Ich finde es gut, wenn auch Ökonomen mitarbeiten an einer vernünftigen Klimapolitik, wir brauchen jeden. Aber das Wissen um die Mechanismen der Erde und ihrer Atmosphäre haben wir Meteorologen.«

Die ehemalige Wetterlady greift hoch. Da ist wohl einiges auf Martin Prager gemünzt. Dafür hat der sie zynisch genannt. Offenbar gibt's ein Match Umweltökonomie gegen Meteorologie. »Stimmt es, dass Sie sich an eine Kreuzung geklebt haben?«

»Natürlich. Wir können uns nicht mehr im Elfenbeinturm verstecken. Jahrzehntelang hat man nicht auf uns Wissenschaftler gehört, wir können nicht mehr warten, wir müssen alles versuchen.«

»Sie … gehören zu Last Generation?«

»Ich unterstütze alle gewaltfreien Organisationen, die sich für rasches Handeln einsetzen. Übrigens tun das immer mehr Wissenschaftler. Weltweit. Was bleibt uns übrig?«

»Kann es damit zu tun haben, dass Sie CHANCE! übernehmen wollen?«

»Unsinn. Ich verstehe die jungen Menschen eben. Wissenschaft und Engagement sind kein Gegensatz.«

»Sie hatten einen Lehrstuhl für Wetterpräsentation in den Medien.«

»Und? Ich habe auch zu anderen Themen geforscht. Haben Sie eine Ahnung, wie missgünstig die alten Männer im Uni-Betrieb sind? Lesen Sie meine Dossiers. Ich muss jetzt weiter. Fernsehinterview. Wer klebt, der lebt!«

Das Foto auf dem Newsportal: Katharina Gugger, diesmal

ganz in Schwarz, auf einem Zebrastreifen kniend. Knallrote Lippen, sie lächelt in die Kamera. Martin Prager würde sagen, sie will maximale Aufmerksamkeit. Aber ist das falsch, wenn es um eine so wichtige Sache geht? Oder möchte sie diese Aufmerksamkeit eher um ihrer selbst willen? Ihre Unterlagen sind inzwischen angekommen. Ich öffne das Dokument, es umfasst mehr als hundert Seiten. Ich scrolle:

Heißzeit

Dieses Wort wurde im Jahr 2018 von der Gesellschaft für deutsche Sprache zum deutschen Wort des Jahres gewählt. Weil es den Hitze-Sommer des Jahres und die wichtige Warnung vor den Folgen der globalen Erwärmung hervorragend charakterisiert. (Anm.: Wichtig ist, den Unterschied zwischen Wetter und Klima deutlich zu machen – besonders kalte oder warme Jahre hat es immer wieder gegeben. Und Wetterkapriolen sowieso. Aber der Sommer passt genau zur Messreihe der Klimaentwicklung. Für mich kennzeichnet »Heißzeit« auch die aufgeheizte Stimmung in unserer Gesellschaft – die Leute wissen gar nicht, wie gut es ihnen (noch) geht!!!)

Die letzten acht Jahre waren gleichzeitig die acht wärmsten seit Beginn der Messgeschichte vor 150 Jahren. In Europa steigt die Temperatur doppelt so schnell wie im weltweiten Durchschnitt.

Nach einem Mini-Knick durch die Covid-19-Pandemie steigt auch der CO_2-Ausstoß wieder. Die Trends zu rapider globaler Erwärmung, Meeresspiegelanstieg, Versauerung der Meere und der Häufung extremer Wetterlagen sind ungebrochen.

Und das, obwohl die Europäische Union bis 2050 CO_2-frei sein soll. Das bedeutet, dass ab diesem Zeitpunkt der CO_2-Anstieg bei null liegen muss. Für jede Tonne CO_2 muss der Atmosphäre dieselbe Menge CO_2 entzogen werden. (Anm.: Aufforsten gut, Geo-Engineering = mechanisch-chemische Verfahren und Speicherung von CO_2 in stillgelegten Bergwerken oder im Meer sehr problematisch! Das *muss man den Leuten schnell klarmachen, sonst glauben sie wieder, es geht ohnehin alles. Lobbys für so etwas gibt es längst.)*

Apropos Lobbyisten: Bei der UNO-Weltklimakonferenz in Scharm-El-Scheich gab es registrierte 636 Lobbyisten für Öl, Gas und Kohle – 25 Prozent mehr als bei dem Treffen vergangenes Jahr in Schottland. Damit war die fossile Industrie in Scharm el Scheich stärker vertreten als die zehn am meisten von der drohenden Klimakatastrophe betroffenen Staaten. Es gab nur eine staatliche Delegation, die insgesamt mehr Menschen akkreditiert hat: die Vereinigten Arabischen Emirate, die mehr oder weniger ausschließlich vom Ölexport leben. Sie hatte 1070 Delegierte registriert – verglichen mit nur 176 im Jahr davor. Vielleicht eine Erklärung dafür, dass die Klimakonferenz 2023 ausgerechnet in Dubai stattfindet.

Übrigens hat man bei der Klimakonferenz Russland nicht boykottiert. In der Delegation waren 33 Öl- und Gas-Lobbyisten.

Wen wundert es, dass keine konkreten Klimaschutz-Ziele oder gar ein konkreter Fahrplan beschlossen worden sind? Wo doch sogar die EU »dank« der Energiekrise Gas und Atomstrom als »Brückentechnologien« vor dem angeblichen totalen Umstieg akzeptiert hat.

Vui stupst für seine Verhältnisse sanft an mein Knie. Er will näher zum Laptop. Vielleicht will er einen seiner kryptischen Kommentare beitragen. Es ist verrückt. Man weiß, dass sich die Erde aufheizt. Aber man heizt weiter. Jedenfalls scheint sich die ehemalige Wettermoderatorin besser auszukennen, als ihr viele zutrauen. Wie bringt man all die Fakten, all die politischen Kompromisse, das Bemühen und das Abblocken anderer an die Öffentlichkeit? Wie kann ich selbst überdurchschnittlich interessierten Leserinnen wie denen von ECCO klarmachen, was da passiert? Ganz abgesehen davon, dass wohl niemand den totalen Durchblick hat. Ich schon gar nicht. Ich öffne ein neues Dokument.

Seit der Energiekrise gibt es einen weltweiten Run auf Flüssiggas – in Europa, Afrika, Nordamerika, Asien und Australien. In großer Eile wird viel mehr Infrastruktur für Flüssiggas aufgebaut, als eigentlich benötigt wird. Zu diesem Ergebnis kommt eine Analyse des Climate Action Tracker. Die klimaschädlichen Emissionen dieser neuen Gas-Kapazitäten gefährden massiv das Ziel, den Temperaturanstieg auf möglichst 1,5 Grad zu begrenzen. Die absehbare Überversorgung an Flüssiggas könnte schon 2030 etwa 500 Megatonnen erreichen. Das entspricht der fast fünffachen Menge dessen, was die EU 2021 an russischem Gas importiert hat. Damit wird der Ausstoß klimaschädlicher Gase wie CO_2 und Methan in noch gefährlichere Höhen getrieben. Fossile Energieträger könnten aber nirgends die Lösung für die aktuelle Klima- und Energiekrise sein.

Ich fahre irritiert auf. Smartphone. Eine Nachricht. SMS. Eine italienische Nummer. Dieselbe, die mir das Interview von Martin Prager im »Magazin« hat zukommen lassen. So viel ist geschehen, ich habe mich nicht mehr darum gekümmert.

Neuhof, Alarm!!! Jana Krajner … poppt auf.

Ich drücke hektisch auf die SMS-App. Was macht Jana beim Neuhof? Ihr Kind? Kriegt sie ihr Kind? Warum dort?

Neuhof, Alarm!!! Jana Krajner in Gefahr. No Polizei. No Anruf. Telefon komplett ausschalten. Sofort. Sie will wissen, was ist? Dann muss man hin. Neuigkeit über Martin Prager und Vorsicht. ALLES IST ANDERS. Un amico.

Ich schicke die Nachricht sofort an Vesna weiter. Ich muss Martin Prager anrufen. Im letzten Moment entscheide ich mich anders. Ich bin mir nach wie vor nicht sicher, welche Rolle er spielt. *ALLES IST ANDERS* – was ist anders?

Vesnas spezieller Klingelton. »Ich habe schon gehabt. Du bist am Weg?«, fragt sie anstelle einer Begrüßung.

»Du hast die Nachricht auch bekommen? Italienische Nummer?«

»Ja, aber egal, es ist nicht Zeit zum Reden. Wir müssen hin.«

»Nemecek wäre näher.«

»Keine Polizei. Du hast nicht gelesen? Jana. Es ist etwas mit Jana. Vielleicht. Außerdem. Er macht, was er will. Schon vergessen?«

»Und wenn wir zu spät kommen?«

»Es kann sein, man wartet. Weil man uns dort haben will.«

»Wer, man?«

»Prager.«

»Es war Steinkellner.«

»Ja, aber du zweifelst noch immer. Und Steinkellner kann momentan gar nichts machen.«

»Zweifeln? Man kann sich eben täuschen.«

»Was sagt dein Gefühl?«

»Er war es nicht.«

»Wer, er?«

»Egal.«

»So ist es. Fahre los. Ich bin in Firma und wir treffen uns bei Ortsanfang vor Neuhof, da ist alte Scheune mit Werbeaufschrift, du weißt?«

»Ich denke, ja. Hast du versucht, Jana zu erreichen?«

»Ja, über anderes Telefon. Aber sie reagiert nicht.«

»Du bist mindestens so nervös wie ich. Tun wir das Richtige?«

»Warum ich bin nervös? Keine Zeit mehr zu reden.«

»Weil du Worte auslässt. Immer wenn du nicht perfekt Deutsch …«

»Vergiss es! Es geht nicht um Deutschstunde. Es geht um meine Tochter. Sie weiß zu viel, was bei CHANCE! war! Schalte dein Telefon aus! Sofort!«

»Wer kann das überprüfen?«

»Es geht um Jana!«

Ich schalte mein Telefon aus. Überlege eine Sekunde und schreibe Oskar eine Nachricht auf ein Stück Papier. *Bin im Neu-*

hof. Love, Mira. Liebe klingt so dramatisch. Aber ihm nichts zu hinterlassen als ... zu hinterlassen? Unsinn. Ich lege den Zettel in die Box mit der heutigen Futterration für Vui und renne los.

Die Scheune mit einer verblichenen Werbung für ein Waschmittel, das heute schon um viele Kampagnen weißer wäscht. Ich parke meinen Wagen dahinter. Von Vesna keine Spur. Ich kenne das. Sie wird unvermittelt auftauchen. Ich werde nicht erschrecken. Nein, diesmal scheine doch ich schneller gewesen zu sein. Ich steige aus und sehe mich um. Friedliche Landschaft, abgeerntete Felder, ein paar Streifen mit Winterbegrünung, gefurchte Äcker in Brauntönen, etwas weiter weg einige Windräder. Je mehr es davon gibt, desto mehr CO_2 kann man sparen. Aber Bürgerinitiativen kämpfen gegen die Verunstaltung der Landschaft, gegen angebliche oder tatsächliche Gesundheitsgefahren durch Windräder, gegen die Betreiber als neue Energie-Gewinnler. Ein grüner Wagen, der viel zu schnell näher kommt. Ich kenne ihn nicht. Ich drücke mich an die Scheune. Fort kann ich nicht mehr. Er bremst unmittelbar vor der Ortstafel, schleudert Richtung Holzwand. Das geht sich nie aus, er kracht mitten ins Waschmittelplakat. Aber einige Zentimeter vorher kommt er zum Stehen. Fast gleichzeitig springt Vesna aus dem Gefährt.

»Was ist das für ein Auto?«

»Keine Zeit, über Auto zu reden. Ich weiß, dass Leute vom Hof sind nicht da. Es ist eine Bio-Messe und sie stellen alle gemeinsam ein Projekt vor, weil sie einen Preis kriegen.«

»Alle gemeinsam? Also auch Martin Prager?«

»Man wird sehen. Komm. Wir lassen die Autos da.«

»Das sind gut zwei Kilometer.«

»Es geht ein Feldweg von hier weg. So ist es viel näher. Und sie sehen uns nicht kommen.«

»Beim ersten Mal war es auch keine Falle. Als wir Steinkellner getroffen haben.«

»Ja, aber wer weiß, wer Nachricht geschickt hat.«

»Schon seltsam. Zweimal sollen wir an denselben Ort.«

»Hab ich auch schon gedacht. Die wissen, dass wir das kennen.«

»Und dass die Leute weg sind und wahrscheinlich wie immer offen lassen.«

»Hinein ist das kleinste Problem.«

Vesna stapft in einem derartigen Tempo vor mir her, dass ich kaum nachkomme. Jana hat in ein paar Wochen Geburtstermin. Wir hätten von vornherein die Polizei verständigen sollen. Nemecek. Von mir aus auch den Ermittler vom LKA Wien. Da geht es nicht um Sympathie.

Büsche, Bäume, Felder, Windschutzgürtel. So nah bei Wien und so viel Natur. Zwei Hasen, die erschrocken davonsausen. Irgendein Vogel, der schreit. Schleierwolken haben sich vor die Sonne geschoben. Demnächst sollen die Temperaturen nach unten rasseln.

»Vesna …«, keuche ich. Sie muss ihr Tempo ein bisschen drosseln, sonst krieg ich keine Luft mehr.

Sie bleibt stehen und deutet. »Da vorne!«

Tatsächlich nähern wir uns dem Neuhof von der Rückseite. Zwei Scheunen. Ein Wäldchen, ein kurzer Weg, mit Büschen gesäumt.

»Man kommt gut hin, ohne dass sie uns sehen«, sagt meine Freundin.

»Und wenn jemand in der Scheune ist?«

»Du gehst vor.«

»Ich?«

»Na, wer soll dich retten, im Fall?«

»Und wenn du vorgehst, dich kriegen sie nicht so schnell, wenn du …«

»Mach es. Wir haben keine Zeit zum Diskutieren. Da ist niemand. Und sie werden uns schon nicht umbringen.«

»Sehr aufbauend.«

»Ist einfach wahrscheinlich.«

Gemeinsam bewegen wir uns so nahe wie möglich an den Bäumen des Wäldchens vorwärts. Eine Dornenranke kratzt mir die rechte Hand auf. Ich merke es kaum. Vielleicht sind ein paar Tropfen Blut im Gelände gar nicht schlecht. Die Hunde können besser Witterung aufnehmen ... Denk gar nicht an so etwas. Konzentrier dich. Dort, wo der Weg zum Hof abzweigt, deutet mir Vesna voranzugehen. Ich nicke. Ich gehe geduckt. Ich weiß, warum ich Sträucher und Bäume lieber habe, wenn sie grün sind. Sie geben mehr Sichtschutz. Okay. Jetzt die drei Schritte hinüber zur Scheune. Ich lehne mich an die Wand. Gehe dann langsam weiter. Bin jetzt bei der Schmalseite des Haupthauses. Ich sehe, wie Vesna mir nacheilt. Im früheren Leben muss sie Indianerin gewesen sein. Allerdings ist sie auch um einiges schlanker und kleiner und durchtrainierter als ich.

»War nichts, wie ich gesagt habe«, flüstert sie.

Jetzt ist sie wieder vorne. Die Schmalseite entlang, Richtung Parkplatz. Traktor. Derselbe wie immer. Fast beruhigt mich das. Kein Auto. Stille. Vesna zieht ein Fernglas aus der Tasche, sucht konzentriert die Umgebung ab. Stellt noch einmal scharf. Deutet auf eine Gruppe mit Büschen. »Da, ein Motorrad. Versteckt.«

»Kannst du die Nummerntafel sehen?«

»Nein. Du bleibst da, ich gehe hin.«

Ich kann gar nichts mehr sagen, sie ist ums Haus herum, vorbei an einigen Heuballen, sie hätte mir das Fernglas dalassen sollen, ich kann sie in den Büschen nicht mehr erkennen. Ich sollte aufpassen, ob ... Nein, es ist noch immer alles ruhig. Niemand zu sehen beim Haus. Zum Glück. – Ist es ein Glück? Wo ist Jana? Sie werden sie wohl nicht mit dem Motorrad ... Und schon ist Vesna zurück. Sie keucht kaum merkbar.

»Du bleibst bei Eingang. Wenn du nichts hörst, du gehst in Halle für Verkauf. Du hast Telefon.«

»Komplett ausgeschaltet.«

»Anderes.« Sie gibt mir ein Mobiltelefon, das fast schon ins Museum gehört. Miniding zum Aufklappen. »Nummer von Fran. Ist in Graz, leider, aber versucht zu klären, wer Nachrichten geschickt hat.«

»Das sagst du erst jetzt?«

»Keine Zeit.« Damit ist sie bei der Tür, drückt die Klinke. Ist verschwunden. Ich lausche. Warte eine Minute. Dann gehe ich ihr langsam nach. Man könnte annehmen, ich will Bohnen kaufen. Noch immer nichts zu hören. Wenn sie Vesna abgefangen und geknebelt … Die lässt sich nicht fassen, ohne zu kämpfen. Und wer sind »sie«?

Ich öffne die Tür so vorsichtig, als könnte sie mit einem Zeitzünder verbunden sein. Sprengfalle. Vesna hat mich auf die Idee gebracht, seither geistert sie durch meinen Kopf. Mein Katastrophenhirn. Passt vielleicht zur Klimakatastrophe. Ich muss mich konzentrieren. Die Eingangshalle ist verlassen. Ich ducke mich hinter den hohen Tisch mit den Gemüsekisten. Ob er Schutz bei einer Explosion gibt? Mir kommt vor, da war ein leises Rumpeln. Ein Scharren. Ich war eine Idiotin. Ich hätte Nemecek … Er kann nichts dafür, dass sein Mitarbeiter Steinkellner gefunden hat. Soll ich das Telefon aktivieren? Ich greife in die Tasche. Rauch. Es riecht nach Rauch. Mein Instinkt hat mich gewarnt. Zeitzünder. Eine Lunte. Wo? Wie lange brennt so etwas? Rumpeln. Jetzt ist es unüberhörbar. Ich ducke mich tiefer. Lila Karotten in einer Box. Und, was hast du gestern so gemacht? Mich hinter lila Karotten versteckt. Wenn ich es noch jemandem erzählen kann. Ende. Aus. Ich aktiviere mein Telefon. Ich spiel da nicht mehr mit. Irgendetwas ist mit Vesna, sonst wäre sie längst zurück. Sie würde mich nicht so allein …

Die Geräusche kommen aus dem ersten Stock. Ich spähe vorsichtig zur Holztreppe. Ein großer, breitschultriger Mann im Tarnanzug. Bundesheer. Militär. Geheimdienst. Wo sind wir … Ich kann nichts tun. Ich kann nur warten. Er rennt die Treppe hinunter, das Gesicht hinter einer Strumpfmaske verborgen. »Komm!«, schreit er nach oben. »Da is' niemand, wir müssen weg, das war's!«

Die Stimme ist dumpf. Sie kommt mir dennoch bekannt vor. Ein Schrei. Poltern. Das war wieder im oberen Stock. Der Mann mit der Strumpfmaske dreht sich gehetzt um. Ich ducke mich. Ich höre, wie er die Stufen nach oben rennt. Die Stimme. Diese Mischung aus Bass und Kicksen. Der Ex-Hooligan. Diesmal nicht in Schwarz, sondern in Tarnkluft. Der andere. Dieser Kevin … Philosophiestudent und Schläger … Den Nachnamen hab ich vergessen … egal. Er ist oben. Ich hebe vorsichtig den Kopf, mache einen Schritt aus meiner Deckung. Rumpeln, Poltern. Eine offene Tür. Rauch, viel Rauch. Die haben ein Feuer gelegt. Wo ist Jana? Sie ist im achten Monat schwanger. Wo ist Vesna? Noch nie hat es so lange gedauert, bis mein Smartphone hochgefahren ist. Nemecek. Mit zittrigen Fingern WhatsApp. *HILFE! Neuhof.* Klingelton. Das ist nicht meiner. – Das Telefon, das mir Vesna gegeben hat. Mit Frans Nummer. »Hilfe«, keuche ich. »Feuer. Und die Schläger. Die von Natio. Im Neuhof.« Ich weiß nicht, ob jemand die Chance hatte, das zu hören. Ich lasse einfach beide Telefone an. Ich muss zu Vesna. So viel Rauch. Ich kann sie nicht verbrennen lassen. Ich …

Ich richte mich auf, renne zur Treppe, die ersten Stufen hinauf. Die beiden Männer im Tarnanzug, wie Mauern vor mir, und noch mehr Rauch. Er beißt, er dringt in alle Poren.

»Die schon wieder«, keucht Kevin. Er gibt mir einen heftigen Stoß. Ich strauchle, schreie, halte mich am Treppengeländer, diesmal wehre ich mich. Ihr werdet nicht … Aber sie rennen weiter, zur Tür hinaus. Ich muss zu Vesna. Hinauf. Ein feuchtes Tuch … Keine Zeit. Ich ziehe meine Jacke über den Kopf und stehe im Zimmer, im Rauch. Kein Feuer, nur Rauch, nein, dort drüben. Auch Feuer. Am Schreibtisch. Und Vesna. Sie taumelt und hustet.

»Jana, wo ist Jana? Ich finde sie nicht«, keucht sie.

Ich muss sie wegziehen, wir müssen weg.

Vesnas Gesicht ist blutverschmiert. Sie reißt das Fenster auf.

»Weg hier«, schreie ich und höre gleichzeitig, dass jemand die Stufen nach oben kommt. Lautlos ist der Rauch, nur ein kleines Feuer, dort am Schreibtisch, aber es wird größer, trotzdem, kein Prasseln, kein Lärm, der kommt erst, wenn alles Feuer fängt, aber böse ist der Rauch, er erstickt uns. Erstickt ... Egal, wer kommt, wir müssen hier weg. Ich reiße Vesna mit mir, sie leistet kaum Widerstand, taumelt wieder, nach unten, und wenn ...

Jana. Da steht Jana auf der Treppe. Unverletzt. Und starrt uns an.

»Hinunter«, schreie ich.

Wir rennen, taumeln, torkeln.

»Wo ist Wasser?«, ruft Jana.

»Wo warst du?«, krächzt Vesna. »Geht es dir gut? Dem Baby?«

»Ich hab euch gesucht. Eine Nachricht. Dass ihr hier seid. In Gefahr.«

Ein Knall. So als ob eine große Glasscheibe zerplatzt. Rauchschwall. Dunkles Grollen, dann Knistern, Prasseln. Flammen.

»Einen Schlauch«, schreit Jana.

»Da kannst du nichts tun«, keucht Vesna. »Du gehst sofort hinaus.«

»Hallo, hallo ...« Ich sehe mich irritiert um. Leise Stimmen ... Martin Prager – oder hat er die beiden Natios ...

Das Telefon. Die Telefone. Ich atme so tief ein, dass es wehtut. »Feuer. Feuer im Neuhof, ganz dringend die Feuerwehr. Und die beiden Schläger. Kevin irgendwas und der andere. Auf der Flucht. Mit einem Motorrad.«

»Wohin?«, brüllt Nemecek.

»Keine Ahnung.«

»Sag ihm, es ist eine Aprilia, eine große, schwarz, Neunhunderter, Kennzeichen MI 675LT«, hustet Vesna.

Ich widerhole es brav.

Vesna taumelt, lehnt sich an die Wand. Ich stopfe das Telefon in die Tasche und ziehe sie gemeinsam mit Jana nach draußen. Ins Gras. Sie keucht. Sie hat einen Cut auf der Stirn, es blutet.

Ein Quietschen. Es kommt vom anderen Handy, dem vorsintflutlichen.

»Was ist?«, schreit Fran. »Mira? Sag, was los ist?«

»Alles okay, sozusagen. Deine Mam … hat einen Cut. Jana ist unverletzt. Es gibt Feuer. Wir sind draußen.« Ich höre Sirenen. Noch nie hab ich mich darüber so gefreut. Grauschwarzer giftiger Qualm aus dem offenen Fenster im ersten Stock.

»Wir brauchen Auto«, keucht Vesna.

»Die Feuerwehr ist schon da«, murmle ich beruhigend. Offenbar ist sie nicht ganz bei sich.

»Ich höre es, ich habe etwas Blut, aber ich höre und sehe und ich weiß. Du holst sofort Auto, die kommen nicht weit. Habe Auspuff verstopft.«

»Das Auto steht fast einen Kilometer …«

»Jana, wo hast du …«

»Gleich da vorne.«

»Gut. Komm.«

»Mam, du kannst nicht …«

Vesna versucht aufzustehen, taumelt wieder. »Dann nimmt Mira dein Auto, sonst war es umsonst. Mira. Du fahrst Straße entlang. Du wirst sie finden.«

»Ja. Mach ich.«

»Spinnst du?«, schreit Jana gegen den Lärm der Sirenen an.

Große und kleine Autos, mit und ohne Sirene. Ich strecke Jana wortlos die Hand entgegen. Sie schüttelt den Kopf und gibt mir den Autoschlüssel. Ich hoffe, dass ich das Richtige tue. Wenigstens dieses Mal. Ich renne los, meine Lungen brennen, aber das hat vielleicht weniger mit dem Rauch zu tun als mit meiner Kondition. Ich hoffe, Nemecek kommt und rennt hinter mir drein. Jetzt bin ich beim Auto. Zur Not muss ich allein los. Es reicht, wenn ich das Motorrad finde. Nicht weit, hat Vesna gesagt. Es gibt nur zwei Wege, die von hier abgehen. Die Landesstraße, jetzt voll mit Einsatzfahrzeugen. Und die kleine Straße in Richtung Nachbarort.

»Was tust du?«, brüllt der oberste Polizist des Bezirks in meinem Rücken.

»Steig ein, bitte!«

Er lässt sich auf den Beifahrersitz fallen, ich starte fast so schnell wie Vesna. Die schmale Straße. Links und rechts Weingärten.

»Die kommen nicht weit, hat Vesna gesagt, sie hat den Auspuff verstopft.«

Wir schweigen und fahren langsam und schauen konzentriert nach links und rechts. Nichts zu sehen. Sie sind doch weiter gekommen. Oder sie haben die Maschine diesmal besser versteckt und sind zu Fuß davon. Es war einen Versuch wert.

»Da!«, sagt Nemecek.

Eine halb verfallene Weingartenhütte. Ich sehe gerade noch, wie etwas darin verschwindet.

»Sie haben die Maschine hineingeschoben. Fahr vorbei, fahr ganz unauffällig vorbei, Gesicht so weit wie möglich nach unten«, sagt Nemecek.

»Sollen wir nicht …«

»Bist du verrückt?« Ein paar knappe Befehle in sein Telefon.

Jetzt liegt die Hütte schon ein gutes Stück hinter uns. Ich fahre noch langsamer. Nemecek dreht sich um. »Sie kommen. Passt. Dreh um.«

Nichts Verbindliches, nichts Fröhliches. Ein Profi. Ich wende und sehe, wie ein Polizeiwagen vor der Hütte hält. Die zwei in ihren Tarnanzügen. Sie versuchen zu fliehen.

»Ein Glück. Sie hätten sich verschanzen können«, murmelt Nemecek.

Wir rollen näher. Die beiden rennen auf uns zu, sehen sich gehetzt um, schlagen einen Haken, sind auf dem abgeernteten Feld.

»Anhalten. Du bleibst da.« Ein knapper Befehl. Nemecek reißt die Tür auf und geht dahinter in Deckung. »Polizei! Auf den Boden! Hände über den Kopf!«

Die beiden zögern, straucheln, als hätte man sie getroffen. Aber da war kein Schuss. Der eine wirft sich auf den Boden.

»Hände über den Kopf!«, schreit Nemecek noch einmal.

Der andere geht in die Knie. Er fummelt an seinem Gürtel.

»Scheiße«, höre ich Nemecek leise sagen.

Der Typ hat eine Waffe. Er zielt auf unser Auto.

»Geh in Deckung«, sagt Nemecek ganz ruhig, ohne den Typ aus den Augen zu lassen.

Ich starre hin.

»Deckung!«

Ich drücke Kopf und Oberkörper unters Lenkrad, versuche mich einzurollen, klein zu machen. Der Zündschlüssel baumelt vor meiner Nase. Der Anhänger ist orange. CHANCE! steht darauf in dicken schwarzen Buchstaben. Für einen Moment ist es totenstill.

»Gib auf!«, bellt Nemecek. »Du legst jetzt die Waffe weg, dann passiert dir nichts.«

»Mach es«, wimmert der Ex-Hooligan. »Die schießen.«

Von Kevin kommt keine Antwort. Er heißt Schmolle. Und der andere Markus Kogler, er wollte den Pflichtschulabschluss nachmachen. Warum fallen mir ausgerechnet jetzt ihre Namen ein? Wo sind die anderen Polizisten? Können sie von hinten …

»Ich schieße!«, schreit Schmolle. »Ihr lasst uns gehen! Sonst schieße ich!«

Ein Schuss. Ich zucke zusammen und stoße mit der Stirn an den Schalthebel. Wer hat geschossen? Nemecek war es nicht. Und er ist unverletzt. Jetzt richtet er sich auf. Haben sie …

»Weit weg mit der Waffe, wirf sie ganz weit weg!«

»Okay, das war es. Hoffentlich«, sagt er zu mir. »Du bleibst noch da unten.«

»Ist er …«

»Blödsinn, die Kollegen haben in die Luft geschossen.«

Er geht Richtung Feld. Ich zittere am ganzen Körper. Aber ich bin auch Journalistin. Und wenn Nemecek Richtung Feld geht, sollte keine unmittelbare Gefahr mehr drohen. – Was, wenn er sich täuscht? Ich warte jede Sekunde auf den nächsten Schuss. Auf das Bersten der Windschutzscheibe. Ich hebe langsam den Kopf, arbeite mich von unter der Lenkradsäule nach oben. Drei Polizisten in Uniform. Die beiden im Tarnanzug auf dem Boden, mit dem Kopf nach unten. Hände am Rücken gefesselt. Und Fritz Nemecek. Ich steige aus, gehe in ihre Richtung. Immerhin. Ich war es, die sie hergeführt hat. Die Polizisten starren mich an, dann Nemecek.

»Ist schon gut«, sagt er. »Das passt. – Auf! Steht auf!«

Zwei Polizisten unterstützen die beiden dabei. Helfen wäre der falsche Ausdruck.

»Wir kennen uns«, sagt Nemecek.

»Scheiße«, kickst Kogler.

»Du sagst gar nichts«, befiehlt Schmolle. Aber es klingt nicht besonders martialisch.

»Das war glatter Mordversuch!«

»Mordversuch? Was können wir dafür, wenn die immer auftaucht«, knurrt Schmolle.

»Ihr habt uns hergelockt. Ihr habt getan, als hättet ihr Jana«, kontere ich.

»Wen jetzt?«

»Stell dich nicht blöder, als du bist!«, bellt Nemecek.

Kogler schüttelt den Kopf. »In echt. Das haben wir nicht gewusst, wir wollten nur …«

»Halt den Mund!«, ruft Schmolle.

»War es vielleicht schon wieder euer Floda, der euch den Auftrag gegeben hat?«, ätzt Nemecek.

»Der Führer ...«, keucht der Ex-Hooligan.

»Schluss mit dem Unsinn. Ihr habt sie hergelockt. Und Feuer gelegt.«

»Das war doch wegen dem Buch!«, schreit Kogler.

»Sei still, du Arsch!«

»Mir ist das egal, ich will nicht wegen Mord drankommen. Wir sollten bloß ein Buch abfackeln.«

»Und Mira Valensky dazu.«

Kogler kann gar nicht mehr aufhören mit dem Kopfschütteln. »Scheiße, von der haben wir null Ahnung gehabt. Ein Buch. Das dieser Typ von da geschrieben hat. Auf seinem Computer. Abfackeln. Und das Zimmer. Wenn er was versteckt hat. Papier.«

Ich sehe Nemecek an. »Martin Prager hat an einem Buch geschrieben. Einem Zukunftsroman. Über die Klimakatastrophe.«

»Individuelle Bücherverbrennung? Warum? Was ist an dem Buch so besonders?«

»Er hat sich viel davon erwartet«, murmle ich.

»Kann sein, aber warum wollten sie verhindern, dass es erscheint?«

»Es war nur das Scheißbuch«, hustet Schmolle, der Philosophiestudent. »Was steht darauf, ein Buch abzufackeln? Wenn andere reinrennen, ist das ihr Risiko.«

»Und wer hat uns dann hergelockt?« Meine Stimme klingt schon wieder erstaunlich fest.

»Wen hergelockt?«

»Mich. Und Jana. Die zu viel weiß.«

»Was weiß die?«

»Sie war im Hauptquartier.«

»Du sagst jetzt nichts mehr«, versucht Schmolle seinem Kameraden zu befehlen. »Wir reden nur noch mit unserem Anwalt.«

»Ihr werdet mit uns reden. Glaubt ihr, dass die Ermittler vom LKA so nett sind zu euch? Ihr habt nicht überall Freunde, da verrechnet ihr euch«, faucht Nemecek. Er wirkt, als würde er gleich zuschlagen.

»Ich dachte, der ist von uns«, sagt Kogler zu seinem Kameraden.

»Die sind nie von uns«, antwortet Schmolle. »Die dienen den Systemparteien. Noch.«

»Oder der muss so tun.«

»Wer hat euch den Auftrag gegeben? Und sagt nicht, ihr macht das auf eigene Faust«, brüllt Nemecek.

»C-Floda«, sagt Kogler und grinst.

Ich sehe, wie Nemecek ausholt. Gerade im letzten Moment lässt er die Hand sinken. – Weil ich dabei bin?

»Es gibt ein Netz«, antwortet Schmolle. »Wir verraten niemanden. Es dauert nicht mehr lange und ihr werdet euch alle wundern.«

»Ja, und aus diesem Netz ist Floda zu euch herabgestiegen. Ihr könnt uns beim Wundern zusehen. Ein paar Jahre lang, auf Staatskosten«, entgegnet Nemecek trocken.

»Schon mal was von den ›Freunden der Freiheit‹ gehört? Die haben uns auch den Schal gegeben. Als Zeichen«, kickst Kogler.

Nemecek sieht mich fragend an. Ich schüttle den Kopf. »Einen Schal?«

»Ihr habt keine Ahnung.«

»Bei der Eingangstür. Auf der Innenseite. Da war ein orangefarbener Schal«, murmle ich.

»Als Zeichen wofür?«, bellt Nemecek.

»Dass er nicht weiter lügt, der Klimaschützler, in seinem dummen Buch.«

»Vom wem habt ihr den Schal?«

»Von denen eben«, kickst der Ex-Hooligan.

»Genauer!«

Schmolle schüttelt den Kopf. »Ihr könnt es aus uns auch nicht herausprügeln. Wir arbeiten zusammen, aber wir kennen einander nicht. Sicherheitshalber. Damit auch die Schwächeren …« Er sieht Kogler an.

»Ich bin schwach? Ihr scheißüberheblichen Kotzbrocken, nur weil ich keine Matura habe, muss ich …«

»Was?«, will Nemecek wissen.

»Gar nichts muss er. Jeder ist zuerst Knappe. Damit er gehorchen lernt.« Schmolle starrt seinen Kameraden wütend an.

»Der Schal war am Kreuz beim Kriegerdenkmal. Und das mit der Waffe hab ich nicht gewusst«, kiekst der.

»Bei welchem?«

»In Großkrut.«

»Nicht gleich ums Eck. Und was war da noch? Euer C-Floda?«

»Wir haben keinen gesehen. Nie«, sagt Kogler und sieht zu Boden.

»Und woher kam der Befehl?«

»SMS.«

»Ins Auto«, sagt Nemecek.

Zwei Stunden später sitzen wir bei einem Heurigen in der Nähe von Mistelbach. Vesna ist im Spital genäht worden, sie hat sich geweigert, die Nacht über dortzubleiben. Jana geht es gut, das Baby bewegt sich ganz normal, sagt sie. Ich bin so müde, dass ich auf der Stelle einschlafen könnte. Der Brand ist gelöscht. Wie es aussieht, hat der Neuhof keine gravierenden Schäden genommen. Nur das Zimmer ist komplett hinüber. Zuerst durch das Feuer und dann durch das Wasser. Die beiden haben offenbar Feuer gelegt und gewartet, bis es größer geworden ist. Auf dem Laptop dürfte eine Flasche mit reinem Alkohol gestanden haben. Brandbombe der einfachsten Art. Ob sie tatsächlich nichts davon gewusst haben, dass man uns hingelockt hat? Kevin Schmolle war bewaffnet. Das Eigenartigste ist freilich die Sache mit dem Schal. Jana ist sich ziemlich sicher, dass der Schal Julia gehört hat. Sie glaubt, dass ihn Julia am letzten Abend, nach dem Hochwasser in Venedig, getragen hat. Sie hatten ein Zimmer in einem der Hotels gemietet. Julia und die anderen, die mit ihr im Hochwasser gestanden sind, haben geduscht und sich umgezogen. Julia hat einen orangen Schal um ihren Hals geschlungen. Natürlich, es kann auch ein Schal sein, der aussehen sollte wie ihrer. Aber warum? Und wer weiß davon?

Martin Prager sitzt bei uns und schüttelt den Kopf. »Keine Ahnung, ich bin ratlos. Ich weiß nicht, was mir der Schal sagen soll, außer, dass er offenbar von Julia ist.«

Kann man ihm glauben? Wem kann man noch glauben?

16

Die lügen alle und wollen die Erde schwarz machen. IMMER sind die Patrioten schuld, aber wirklich sind es die Grünlinge, Klimakleber u. Volksveräter!!!

Märzt die linken Säcke aus in der Polizei! Die haben gefoltert! Damit sie falsche Geständnisse kriegen. Guantanomo ist ein Dreck dagegen. C-Floda sammelt sein Heer.

Aber es gibt natürlich auch ganz andere Postings im Internet. Katharina Grün zum Beispiel:

Es geht um das Wichtige! Es gibt eine radikale Allianz, auch gegen den Klimaschutz. Die greifen sogar katholische Organisationen an, nur weil sie sich für die Schwächsten einsetzen. Wer aber steht hinter den Handlangern, die gemordet und Feuer gelegt haben? Gemeinsam müssen wir die Erde retten. Ich bin auf das Buch von Martin Prager sehr gespannt!!! Danke allen, die CHANCE! unterstützen.

Manche fassen sich auch kürzer:

Eh klar. Die Klimalügner schrecken nicht vor Mord zurück. Und sie werden Millionen Menschen auf dem Gewissen haben, wenn wir sie nicht hindern. Auch wenn sie dann selbst schon tot sind. Was echt kein Schaden ist.

Ich habe versucht, alles, was ich weiß und was ich erlebt habe, in eine Reportage zu packen. Natürlich für ECCO – auch wenn sich ein ehemaliger Kollege vom »Magazin« bei mir gemeldet hat.

Man möchte meine Story gerne zukaufen. Und darüber hinaus wieder mit mir zusammenarbeiten. Zu einem guten Preis. Leider bekommt Bezirkspolizeikommandant Nemecek fast ebenso wenige Informationen wie ich, was die Ermittlungen angeht. Seine angekündigte interne Überprüfung hat man abgesagt. Er gilt als Held, er hat die beiden Brandstifter gefasst. Die womöglich auch Julia Melis auf dem Gewissen haben. Wenn stimmt, was mir die oder der mit der italienischen Nummer geschrieben hat: *Alles ist anders.*

Der orange Schal hat tatsächlich Julia gehört. Erste Analysen haben ergeben, dass sie ihn mit hoher Wahrscheinlichkeit getragen hat, als sie ermordet wurde. Fasern in ihrem Gesicht. Barbara Steinkellner ist sich nicht sicher, sie meint, es könnte sein, dass sie Kevin Schmolle im Hauptquartier gesehen hat. Am selben Tag, an dem Julia ums Leben gekommen ist. Es sind so viele Leute im Hauptquartier unterwegs gewesen. Eine offene Bewegung. Als am wahrscheinlichsten gilt inzwischen die These, dass hinter dem Mord und all den Aktionen, um ihn zu vertuschen und ihn anderen in die Schuhe zu schieben, tatsächlich ein internationales Netzwerk steckt.

Herbert Steinkellner ist aus der Untersuchungshaft entlassen worden. Der dringende Tatverdacht bestehe nicht mehr, er dürfe allerdings das Land nicht verlassen, hieß es in einem Polizeikommuniqué. Laut ihm hatte CHANCE! tatsächlich eine öffentliche Erklärung vorbereitet. Man werde auf eine Wahlempfehlung verzichten, wolle aber auf keinen Fall mit Parteien und Bewegungen zusammenarbeiten, die sich nicht voll und ganz zu den Menschen- und Freiheitsrechten bekennen. Außerdem lehne man es ab, dass NGOs und Klimabewegungen verunglimpft werden. Ausgerechnet die beiden von CoConcept haben das bestätigt. Auch der dümmste Journalist hätte begriffen, dass das auf die rechten Parteien Europas gemünzt ist. Jana ist einigermaßen sauer, sie war nicht eingebunden. Offenbar hat sich Steinkellner doch viel enger und exklusiver mit Julia abgestimmt. Schon möglich, dass die Hintermänner von Schmolle und Kogler von dieser geplanten Erklärung erfahren haben. Und dass diese Information das Fass zum Überlaufen gebracht hat. Der Draht könnte von CoConcept über die Mutter-Agentur Hutchton-Forbes und einen ihrer dubiosen Auftraggeber gegangen sein. Wie eng dieses Netzwerk neuer Nationalisten mit Öl-Lobbyisten und diktatorischen Regimes auch immer sein mag: Sie haben C-Floda, den wohlbekannten Führer aus dem verbotenen Computerspiel, eingesetzt, um die beiden von Natio zu weiteren Aktionen anzustiften. Egal, ob sie an ihn geglaubt haben oder nicht: Sie haben mitgemacht. Bis zum Äußersten. Offenbar haben sie Steinkellners Jacke einfach von der Garderobe des Bauernhofs genommen und sie danach wieder zurückgehängt. Dort war sie noch, als sich die Polizeibeamten für den Unternehmer zu interessieren begonnen haben. Nachdem er von der Bildfläche verschwunden war. Er wäre nie so dumm gewesen, sie hängen zu lassen.

Ich beschreibe in meiner Reportage nicht nur das, was Boulevardmedien mit »Weinviertler Mörder-Jagd« betitelt haben. Übrigens mit einigen verschwommenen Fotos, die Janas Auto und Nemecek hinter der geöffneten Beifahrertür neben einem abgeernteten Feld zeigen. Und etwas davon entfernt einen auf dem Boden liegenden und einen knienden Mann im Tarnanzug. Mit den Rettungskräften und der Polizei kommen eben mindestens ebenso viele Smartphones an die Tatorte.

Ich versuche auch, einige der Informationen von Katharina Gugger und Martin Prager in meine Reportage zu verpacken. Wie sollen wir eine Minute vor zwölf die Energiewende schaffen, wenn nicht einmal etwas so Simples wie Tempo 100 umgesetzt wird? Wer kann Regierungen grundlegende Veränderungen zutrauen, wenn selbst in Deutschland ein Dorf weggebaggert wird, um mehr Braunkohle zu fördern?

Unsere Regierung hat angekündigt, alle NGOs einer »genauen

Überprüfung« zu unterziehen. Eine junge konservative Politikerin warnt vor den »Klimaklebern«, die »vielleicht noch viel mehr Grenzen überschreiten, als wir wissen«. Als ob CHANCE! oder Last Generation schuld an Julias Tod wären.

Natürlich bringe ich auch das offizielle Statement der Patriotisch Sozialen Union. Ausgerechnet der Generalsekretär hat in einer Pressekonferenz jeden Zusammenhang seiner Partei mit den beiden Natio-Mitgliedern von sich gewiesen. Natio selbst sei nichts anderes als eine Gruppe von jungen Männern, die Kraft und Ausdauer trainieren. Dass sie die Weiterbildung von Kollegen unterstützen, könne wohl niemand kritisieren. Wenn Kevin Schmolle als Bezirksrat tätig war, sei das der Fehler einiger Lokalpolitiker gewesen, er sei ohnehin schon vor einiger Zeit aus der Funktion entfernt worden. Darüber hinaus gäbe es sogar Anzeichen, dass die beiden bewusst bei Natio eingeschleust worden seien, um die Trainingsgemeinschaft in Verruf zu bringen. Man untersuche Verbindungen zu radikalen Klimaschützern. Ganz abgesehen davon, dass er Vorverurteilungen ablehne. Es gäbe keine Beweise, was den fürchterlichen Mord an Julia Melis betreffe. Der dubiose Schal sei schließlich nicht bei den beiden, sondern in der »Kommune Neuhof« gefunden worden.

Ich hätte mehr erzählen können. Etwa, dass der Generalsekretär versucht hat, ECCO zu erpressen. Damit nicht über den Einbruch und den Überfall von Schmolle und Kogler berichtet wird. Aber ich halte mich zurück. Sam hat mich darum gebeten. ECCO muss erst stärker werden, um gegen politischen Druck, von welcher Seite auch immer, bestehen zu können. Und was bringt es, wenn wir schreiben, dass die beiden offenbar Angst vor dem Generalsekretär hatten? Immerhin dürfte es stimmen, dass er sie davor gewarnt hat, noch einmal Gewalt anzuwenden. Oder ist es ihm gelungen, uns weit mehr an der Nase herumzuführen, als wir uns vorstellen möchten? Wie intelligent muss man sein, um zu morden und zu lügen?

»Gut lügen ist schwieriger«, sagt Vesna.

Wir sitzen im gepflegten Wartebereich der privaten Geburtsklinik Profutura. Barbara Steinkellner hat darauf bestanden, die Kosten zu übernehmen. Das sei das Mindeste, was sie tun könnten. Und Jana hat, entgegen der Empfehlung von Vesna, angenommen. Die Klinik ist nicht nur gut, sondern als erste biozertifiziert. Wie immer das bei einer Geburtsklinik geht. »Für alle, die sich Umweltschutz leisten können«, knurrt Vesna. Von ihrem mächtigen Cut ist kaum mehr etwas zu sehen. Eine kleine Narbe könnte bleiben. Aber das ärgert meine Freundin weniger, als dass wir den beiden von Natio und ihren Hintermännern auf den Leim gegangen sind. »Wir hätten wissen müssen, dass sie es waren. Und dass sie Hintermänner haben. Es ist so einfach. Wir hätten sie überwachen müssen, sehen, mit wem sie sich treffen. Die Macher finden. Egal, ob das ein Generalsekretär ist oder andere sind. Oder die mit Öl-Lobby gemeinsame Sache machen.«

»Klar, am besten, wir hätten endlich Putin auf frischer Tat ertappt«, spotte ich.

»Lache nur, die Rechten haben viele Jahre Freundschaftsabkommen mit Putins Partei.«

»Vielleicht war's ja auch der saudische Kronprinz.«

»Wer kann wissen. Mein Gefühl sagt mir, da ist mehr dahinter.«

»Es gibt nicht nur das große Böse, sondern viel öfter das kleine Böse und das dumme Böse. Aber es gibt auch das Gute, oder zumindest etwas, das in diese Richtung geht.«

»Du redest von CHANCE!. Ist schon wichtig, gegen die Aufheizung zu arbeiten, die vom Klima und die zwischen den Menschen. Wenn wir an die nächste Generation denken.«

»Und die übernächste«, lächle ich.

»Ja, stimmt. Ich freue mich auf das Baby, egal, welche Farbe es hat. Aber … es bleibt eigenartig.«

»Dass Jana nicht sagt, wer der Vater ist?«

»Nein. Warum die Sache mit dem Tuch von Julia. Und die Verbrennung von dem Manuskript. Jeder normale Mensch kann sich denken, dass er irgendwo eine Kopie hat.«

»Es haben nur sehr wenige Leute von seinem Buchprojekt gewusst. Die Hintermänner wollten ihm drohen. Damit er gar nicht auf die Idee kommt, als neue Frontfigur von CHANCE! anzutreten. Deswegen auch der Schal in seinem Haus. Als Indiz, dass er der Mörder war. Und uns wollten sie stumm machen. So oder so.«

»Man darf gar nicht denken, was gewesen wäre, wenn Jana früher kommt.«

Ich schüttle den Kopf. Da war etwas, irgendetwas im Zusammenhang mit dem, was Vesna gesagt hat. Nicht ich, sie hat eins über den Kopf bekommen. Klar denken. Aber es ist so viel … »Es ist ein seltsames Durcheinander. Und es war so viel dem Zufall überlassen.«

Vesna lächelt. »Überheblich und dumm passt gut zusammen. Philosophie studieren kann bald wer.«

»Stimmt schon, aber was ist mit den Hintermännern? Was wollten die Leute dahinter?«

»Die wollen CHANCE! kleinkriegen, bevor schmutzige Industriebosse und Politiker Milliarden verlieren.«

»Klingt mir zu sehr nach Weltverschwörung. Und außerdem: Warum sollten die großen Mächtigen ausgerechnet Leute wie Schmolle und Ex-Hooligan Kogler brauchen?«

»Man nimmt, was man kriegt. Und Natio ist guter Erfüllungsgehilfe.«

»Es kann auch anders begonnen haben«, überlege ich. »Eingebrochen haben die beiden auf eigene Faust. Weil sie Angst gehabt haben, dass ihre Hassbriefe auffliegen könnten. Und dass man eine Verbindung zum Mord an Julia herstellen könnte. Danach kamen die zwei gerade recht, um mich einzuschüchtern. Und dann …«

»Ja, aber wer hat Auftrag gegeben? Leute, die gewusst haben, die beiden tun alles? Und dann pfeift der Generalsekretär sie zurück? Und wer oder war steckt hinter C-Floda? – Ich sage das selten: Du hast recht. Es ist alles zu kompliziert. Vielleicht ich bin auch nicht auf der Höhe wegen Jana.«

»Weil du Großmutter wirst.«

»Das finde ich gut. Echt gut. Auch wenn ich leider nicht so viel Zeit haben werde wie andere Omas. Ich montiere sicher gleich einen Kindersitz für sie.«

»In dein neues Supergefährt? Was soll aus dem Kind werden? Rennfahrer? Kamikaze? Und warum ›sie‹? Ich dachte, du weißt nicht, was es wird.«

»Ich habe das so im Gefühl. Es wird ein Mädchen. Aber das andere … Es reicht nicht, dass man die beiden von Natio hat. Und was Mord angeht, ist der Schal tatsächlich nur Indiz.«

Ich nicke. »Vielleicht ist es einfacher, als wir denken. Sie waren aufgehetzt. Sie wollten Eindruck schinden in ihrer Gemeinschaft und bei der Partei, sie sind immer tiefer reingeschlittert. Hinter den meisten Morden steht keine hochintelligente Strategie.«

»Ich finde solche Entschuldigungen zu viel. Sie bringen ihre Frauen um, weil sie glauben, das ist ihr Besitz. Oder denke an diesen Adeligen, der rottet die Familie aus, weil er sich schlecht behandelt gefühlt hat.«

»Ebenfalls keine Geistesgröße. Ganz ohne Entschuldigung.«

»Julia war ihnen überlegen und Martin Prager erst recht, vielleicht reicht das, damit sie wütend genug auch für Mord sind.«

Ich sehe meine Freundin an. »Das ist es. Martin Prager. Es ist mir die ganze Zeit im Kopf herumgespukt: Woher sollten die beiden von seinem Manuskript gewusst haben? Es muss jemand dahinterstecken, der so nah an ihm dran war, dass er selbst über sein so geheimes Romanprojekt Bescheid gewusst hat. Ein saudischer Ölprinz oder russische Geheimdienst waren das wohl nicht.«

»Wir machen eine Liste. Mit allen, die sicher vom Manuskript wissen, mit allen, die vielleicht geahnt haben. – Wann kommt jetzt endlich ein Doktor und sagt, ob es losgeht oder falscher Alarm war?«

Für einen Moment bin ich irritiert. Welcher Alarm? Schon wieder Alarm?

»Jana. Jana und das Baby. Das Wichtige.«

»Das Wichtige. Ja.« Da war dieses Posting. Da stand auch etwas vom »Wichtigen«. Und dass sie sich auf das Buch von Martin Prager freut. Eine Frau. Vielleicht geistert sein Projekt längst irgendwo in den sozialen Medien herum. Trotzdem. Wie hat sie geheißen? Ich hab so viel gelesen, analysiert, zusammengefasst. Und ich hab noch immer die Bilder im Kopf. Vesna im Rauch mit blutigem Kopf. Schmolle im Tarnanzug, auf dem Acker kniend. Die Pistole auf uns gerichtet.

»Natürlich sind Babys wichtig. Sie haben niemanden. Sie brauchen unseren …«

»Ja, klar.«

»Nur weil du keine Kinder …«

»Vesna, darum geht es jetzt nicht. Ich muss nachsehen. Da war ein Posting, da stand etwas von Martin Pragers Buch.«

»Wie heißt Poster?«

»Ich habe Hunderte gelesen, ich war schon ganz wirr im Kopf, sonst wäre es mir gleich aufgefallen. Es war eine Frau.«

»Die meisten Rechten sind Männer. Auch interessant, eigentlich.«

»Nein, sie war für CHANCE! und hat etwas in der Art geschrieben, dass die Aufklärung des Mordfalls wichtig sei, aber das wirklich Wichtige sei die Rettung der Erde, oder so.«

»Esoterikerin?«

»Eher eine Grüne. – Grün. Jetzt weiß ich es wieder, sie hat Grün geheißen.«

»Oder sich so genannt.«

Die Tür geht auf. Hier gibt es keine weißen Krankenhaustüren, sondern welche aus hellem Holz. Eine Ärztin, die nebenbei für Zahnpasta modeln könnte, kommt lächelnd auf uns zu.

Vesna steht auf. Ihr Gesichtsausdruck ist beinahe feierlich.

»Sieht so aus, als wäre es falscher Alarm gewesen. Ihre Tochter braucht Ruhe, sie hat Andeutungen gemacht, dass es in der letzten Zeit die eine oder andere Aufregung gegeben hat. Aber es ist alles bestens. Sie bleibt zur Sicherheit heute hier.«

Jana und ich haben Vesna überredet, heimzufahren. Sollte es doch losgehen, kann sie ganz rasch in der Klinik sein. Dieses Posting. Katharina Grün. Ihr Facebook-Account ist ziemlich neu. Sie schreibt gegen Klimawandelleugner und teilt Meldungen von CHANCE! und von anderen, die sich mit dem Thema beschäftigen. Leider hat sie keine persönlichen Informationen angegeben. Das Profilfoto zeigt eine sattgrüne hügelige Landschaft. Es könnte bald wo aufgenommen worden sein. Der Verlag, der Martin Pragers Buch herausbringen will. Und der sich offenbar viel davon erwartet. Vielleicht arbeitet Katharina Grün bei diesem Verlag. Natürlich sollte nichts an die Öffentlichkeit, aber das kann man schon einmal vergessen, wenn es gegen die Bösen und für das Gute geht.

Fran versucht mit seinen Möglichkeiten herauszufinden, wer hinter Katharina Grün steckt. Natürlich kann es auch ein Pseudonym sein. Katharina. Die ehemalige Wettermoderatorin heißt so. Katharina Gugger. Katharina Grün. Wäre passend, wenn auch nicht sehr schwer zu durchschauen. Aber vielleicht geht es gar nicht darum, ihre Identität bestmöglich zu verstecken. Gugger. Wie könnte sie von dem Buch erfahren haben? Sie kennt Barbara Steinkellner. Jedenfalls sind Katharina Gugger und Martin Prager nicht besonders gut aufeinander zu sprechen. Aber ihm deswegen die Natio-Leute auf den Hals zu hetzen? Woher hätte sie die gekannt? Und woher hätte sie vor allem den Schal gehabt? Und warum die Aktion mit mir und Jana? Waren wir bloß ein Ablenkungsmanöver? Im schlimmsten Fall Kollateralschaden? Nebelgranaten. Rauch …

Vesna hat in der Zwischenzeit eine Liste mit allen erstellt, die vom düsteren Zukunftsroman wissen könnten.

Sicher:
Martin Prager
Herbert Steinkellner
Mira Valensky
Vesna Krajner
Verlagsleute

Wahrscheinlich:
Julia Melis
Bewohnerinnen des Neuhofs

Möglich:
Leute in der Casa Moser

»Tatsache ist: Wir wissen nicht viel über seine Freunde«, murmle ich.

»Man sollte mit seinen Freundinnen von Neuhof reden«, stellt Vesna fest. »Vielleicht ist da jemand mit Pseudonym Katharina Grün. Kann sein, die war auch im Hauptquartier.«

»Eigentlich möchte ich eine Zeit lang nicht dorthin.« Ich sehe noch einmal auf die Liste. »Du hast noch zwei vergessen: Rosa Prager, seine Großmutter. Sie wusste davon.«

»Nicht besonders verdächtig. Aber vielleicht hat sie herumgeschwätzt.«

»Die ist hell im Kopf und von Natur aus skeptisch. Sehr unwahrscheinlich. Und Barbara Steinkellner.«

»Ihr Mann hat es ihr erzählt, glaubst du?«

»Vielleicht auch er. Ich habe mit ihr darüber geredet. In der Bio-Wohlfühloase. Wir haben allerdings über alles Mögliche geplaudert.«

»Auch nicht sehr verdächtig.«

»Sie hat auf mich gewirkt, als würde sie nicht alles erzählen. Sie ist im Hintergrund, fast wie unsichtbar. So sieht und hört man viel.«

Vesna kritzelt ihren Namen dazu auf die Liste. »Die Frau im Hintergrund. Fast unsichtbar.«

»Unsinn«, sage ich.

»Was, Unsinn?«

»Ich weiß, was du denkst.«

»Na ja«, erwidert Vesna. »Sie war im Hauptquartier. Sie hat niemand auch nur gefragt nach einem Alibi.«

»Sie war im Bauernhof. Allein. Das weiß man.«

»Ihr Mann hat für Julia geschwärmt. Zumindest geschwärmt.«

»Und Natio? So eine hat keinen Kontakt zu solchen Typen. Außerdem zahlt sie Jana die sündteure Privatklinik.«

»Schlechtes Gewissen. – Ich sage ja nicht, dass es so ist. Aber man sollte sie prüfen. Und auch diese ehemalige Wetterlady.«

17

Wir sind unterwegs in das ehemalige Kloster. Vesna hat darauf bestanden, mich zu fahren. So kann sie mir auch gleich ihr neues Wunderauto präsentieren.

»Hans spinnt«, sage ich, als sie mir die Beschleunigung vorführt. Von null auf hundert in ein paar Sekunden. Warum? Wer braucht das?

»Besser, manchmal ist man schnell«, erwidert Vesna ungerührt.

»Und an das Klima denkst du nicht?«

»Jetzt weiß ich, warum du so für Klimaschutz bist. Es ist Ausrede, damit du nicht schnell fahren musst.«

»Meiner hat eine Top-Beschleunigung, rein elektrisch.«

»Meiner zum Teil elektrisch, deswegen ist das Auto so stark. Plug-in-Hybrid. Ich kann Elektromotor als Turbo einsetzen. Und wenn ich nur mit Elektromotor fahre, dann bin ich so gut wie du.« Sie zwinkert mir zu.

»Wir sollten nicht zu schnell sein, es wäre besser, wenn wir schon wüssten, wer hinter Katharina Grün steckt.«

»Und wenn Barbara Steinkellner dann weg ist?«

»Warum sollte sie?«

»Gebucht hat sie bis Sonntag. Das stimmt. Aber sonst wissen wir wenig über sie.«

»Sie hat in seinem Schatten gestanden.«

»Kann man aushalten, mit so einem Leben.«

»Sie hat mir erzählt, dass sie in der Wohlfühloase eine persönliche Betreuerin hat. Für alles, was ihr am Herzen liegt.«

»Mit der sollten wir zuerst reden.«

»Da sind sogar die Rezeptionistinnen verschwiegen. Und man darf ohne Zustimmung eines Gastes nur bis in die Lobby.«

»Dann werden wir Gast sein.«

»Die kennen mich.«

»Ich werde Gast sein.«

»Du hast nichts mit. Die da absteigen, reisen nicht bloß mit einem Handtäschchen. Oder einem Rucksack.«

»Ich habe Notfalltasche dabei, wie immer. Ich erzähle ihnen, ich will schnuppern. Und lasse, wenn es mir gefällt, Gepäck nachbringen. Ich gebe ihnen Visitenkarte mit Adresse von Hans. Das macht was her. Großes Autohaus US-Speed. Und sogar ein zweites mit den guten neuen Elektroautos, für die man sofort in den Himmel kommt.« Vesna lacht.

»Das ist kein Kloster mehr. Habe ich in deinem Plan auch eine Rolle?«

»Es ist wirklich besser, wir reden zuerst mit dieser Betreuerin. Du bist einfach dabei, als meine Freundin. Wir werden Barbara Steinkellner nicht gleich über den Weg laufen. Und wenn … Du bist harmlos.«

»Klingt nicht freundlich aus deinem Mund.«

»Du bist so harmlos und gutglaubend, dass du sogar mit ihr über das Buch geredet hast. Und über die Schläger.«

»Warum auch nicht? Ich habe gemerkt, dass sie sich ausgeschlossen fühlt. Und ich wollte, dass sie mir mehr über ihren Mann erzählt.«

»Eben. Das meine ich mit gutglaubend.«

»Gutgläubig. Warum du wohl gerade dieses Wort immer verdrehst.«

»Weil es auf dich so besser passt.«

»Wir reden mit Barbara Steinkellner und spielen quasi mit offenen Karten«, schlage ich vor.

»Quasi ist gut. Reden wir über das ›quasi‹.«

Zum Glück hatte eine Rezeptionistin Dienst, die ich noch nicht gesehen habe. Vesna hat eingecheckt und ihre alte Umhängetasche aussehen lassen, als wäre sie ein Designerprodukt. Marke abgefuckt. Passend zu zerrissenen Luxusjeans. Sie kann so etwas. Ich bin die Freundin, die sie für ein paar Stunden begleiten soll. Dr. Maria Valensky. Ich hätte mich beinahe verschluckt, als sie das gesagt hat.

»Natürlich hier Maria, Mutter Maria, Maria Magdalena, in der katholischen Kirche wimmelt es nur so vor heiligen Marias.«

»Noch einmal: Das ist kein Kloster mehr.«

»Mauern sind noch da. Jetzt eben mit neuen Glaubenden.«

»Gläubigen.«

»Ach was, das sind Leute, die anderen Geld geborgt haben.«

»Das sind Gläubiger.«

»Die da geben freiwillig Geld, viel Geld, nur: Was kriegen sie dafür?«

Ich grinse. »Maria Magdalena war übrigens keine Heilige.«

»Keine Haarspaltung mehr. Heilige und Hure. So heißt sogar ein Buch. Oder ein Film. Und Doktor macht immer was her. Außerdem bist du es, schon vergessen?«

»Fast vergessen. Was hat ein Abschluss in Rechtswissenschaften mit meinem Leben zu tun?«

»Hoffentlich nicht viel.«

Vesna hat ein großzügiges Eckzimmer zugewiesen bekommen. Der Balkon geht auf einen Pool, dahinter Weingärten und Wald. »Wir müssen persönliche Betreuerin finden«, sagt Vesna. »Du wirst sagen, dass Frau Steinkellner so geschwärmt hat von ihr. Wir wollen sie testen.«

»Ob man solche Betreuerinnen testen kann? Das ist, wie wenn man einen Beichtvater testen wollte.«

»Also doch wie Kloster.« Vesna runzelt die Stirn. »Und was, wenn diese Betreuerinnen trotzdem gerne reden? Wenn schon vor uns jemand auf die Idee gekommen ist? Barbara Steinkellner erzählt Betreuerin, was du ihr erzählt hast. Gutglaubend. Sie hat sonst nicht viele, mit denen sie reden kann. Und jemand kommt und weiß, das ist ihre Betreuerin und fragt sie aus und schon …«

»Katharina Gugger. – Aber warum? Sie könnte ja auch direkt mit Barbara Steinkellner reden.«

»Kein Warum. Ist bloß eine Idee.«

Wenig später stehe ich wieder an der Rezeption. »Ist Katharina Gugger da? Eine Freundin von uns, die ehemalige Wettermoderatorin.«

Die Frau am Front Office mustert mich freundlich. »Haben Sie eine Verabredung mit ihr? Sollte sie da sein, dann könnten Sie ihr eine Nachricht hinterlassen. Wie war noch einmal der Name? Gugger?«

»Ja, sie war schon öfter hier«, lächle ich weiter.

»Sie werden verstehen, dass wir darüber keine Auskunft geben. Nicht erst seit den neuen Datenschutzbestimmungen. Ein Kloster war immer schon ein verschwiegener Ort.«

»Wunderbar, dieses Klosterfeeling«, strahle ich. »Sie haben den ersten Test bestanden.«

Die Frau in der hellblauen Bluse sieht mich irritiert an.

»Passt schon alles«, sage ich und gehe wieder Richtung Lift. Wer tratscht in so einem Haus? Der Gärtner? Wie komme ich zum Gärtner? Die Wäscherin? Die Putzfrauen? Das wäre Vesnas Fall, aber hier gibt es wohl Stubenmädchen. Oder Stubenschwestern. Zwei Gäste in dicken weißen Bademänteln, die offenbar auf den Lift warten.

»Und stell dir vor, da war dann trotzdem eine getrocknete Tomatenschale auf meinem Nudelgericht. Wo sie seit Jahren wissen, dass ich eine tiefe Allergie gegen Tomaten habe.«

»Ich gebe an, dass ich Gluten schlecht und Birnen gar nicht vertrage, und es klappt eigentlich immer. Wahrscheinlich musst du es jedes Mal sagen, damit es auch jeder weiß. Ich finde, sie machen das sehr gut.«

»Na ja, bei Stammgästen sollten sie einfach so Bescheid wissen. Der ganze Abend war mir verdorben.«

Der Lift kommt, die beiden steigen ein und sehen mich auffordernd an.

Ich schüttle den Kopf und lächle. »Mir ist etwas eingefallen.«

Die Küche ist einen Stock unter dem Rezeptionsniveau. Groß und hell, offenbar gilt das Konzept der Menschenfreundlichkeit auch für das Küchenpersonal. Ich sehe zwei junge Frauen in weißen Kochjacken und Häubchen beim Gemüseschälen. Es ist Nachmittag, da ist nicht viel zu tun.

Ich räuspere mich. »Grüß Gott. Kann ich irgendjemandem etwas zu meinen Unverträglichkeiten sagen?«

Die dunklen Locken der Frau, die Karotten schält, drängen unter dem Kochhäubchen hervor. »Sie mussen sagen an Rezeption, bitte.«

Der Akzent ist schwer zuordenbar. Osteuropa? Oder Griechenland?

»Oh, ich dachte in der Küche sei es direkter.«

Die Frau lacht. »Ich kann aufschreiben, aber bei uns geht alles Wege.«

»Einen geordneten Weg.«

»Ja. Das meine ich. In deutscher Sprache kann Weg nicht nur lang oder kurz, mit Asphalt oder ohne sein, sondern auch geordnet. Interessant.«

»Eine Philosophin in der Küche?«, lächle ich.

»Nein. Ich studiere Deutsch. Ich habe in Aleppo Arabistik und Englisch studiert. Und etwas Deutsch.«

»Und Sie arbeiten in der Küche.«

»Jede hat Jobs, wenn sie studiert, oder? Außer sie ist reich.«

»Dann macht man hier Urlaub.«

»Das stimmt. Sie sagen aber nicht gerne Urlaub hier, sondern Erholung. Ein ganz anderes Wort, auch sehr interessant.«

»Ich begleite nur eine Freundin. Für ein paar Stunden. Es soll sogar für jeden Gast eine persönliche Betreuerin geben.«

Die andere Frau, die eifrig Kartoffeln geschält hat, blickt auf. »Ja, aber das ist nicht so peinlich wie in den echten Luxushotels.«

»Inwiefern?«

»Private Butler, haben Sie schon einmal davon gehört? Ich hab eine Saison lang in so einem Hotel gearbeitet. Die müssen sich total zum Affen machen für die Gäste. Die müssen ihnen sogar die Schuhe zubinden, wenn sie das wollen.«

»Oder nicht mehr können«, lacht die Syrerin.

Ich spüre, wie mein Smartphone in der Jackentasche vibriert. Vesna. Sie wird schon ungeduldig sein. Oder es ist …

»Sorry.« Ich werfe einen Blick aufs Display. Nachricht. Von Fran.

Katharina Grün ist B. St.!!!

»Eine Nachricht von jemandem, den wir kennen. Sie ist auch hier. Ich würde sie gerne überraschen. Am liebsten würde ich mit ihrer persönlichen Betreuerin reden, um das einzufädeln.«

»Oh, wir wissen nicht, wer mit wem«, sagt die Syrerin.

»Klar wissen wir das«, erwidert ihre Kollegin. »Steht am Küchenplan. Auf dem mit den Menükategorien und Unverträglichkeiten. – Wissen Sie, dass es in besseren Hotels viel mehr Gäste mit Unverträglichkeiten gibt als in schlechteren?«

»Kann ich mir vorstellen. – Am Küchenplan, haben Sie gesagt?« Barbara Steinkellner hat einen Account als Katharina Grün. Warum? Was bedeutet das?

»Ja, da steht neben jedem Gast und den Sonderwünschen auch ihre persönliche Betreuerin. Damit die Küche mit ihr reden kann, wenn etwas unklar ist. Und den Gast selbst nicht stören muss. Wie heißt die Dame?«

»Barbara Steinkellner.«

»Kleinen Moment.«

Ich hoffe, dass niemand auftaucht. Barbara Steinkellner postet Klimafreundliches als Katharina Grün. Warum nicht mit ihrem Klarnamen? Weil ihr Mann das nicht will?

»Oh, da haben wir sie. Eine sehr Sympathische. Ohne irgendwelche Sonderwünsche. Ihre Betreuerin ist Schwester Anna.«

»Und Sie haben eine Ahnung, wo ich die finden kann?«

Die beiden sehen synchron auf die Uhr.

»Sie müsste gleich zurückkommen. Sie leitet die Yogakurse im Nachbardorf. Aber um fünf …«

»Ist gemeinsames Gebet.«

»Nein, tägliche Dienstbesprechung.«

»Sie hat ein Auto?«

»Ja, ein kleines, in Rot. Sie nennt ihn ›das Nockerl‹, so klein ist es. Der Personalparkplatz ist ums Eck vom Besucherparkplatz. Sie ist nett. Sie macht auch einen Yogakurs für uns Arbeiterinnen.«

»Sie sind keine … Schwestern?«

Die Syrerin schüttelt den Kopf. Bilde ich mir das ein, oder lächelt sie ein wenig süffisant? »Es gibt Arbeiterinnen, so wie wir in der Küche. Und es gibt Schwestern für Direktkontakt mit Gästen. Aber natürlich wir sind alle gleich.«

»Sie redet gerne mit uns«, ergänzt die zweite Küchenarbeiterin. »Ich glaube, ihre Eltern haben ein Gasthaus gehabt.«

Ich gehe zum Parkplatz. Ein kleiner roter Wagen ist nirgendwo zu sehen.

Kann gleich mit persönl. Betreuerin reden, schreibe ich.

Sie ist Grün, schreibt Vesna zurück.

Ich weiß.

Da, der rote Kleinwagen. Eine Frau im Outfit der Kontakt-Schwestern steigt aus.

»Ich möchte meine Freundin überraschen«, beginne ich.

Sie sieht auf die Uhr. Ich werfe einen verstohlenen Blick auf meine. Fünf vor fünf.

»Und wie kann ich dabei helfen?«

»Barbara Steinkellner, sie hat sehr von Ihnen geschwärmt.«

»Das ist nett. Und ich dachte schon ...«

»Was?«

Die Betreuerin schüttelt den Kopf. »Unsere Dienste sind vertraulich.«

»Ich hatte das Gefühl, dass sie sich viel zu sehr zurückzieht«, improvisiere ich. »Ich mache mir ehrlich gesagt Sorgen um sie. Sie müsste einmal raus. Nicht, dass es hier nicht schön wäre, aber ...«

Sie nickt. »Ich verstehe, was Sie meinen. Ich hab ihr etwas Ähnliches geraten. Sie werden ja von der Sache mit ihrem Mann wissen, oder?«

»Ja, wobei ich nie geglaubt habe, dass er ...« Wenn man eine weltliche Schwester vor einem ehemaligen Kloster anlügt, streift einen dann der Blitz? Sofort? Immerhin ist die Sonne schon untergegangen. Vielleicht sieht man dann nicht so gut. Von oben.

»Vor Kurzem hat sie sich wenigstens mein Auto ausgeliehen und ist ein wenig durch die Gegend gefahren.«

»Hat sie ihren ... Sportwagen nicht mit? Ich kenn mich mit Autos nicht aus, aber ...«

»Doch, er steht in der Garage dort drüben. Sie hat gesagt, er will nicht mehr so recht. Er spinnt. Irgendetwas mit der Zündung. Ich wollte schon den Mechaniker holen, aber sie hat gemeint, den greift besser nur ihre Werkstatt an und wenn ich ihr das Auto borge, sei das nicht dringend.«

»Ach du liebe Güte, da wollte sie mich vielleicht besuchen. Wann war das?«

»Letzte Woche. Am Dienstag. Ich weiß es deswegen so genau, weil ich den Bus ins Nachbardorf genommen habe. Am Dienstag ist Seniorenyoga. Herr Hartlieb hat mich zurückgefahren. Ein gewisses Risiko, der Mann ist über neunzig, aber er fährt nur auf Nebenstraßen und langsam. Und es sind ja nur ein paar Kilometer.«

»Keinen Führerschein mehr, das trifft gerade Männer tief«, erwidere ich verständnisvoll. Dienstag. Es war der vergangene Dienstag. Als wir zum Neuhof bestellt worden sind.

»So ist es. Bei Yoga schaut er ohnehin nur mehr zu, aber das offenbar gerne. Es tut mir leid. Wir haben Dienstbesprechung. Ich muss …«

»Nur eines noch … Da ist eine Sache mit einem orangen Schal. Er gehört eigentlich mir … Nur falls Sie irgendwann …«

»Der Schal? Seltsam.«

Mein Herz macht einen völlig irregulären Hüpfer.

»Sie haben ihn gesehen?«

»Wenn es dieser orange Schal ist, dann wollte ich ihn zur Wäsche geben. Wir haben Säcke für die Dinge, die unsere Gäste gewaschen haben wollen. Aus feiner Baumwolle. Wir vermeiden Plastik, wo es geht. Frau Steinkellner war bei einem Massagetermin und ich hab ihre Sachen zusammengesucht, den Wäschereitermin davor hatte sie verpasst und sie hat mich gebeten, sie beim nächsten Mal daran zu erinnern. Da gab es gerade den fürchterlichen Verdacht gegen ihren Mann. Ich wollte ihr das abnehmen.«

»Und dann wurde der Schal gewaschen?«

»Ich muss …«

»Bitte, es ist wichtig.«

Sie sieht mich forschend an. »Na, besonders vertraulich ist die Sache ja nicht. Auf alle Fälle ist sie beinahe ungehalten worden. Es stimmt schon, der Sack mit dem Schal war an einem anderen Platz als ihre restliche Schmutzwäsche, aber ich dachte … Sie hat es bemerkt, bevor noch alles in die Wäsche ging.«

»Was hat sie gesagt?«

»Nicht viel. Sie ist ein zurückhaltender Mensch. Es ist ein

ganz normaler Schal, aus dünnem Baumwollstoff. Ich wäre nie auf die Idee gekommen, dass man den nicht waschen darf. Er war im Sammelbehälter, noch mit dem Sack herum. Ist er tatsächlich so kostbar?«

»Ein Erinnerungsstück.«

»Das eigentlich Ihnen gehört? Wahrscheinlich hat sie ihn deswegen hinter ihren Koffer gelegt. Tut mir leid.«

»Alles bestens. Ich will Sie nicht länger aufhalten.«

Ich versuche in üblichem Tempo zum Eingang zu gehen. Das ausgeborgte Auto. Klar. Mit einem Sportwagen fällt man auf. Der orange Schal. Die Zeit passt. Ich bemerke jetzt erst, dass die Wohlfühlschwester nicht mehr neben mir ist. Sie steht in einem Seiteneingang und sieht mich irritiert an.

»Danke, danke vielmals«, rufe ich zu ihr zurück.

Schal war bei ihr, tippe ich und schicke es Vesna. Wir müssen Barbara Steinkellner finden. Sofort. Wenn sie erfährt, dass ich mit ihrer Betreuerin gesprochen habe, ist sie weg. Gut möglich, dass ihr Sportwagen tadellos funktioniert. Keine Zeit, uns abzusprechen. Keine Zeit, genau über alles nachzudenken. Aber es passt. Es ist, als wären alle Steinchen mit einem Mal auf den richtigen Platz gefallen. Inzwischen ist es stockdunkel. Das alte Klostergebäude mit seinen modernen Anbauten wird geschickt von unten angestrahlt. Es wirkt heimelig, tatsächlich wie eine Oase unter dem unendlichen Himmel. Durch die großen Glasscheiben sehe ich den Pool, Menschen auf Liegen. Nicht Urlaub, sondern Erholung. Alle entspannt. Fast alle. Ich sollte zurück zum Personaleingang. Falls Barbara Steinkellner in der Lobby … Offenbar gibt's für die Schwestern und Arbeiterinnen einen anderen Zugang als für die zahlenden Gäste. Wenn schon. Die Tür geht auf. Eine, die vorzeitig die Dienstbesprechung verlässt? Vielleicht gibt's auch hier ab und zu Ärger. Oder will mir die persönliche Betreuerin noch etwas sagen? Zu wenig Licht, um jemanden zu erkennen. Die Scheinwerfer beleuchten bloß die

Vorzeigeseite des alten Klosters. Jedenfalls ist es der Schatten einer Frau. Sie geht schnell, fast läuft sie. Dort drüben sind die Garagen, die Betreuerin hat in diese Richtung gedeutet, als wir vom Sportwagen gesprochen haben. Ich muss mich entscheiden. Will ich ins Haus, oder will ich sehen, wer die Frau ist und was sie so eilig zu tun hat? Ein paar Minuten spielen wohl keine Rolle. Immerhin, Vesna weiß Bescheid. Sie wird nach Barbara Steinkellner suchen. Ich eile der Frau nach. Sie zieht etwas aus ihrer Tasche. Ich bleibe abrupt stehen. Sie dreht sich um und starrt mich an. Barbara Steinkellner.

»Geht Ihr Wagen doch?«, frage ich und konzentriere mich auf das Ding in ihrer Hand.

»Was machen Sie hier?«

»Kurzurlaub. Mit einer Freundin.«

»Warum sollte mein Auto nicht gehen?«

Ich suche nach einer Deckung. Geöffnete Beifahrertür. So hat es Nemecek gemacht. Aber das Auto steht drinnen. Und ich ungeschützt auf der asphaltierten Fläche zwischen Seiteneingang und Garagen. »Weil es letzte Woche offenbar nicht funktioniert hat. Man hat Sie in einem kleinen roten Auto gesehen. Bei einem Kriegerdenkmal. Ein schönes Stück von hier entfernt.«

»Ich hatte eine seltsame Nachricht bekommen.«

»Italienische Nummer?«

»Ja, genau. Woher wissen Sie? … Wir sollten uns unterhalten, jetzt muss ich allerdings weg, aber ich bin bald wieder da. Wie wäre es mit einem gemeinsamen Abendessen?«

»Wir unterhalten uns jetzt. Und Waffe weg.« Ich versuche, dass es so klingt wie bei Nemecek.

»Was für eine Waffe?«

»Lassen Sie das fallen.«

»Es ist der Garagenschlüssel.«

»Los!«

Etwas klirrt auf den Boden. Ein Schlüssel. Ich hole tief Luft.

»Was soll das?«

»Es ist zwecklos«, sage ich. Das Adrenalin pumpt in mir, als wollte es aus allen Poren kommen. Wenn ich kollabiere … Sie ist Krankenschwester. Aber ob sie mir helfen würde? Oder … »Sie haben Julia getötet. Mit einem passenden Medikamenten-Cocktail. Und sie dann ins Auto gesetzt.«

»Wie kommen Sie auf so etwas Verrücktes? Ich werde jemanden vom Hotel holen. Ich werde rufen.«

»Ja, rufen Sie. Dann erspare ich es mir, die Polizei zu verständigen. Ihr Mann. Sie hätten ihn unschuldig wegen Mordes drankommen lassen. Aus Rache?«

Jetzt bin ich ganz nah bei ihr. Auf Armlänge entfernt. Sie starrt mich an. »Nein. Das hab ich nicht. Das hätte ich nie …«

»Und warum dann die Flucht?«

»Flucht? Ich habe einen Termin!«

»Sie haben mitbekommen, dass wir hier sind und nach Ihnen fragen. Nicht alle im Haus sind verschwiegen. Das sind keine Trappisten-Nonnen.«

»Es gibt nur Trappisten-Mönche.«

»Außerdem.«

Schritte hinter mir. Ich fahre herum.

»Wir wissen vom Schal.« Vesna lächelt schief.

Barbara Steinkellner ist zurückgewichen und lehnt an der Garagenwand. Sie schert sich nicht darum, dass ihre elegante beige Jacke schmutzig werden könnte. Sie sieht mich an, dann Vesna. »Keine Ahnung, was Sie sich da zusammenreimen.« Ganz plötzlich reißt sie die Garagentür auf, schlägt die Tür hinter sich zu. Vesna ist mit einem Satz dort, sie rüttelt. Abgesperrt. Die Schlüssel auf dem Boden. Ich begreife nicht. Ich begreife doch. Das leise Klicken. Ich renne hin, hebe sie auf. Klick. Vesna ist drinnen. Ein starker Motor heult auf. Ich muss weg, ich bin genau im Weg, wenn sie … Der Motor stirbt ab. Nur fünf Schritte bis zur Garage. Vesna sitzt am Beifahrersitz. Barbara Steinkellner hängt halb über dem Lenkrad. Ich reiße die hintere Tür auf, lasse mich in die hellen Lederbezüge fallen. »Ist sie ohnmächtig? Was hast du …«

»Nein. Nur verzweifelt, glaube ich. Sie weiß, dass es vorbei ist.«

»Was hast du …?«

»Katharina Grün, habe ich gesagt, und der Roman.«

Eine Zeit lang ist alles still. Dann schlägt eine Turmuhr, irgendwo weit weg.

»Erzählen Sie«, sage ich langsam. »Kann es so begonnen haben? Alle waren wichtig, nur Sie nicht.«

Barbara Steinkellner hebt den Kopf und dreht sich halb zu mir um. »Das war mir kein Problem. Ich war immer … die Frau hinter dem erfolgreichen Mann. Gerne. Aber dann ist sie gekommen.«

»Die Junge. Die selbst Erfolgreiche«, füge ich leise hinzu.

Sie lächelt bitter. »Er hat mir begeistert von ihr erzählt, wir haben mehr miteinander geredet als in den Jahren davor. Trotzdem hat es eine Zeit lang gedauert, bis ich gemerkt habe, was dieses Projekt für ihn so besonders macht. Ich habe mir einfach nicht vorstellen können …«

»Die beiden hatten nichts miteinander«, murmle ich.

»Unsinn.«

»Julia war mit Martin Prager zusammen.«

»Das sagen Sie nur …«

»Warum sollte ich? Ihr Mann hat vielleicht von ihr geschwärmt, aber sie hatten keine Beziehung.«

»Sie und Martin Prager? Der Wissenschaftler? Man hat die beiden nie miteinander gesehen. Jemand hätte davon erzählt.«

»Sie wollten das nicht.«

»Sie wollte das nicht. Damit sie allein im Rampenlicht steht, oder?«

»Wir wissen es nicht genau. Er ist aus New York zurückgekommen, um in ihrer Nähe zu sein.«

»Was hat diese Frau?« Das schreit Barbara Steinkellner fast.

»Gehabt«, setzt Vesna trocken hinzu.

»Ich wollte nicht, dass sie stirbt. Das müssen Sie mir glauben, Sie müssen es den anderen sagen.«

Vesna schüttelt den Kopf. »Ach, wollten Sie nicht? Und auch nicht Mira und Jana und ihr Baby und die Leute im Haus?«

»Nein. Es war … für meinen Mann. Ich wollte nicht, dass er wegen mir …« Sie dreht sich in meine Richtung. »Sie haben es gesagt. Und es ist falsch. Ich hätte nie zugelassen, dass mein Mann ins Gefängnis geht. Um diese Hooligans, um die ist es nicht schade. Die haben mehr angestellt als ich in meinem ganzen Leben.«

»Was war an diesem Abend, an dem Julia vom Hochwasser am Markusplatz zurückgekommen ist«, frage ich. »Was ist … passiert?«

»Passiert … Vieles. Schon lange. Und am Tag davor. Ich war beim Geburtstagsfest unserer Freunde. Herbert hatte wieder einmal keine Zeit. Geschäfte. In Wirklichkeit war es anders. Er musste da sein, weil er einen Tesla für sie hatte. Er schwänzt das Fest unserer Freunde und seines Geschäftspartners, um ihr ein Auto zu Füßen zu legen. Einen Tesla, natürlich, darunter hätte sie es nicht getan. Ich habe sehr schnell davon erfahren.« Sie lacht. Ich habe noch nie ein Lachen gehört, das derart nach Weinen klingt.

»Sie hat ihn abgelehnt«, sagt Vesna.

»Was? Das ist eine Lüge!«

»Alle im Hauptquartier haben das gewusst«, ergänze ich. »Haben Sie mit niemandem gesprochen?«

»Doch, habe ich. Mit der Haushälterin, aber die kann nur Italienisch. Und mit ein paar jungen Leuten, die ich gefragt habe, wo der Tesla steht. Sie haben mir gezeigt, wo. Und so spöttisch dreingesehen, das kann man sich gar nicht vorstellen. Da war null Mitleid. Warum auch? Mit der dummen Frau des Sponsors?«

»Wer hat Ihnen die Sache mit dem Tesla erzählt?«

»Katharina Gugger. Sie hat mir gesagt, dass sie gerne mitarbeiten würde. Mein Mann hat das gut gefunden. Kurz habe ich schon gedacht … Sie hat ein bekanntes Gesicht. War sehr populär als Wettermoderatorin. Aber … ihre Zeit ist vorbei. Wissen Sie, was sie gesagt hat? ›Wer jung und blond ist und im nassen Shirt gute Figur macht, der bekommt, was er will.‹«

»Und dann?«, frage ich weiter.

»Hat sie darüber geredet, dass ihr das inzwischen egal sei, dass es um viel Wichtigeres gehe. Die Rettung der Erde und so. Und dass dieses ›populistische Girl‹, so hat sie sie genannt, die Falsche dafür wäre. Ich bin gegangen. Ich konnte nur mehr daran denken, dass er ihr einen Tesla geschenkt hat, während er bei der Geburtstagsfeier hätte sein sollen.«

»Und irgendwann ist Julia zurückgekommen«, fahre ich fort.

»Ich … Ich wollte mit ihr reden. Ich hatte den Eindruck, jetzt ist es genug. Ich kann nicht mehr alles hinnehmen. Ich habe gehört, wie jemand ein Auto geparkt hat. Ich habe Herberts Jacke genommen, mich friert leicht am Abend. Ich habe gesehen, dass sie es ist. Sie hat gedacht, es ist er, wegen der Jacke. Sie hätten hören sollen, mit welcher Stimme sie ›Herbert‹ gesagt hat, ganz weich, ganz anders als sonst, da weiß man alles.«

»Sie hat Tesla abgelehnt, jetzt wollte sie ihn wieder friedlich stimmen«, knurrt Vesna.

»Friedlich? Sie haben sie nicht gehört. Ich habe gesehen, dass sie allein ist. Ich habe sie bloß geschubst. Sie ist getaumelt, gegen die Wand. ›Barbara‹, hat sie gesagt, als ob sie es nicht glauben kann. Ich wollte nicht, dass uns jemand sieht, ich habe gesagt, wir setzen uns in das Auto und wir reden. Endlich Klartext. Ich lasse mir das nicht gefallen, er wird mich nie verlassen. Sie hat nur gelacht und ich habe gemerkt, dass sie nicht sicher auf den Beinen ist. Betrunken, habe ich mir gedacht, aber dann habe ich mich erinnert, dass Herbert sie so unendlich bedauert hat, weil sie verkühlt ist. Wie heldenhaft, sich trotzdem ins kalte Wasser zu stellen, damit die Welt ihre Bilder hat. Um *sie* ging es ihr, nicht um die Bilder. Wir haben uns ins Auto gesetzt und sie hat Schüttelfrost gehabt. Ich wollte bloß helfen. Ich habe für den Fall der Fälle einen Shot gehabt, nichts Starkes, nur etwas zum Entspannen. Für mich. Ich habe gesagt, das soll sie nehmen. Sie hat mich seltsam angesehen. Die Augen waren fiebrig, das erkenne ich, auch wenn ich schon lange nicht mehr als Krankenschwester arbeite. Sie hat das genommen. Und ich habe sie gefragt, was sie vorhat, mit meinem Mann. Sie hat nichts mehr gesagt, sie hat geschlafen.«

»Sie war ohnmächtig«, präzisiert Vesna.

»Ein tiefer Schlaf, die Grenzen sind fließend, sie hat regelmäßig geatmet.«

»Und Sie sind ausgestiegen und haben Heizung auf Vollbetrieb gedreht und das Auto angelassen, alles aus Mitleid«, murmelt Vesna.

»Ich weiß selbst nicht, wie es gekommen ist … Da war auf einmal der Gedanke. Es ist so einfach, man kann ihr drohen … Natürlich wacht sie auf, oder es entdeckt sie jemand, aber sie wird verschwinden, sie wird nicht weitermachen, alles wird wieder wie zuvor …«

»Der Schal«, sage ich. »Julia hatte den orangen Schal um. Das Labor hat festgestellt, dass er um ihren Mund gewickelt war, eine Zeit lang.«

»Unsinn, vielleicht hat sie ihn um den Mund gehabt, weil sie gefroren hat.«

»Warum haben Sie den Schal mitgenommen?«

»Ich weiß nicht«, sagt Barbara Steinkellner leise.

»Als Sie Ihrem Mann ein falsches Alibi gegeben haben, da war es eigentlich für Sie«, stellt Vesna fest.

»Ich … Ich hatte keine Ahnung, wie spät es war, das müssen Sie mir glauben.«

»Und wie kommt es, dass auf dem orangen Schal keine Fingerabdrücke waren?«, frage ich.

»Da waren keine? Vielleicht war das gar nicht ich. Kann sein, ich habe das alles geträumt. So ist es mir schon länger vorgekommen. Man hat mich unter Drogen gesetzt …«

»Und Ihnen dann Schal untergejubelt und später haben Sie zwei von Natio auf Mira gehetzt. Und danach die Aktion mit Schal und Martin Prager und das Feuer … Sie wissen, wodurch wir stutzig waren?«, fragt Vesna.

Barbara Steinkellner schüttelt den Kopf.

»Es war zu viel«, sage ich. »Sie wollten, dass alle verdächtig sind, nur nicht Ihr Mann. Und wenn wir bei unseren Recherchen etwas abbekommen, dann ist das eben so. Vielleicht hat Vesna an etwas anderes zu denken, wenn ihre Tochter Jana bei einem Brand ums Leben kommt? Oder ihr Baby stirbt? Aber der falsche Mail-Account. Kaum jemand wusste von dem Manuskript.«

»Ich … Ich bin ein Mensch, ich mache Fehler. Ich kann doch nicht so weit gehen und dann zulassen, dass unsere Ehe doch zerstört wird. Weil mein Mann unschuldig ins Gefängnis muss. Sie selbst haben mir von dem Roman erzählt. Ich dachte, das wäre eine gute Idee, ihn zu verbrennen. Um abzulenken. Damit klar ist, das hat nichts mit meinem Mann zu tun. Was soll viel passieren? Ein kleines Feuer.«

»Und für den Schal hatten Sie endlich auch eine Verwendung. Wen sollte er eigentlich in Verdacht bringen?«

»Es war doch egal. Entweder die glauben, diese fürchterlichen Hooligans haben ihn immer schon gehabt, oder sie glauben, dieser Martin Prager hatte ihn. Oder er verbrennt.«

»Nur dumm, dass Ihre persönliche Betreuerin ihn gesehen hatte.«

Barbara Steinkellner funkelt mich wütend an. »Sie hat getratscht? Sie sind zur absoluten Verschwiegenheit …«

»Sie hat die Zusammenhänge nicht gekannt. Sie hat mir davon erzählt. Und davon, dass Sie sich ihr Auto ausgeborgt haben.«

»Das war ein … völlig unzulässiger Vertrauensbruch. Ich werde mich beschweren, sie …«

»Die anderen sind also schuld, wahrscheinlich auch daran, dass die Jacke Ihres Mannes im Vorzimmer hängt«, höhnt Vesna.

»Ich … Ich habe nicht mehr daran gedacht. Niemand konnte Herbert verdächtigen. Julia war doch sein Goldstück, für sie hat er doch alles getan.«

»Und warum keine Fingerabdrücke von Ihnen auf der Jacke? Und auf dem Schal?«

»Ich … Ich habe Handschuhe getragen. Ich friere leicht.«

»Es hat über zehn Grad gehabt, selbst in der Nacht.«

»Zu kalt für mich, fragen Sie meinen Mann.«

»Die von Natio: Kevin Schmolle und Kogler. Woher haben Sie …«

Vesna fällt mir ins Wort. »Wir wissen inzwischen. Kevin ist Sohn von ehemaliger Kollegin. Wir haben die Fotos herumgezeigt, du erinnerst dich? Sie hat ehemalige Kollegin angerufen und gesagt, sie hat vielleicht eine gute Arbeit für ihren Sohn.«

»Seine arme Mutter hat nichts als Ärger mit ihm gehabt, sie hat mir ihr Herz ausgeschüttet. Allein die schrecklichen Typen, mit denen er unterwegs war. Und dieses Nazi-Computerspiel …«

»C-Floda«, sage ich. »Sie waren C-Floda.«

»Die wissen gar nicht, in welcher Welt sie leben, und dass ihre Mütter für sie arbeiten, während sie tun, als wären sie die nächsten Herren der Welt. Dabei so dumm. Der Herr Philosophiestudent ist mir sofort auf den Leim gegangen. Was kann ich dafür, wenn der an einen Nazi-Führer aus dem Cyberspace glaubt?«

»Vielleicht er hat auch geglaubt, dieser Floda ist in Wirklichkeit GS und muss sich tarnen«, murmelt Vesna.

»GS? Was ist das? Damit habe ich nichts zu tun, ich lasse mir nichts anhängen. Jedenfalls. Um die ist es nicht schade. Seine Mutter tut mir leid. Eine liebe Person, vielleicht zu …«

Starkes Licht. Vesna packt Barbara Steinkellner am Arm. Aber sie macht keine Anstalten zu fliehen.

»Steigen Sie langsam aus«, sagt eine Stimme durch ein Megafon. Nemecek ist es nicht. Logisch, wir sind in einem anderen Bezirk.

»Sie sitzt am Fahrersitz«, sagt Vesna ins blendende Licht.

»Aussteigen und Hände auf das Autodach. Alle!«, bellt eine Stimme.

Ich sehe Vesna an.

»Mach es. Aber pass auf, dass sie nicht an dir vorbeikann.«

»Und wohin?«, sagt Barbara Steinkellner müde. »Wohin sollte ich noch?«

18

»Warum hat niemand gesagt?«, schreit Vesna.

Ich renne neben ihr her. »Beruhig dich, das Kind ist schon da. Beiden geht es gut.«

»Ich hätte bei Jana sein sollen, wenn sie schon keinen Mann …«

Die Schwester, die mit uns durch die Gänge fegt, keucht: »Warum kein Mann? Da sind zwei.«

»Was, zwei? Wer?« Vesna bleibt abrupt stehen.

Ich laufe in meine Freundin hinein, wir taumeln beide, eher halte ich sie, als sie mich.

»Wie soll ich sie kennen«, sagt die Schwester. »Nette Männer, sympathisch.«

»Natürlich«, sagt Vesna. »Menschen von anderswoher sind gleich sympathisch wie Menschen von hier.«

»Auch du bist von anderswo gekommen«, erinnere ich Vesna.

»Ja, aber aus Nachbarland. Egal, ich werde mich freuen. Zwei Männer also. Ich freue mich. Hauptsache, das Mädchen ist gesund.«

»Mädchen? Es ist ein Bub. Ein ganz süßer Bub«, flötet die Schwester.

»Man kann sich täuschen«, grinse ich und ziehe Vesna weiter.

Die Tür zum Zimmer ist nur angelehnt. Ich sehe, wie meine Freundin Luft holt. Ich streichle ihren Oberarm. Sie wirft mir einen hilfesuchenden Blick zu. Vesna und hilfesuchend.

»Ich werde einfach Oma mit dir«, flüstere ich.

Jana liegt in einem weißen Bett. Es ist breiter als die üblichen Krankenhausbetten. Aber das ist auch eine besondere Klinik. Barbara Steinkellner. Nein, jetzt ist anderes wichtiger. Beim Bett steht Fran. Und Oskar. Und in Janas Armen liegt ein winziges Geschöpf mit vielen schwarzen Haaren. Zart und rosig und viel weniger zerdrückt, als ich angenommen hatte.

»Ein wunderschönes Kind«, sagt Vesna beinahe feierlich. Sie geht auf Jana zu, küsst ihre Tochter auf die Stirn, berührt das Baby ganz sanft mit den Fingerspitzen. »Hallo Kind«, sagt sie. »Ich bin Vesna. Oma.«

Oskar sieht so stolz drein, als wäre er der Vater.

»Wie?«, frage ich leise.

»Fran hat mich angerufen. Er hat euch nicht erreicht, er war gerade auf der Autobahn, als es geheißen hat, es war doch kein falscher Alarm.«

Jana lächelt. »Aber Fran ist rechtzeitig gekommen. Also habe ich doch einen Mann an meiner Seite gehabt.«

»Es war … beeindruckend«, sagt Fran.

»Ihm wär fast schlecht geworden«, ergänzt Jana. »Aber er hat brav meine Hand gehalten. Sie haben alle geglaubt, er ist der Vater.«

»Und dann hat sie mitten in den Wehen gesagt, wir machen doch keinen Inzest. Ihr hättet sehen sollen, wie die geschaut haben.«

»Und ich habe schon gedacht …«, murmelt Vesna.

»Sie hat gedacht, es gibt zwei Väter. Zuerst keinen und dann sagt die Schwester, da sind zwei Männer«, lache ich.

»Leicht kann man es Mam nicht recht machen«, strahlt Jana.

»Aber es gibt Fälle, da passt es schon«, sagt meine Freundin.

DANKE!

an **Maria Balas**, zuständig für Umweltfolgenabschätzung und Klimawandel im österreichischen Umweltbundesamt. Sie hat mich beraten und mit hochinteressanter Literatur versorgt. Danke auch an ihre Tochter Julia, die uns zusammengebracht hat. Die beiden waren bei einer Lesung mit Menü im wunderbaren Parkhotel Pörtschach. Danach hat sie mich angesprochen. Ihre Mutter fände einen Klima-Krimi spannend … Ich hatte das Thema zu dieser Zeit bereits in der engeren Auswahl und nach kurzer Zeit war klar, dass ich mit Maria Balas eine perfekte (und sehr sympathische) Recherche-Partnerin gefunden habe. Wer mehr wissen möchte, kann auf der Seite des Umweltbundesamtes und den angeschlossenen Links sehr viel finden.

https://www.youtube.com/
watch?time_continue=6&v=wcocbG4SjaQ

an **Claudia Koreimann**, liebe Freundin und äußerst kompetente Botschaftsrätin in Brüssel. Sie hat mir die notwendigen internationalen Türen geöffnet – und ihre Gastfreundschaft und Großzügigkeit, mit der sie auch meine Lesungen in Brüssel organisiert hat, sind einzigartig.

an den österreichischen Bundespräsidenten **Alexander Van der Bellen** und sein Team – wenn sich alle hochrangigen Politiker*innen so glaubwürdig und beständig für Klimaschutz einsetzen würden, gäbe es mehr Grund für Zuversicht.

www.bundespraesident.at

an **Monika Langthaler** und ihr Team von Brainbows für viele fachkundige Infos und für die Organisation der Initiative R20 AUSTRIAN WORLD SUMMIT, einer ganz wichtigen internationalen Plattform für Klimaschutz.

www.brainbows.com

an **Florian Ladengruber**, den realen Bezirkspolizeikommandanten von Mistelbach, der *natürlich* nur insoweit mit dem völlig frei erfundenen Fritz Nemecek zu tun hat, als dass beide sehr sympathisch und zum Glück auch immer wieder unkonventionell sind. Eben einfach Freunde und Helfer.

an das Team von **science.orf.at** – die Artikel auf der Webpage des ORF sind hochinteressant, informativ und eröffnen immer wieder neue Perspektiven, ich habe sie bei meiner Recherche intensiv genutzt.

an **Annalisa** und **Roberto** von der **Casa Orter** in Risano. Ihr kleines feines Hotel in einem Landhaus aus dem 19. Jahrhundert und die herausragenden friulanischen Menüs von Roberto haben mich zur Casa Moser im Buch inspiriert. Und wer Glück hat, erlebt dort auch noch musikalische Überraschungen …

an **La Tazza d'oro**, die ganz besondere Kaffee-Manufaktur auf Sardinien, deren Kaffee Mira genauso schätzt wie ich. Weil ich immer wieder gefragt werde: Ich trinke am liebsten die Miscela d'oro und beziehe sie (wie viele andere sardische Spezialitäten) über meine Freunde von Sardinienprodukte. *So* ist Versandhandel in Ordnung.

an die Profis, ohne die (auch) dieser Kriminalroman in dieser Form nicht entstanden wäre. Bereits zwanzig Mira-Valensky-Krimis, dazu noch einige Sachbücher, ein Kochbuch und der

Roman PATRIOTEN verbinden mich mit dem **Folio Verlag**. Marylou, Ludwig, Hermann, Uli, Adele, Daniela, Elisabeth: danke für eure Arbeit und ganz besonders für eure freundschaftliche Zuneigung und euer Vertrauen. Egal, mit welchem Thema ich komme, ihr seid dabei. Und ein ganz besonderes Dankeschön an Joe, meinen Lektor. Es ist ausgesprochen beruhigend, einen so klugen und entspannten Menschen an meiner und Miras Seite zu wissen. Ich habe großes Glück, bei Folio gelandet zu sein, der Verlag besteht aus einigen wenigen Menschen, die individualistisch, professionell und mit unbezahlbarem Einsatz Bücher machen – für Menschen, die ähnlich ticken wie sie und an die Abenteuer im Kopf glauben. Auch wenn das ein wenig abgedroschen klingt, aber in Zeiten, in denen Konzerne immer mehr bestimmen und der Profit im Mittelpunkt steht, ist mir das besonders wichtig.

an **Claudia Müller**, meine Freundin und Lektorin bei **Lübbe**. Allein unsere Abende in Köln … Wer sonst könnte mir echte Kölner Kneipen zeigen und mit mir dann dort bei ausreichend Bier und Wein und authentischer Küche über romanische Kirchen und isländische Literatur reden? Sie war es auch, die mich unterstützt hat, diese Ausgabe zu aktualisieren. Ganz besonderer Dank auch an **Birgit Lübbe**, für wunderbare Gespräche und so wichtige Bestärkung.

an die vielen wunderbaren Menschen, die mich einladen, bei ihnen zu lesen und zu erzählen, die meine Bücher verkaufen und verborgen, die manchmal mit Mira und Vesna leben wie mit lieben Freundinnen. Ich kann hier nicht alle aufzählen, nur eines noch, weil es mit unser aller Zukunft (und damit meine ich nicht bloß die der Branche) zu tun hat: Kaufen Sie Ihre Bücher bitte in Buchhandlungen – oder auch in den Onlineshops der Buchhandlungen, lassen Sie sich beraten und verführen, nutzen

Sie das großartige Angebot unserer Bibliotheken und Büchereien und lassen Sie internationale Alles-Verhökerer einfach allein im Netz. Beim Hauptverband des Buchhandels finden Sie (auch) die Liste der Buchhandlungen in Österreich; für Deutschland läuft das über den Börsenverein des Deutschen Buchhandels; für die Schweiz über den Schweizer Buchhändler- und Verleger-Verband.

www.buecher.at/hvb-buchhandlungen/
https://www.boersenverein.de/de/portal/Buchhandel/158352
https://www.sbvv.ch/who-is-who

an **Gerda** und **Joschi Döllinger**, die quasi Testsubjekte meiner Idee wurden, einen Kriminalroman über die mörderischen Facetten der Erderhitzung zu schreiben. Bei ihnen erlebe ich, wie Generationen nachwachsen und was es bedeutet, über die eigene Zeit hinauszudenken. Danke auch an die nächsten Generation im Weingut, Matthias und Kathi, und die übernächste Generation, Leon, für Inspiration … auch durch wunderbare Weinviertler Weine und die Sonderedition zu HEISSZEIT 51 … Zur Taschenbuchausgabe noch eine traurige Anmerkung: In der Zwischenzeit ist unsere Freundin Gerda rasch und unvorhergesehen gestoben. Es gibt Verluste, die lassen sich nicht kompensieren. Wahrscheinlich ist mir aber gerade dadurch der Wert des Lebens noch deutlicher geworden – und unsere Verantwortung für das Leben der anderen.

www.doellinger.at

an **Manfred Buchinger**, in dessen Gasthaus »Zur Alten Schule« ich noch immer koche, wenn ich da bin und Zeit habe. Er ist das schrägstmögliche Korrektiv, wenn ich mich in meiner Welt verrenne … und gleichzeitig liebevoller »Versteher«. Eigentlich der Bruder, den ich niemals hatte – und mit meiner Lieblings-Schwester (nicht nur, weil sie die einzige ist) Elisabeth rennt auch der Schmäh. Familie kann man sich nicht aussuchen, heißt es an einer Stelle im Buch. Ich würde keine andere haben wollen.

an **Ernest**. Hätte ich je Zweifel, dass die Welt zu schön ist, um zerstört zu werden, er würde sie ausräumen. Allein durch das Glück, mit ihm leben zu dürfen.

… Übrigens, weil ich immer wieder gefragt werde: Wenn ich Tipps gebe, dann mache ich das nie gegen Bezahlung, sondern weil ich weitererzählen will, was mir (und Mira) besonders gut gefällt …

Literaturhinweis

Fachliteratur zum Thema gibt es inzwischen unendlich viel, neben den Büchern von Helga Kromp-Kolb finde ich besonders interessant, verständlich und umfassend: Stefan Rahmstorf/Hans Joachim Schellnhuber: *Der Klimawandel. Diagnose, Prognose, Therapie*, 8. Aufl. C.H. Beck 2018

Sara Schurmann: *Klartext Klima!, Zusammenhänge verstehen, loslegen und effektiv handeln,* Brandstätter, 2022

Gar nicht so einfach, die Welt zu retten … oder?

Wir alle können dazu beitragen, dass die klimatischen Veränderungen nicht katastrophal werden. Natürlich gilt es, die richtigen, wichtigen politischen Entscheidungen zu treffen. Je mehr wir uns engagieren, je mehr wir als Zivilgesellschaft Druck machen, desto besser. Aber wir können auch selbst etwas tun. Gar nicht selten machen kleine private Veränderungen unser Leben sogar angenehmer.

Hier sind ein paar ungeordnete Ideen. Und, nein, ich habe nicht alle davon verwirklicht. Aber einige schon.

– Mehr Bahn- und weniger Auto- oder Flugreisen. Bahnfahren ist bequem. Man hat mehr Platz, man kann arbeiten, lesen, dösen und ist nicht dauernd in irgendeiner Ankunfts-, Abreise- oder Warteschleife.

– Nahrungsmittel von nebenan entdecken. Was gibt's bei uns? Was hat Saison? Was entsteht mit Respekt vor Lebewesen und Umwelt? Frische Lebensmittel aus der Nähe schmecken gut. Übrigens: Bio ist besser, aber nicht immer. Wenn Bio-Lebensmittel monatelang gelagert werden, dann bauen sie nicht nur wertvolle Stoffe ab, sondern brauchen auch viel Energie. Gleiches gilt für Bio-Produkte von weit her. Ingwer werde ich auch in Zukunft kaufen, ich mag ihn sehr, er hält lange und wird einigermaßen schonend mit dem Schiff transportiert. Auf Bio-Flug-Mangos aus Südamerika verzichte ich – ganz abgesehen davon, dass sie mir zu teuer sind.

– Einfach einmal alle elektrischen Verbraucher im Haushalt zählen. Und dann überlegen, welche man tatsächlich (häufig) braucht. Statt Standby Steckdosen mit Schalter oder Funkkontakt einsetzen. Einen Stromzähler anhängen und sich mit dem eingesparten Strom vielleicht einen neuen Kühlschrank leisten. Wäsche im Zimmer trocknen erspart nicht nur den Trockner, sondern auch einen Luftbefeuchter.

– Keinen Kapselkaffee verwenden, sondern sich die Zeit für frisch gemahlenen Kaffee gönnen. Das Argument, dass die Kapseln recycelt werden, zählt nicht viel: Wenn man sie nicht verwendet, erspart man sowohl Produktion als auch Recycling. Es gibt wenige Produkte, die so unnötig sind.

– Fotovoltaik-Paneele und Energiespeicher statt Swimmingpool. Es wird viel darüber geredet, wie lange es braucht, bis sich so etwas »rechnet«. In der Energiekrise hat man freilich auch gesehen, dass das rascher gehen kann, als prognostiziert. Niemand überlegt, dass wir eine Menge Dinge anschaffen, die sich gar nie rechnen. Ich halte eigene Stromerzeugung und den Weg zu autarker Energieversorgung auch einfach für ein nettes Hobby. Übrigens: Inzwischen gibt es auch schon praktische Paneele für den Balkon, manche sogar mit Energiespeicher.

– Ähnliches gilt für E-Autos. Am umweltschonendsten ist es natürlich, kein Auto zu haben. Aber wenn doch, dann ist Elektroantrieb plus Ökostrom oder selbst erzeugtem Strom eine freundliche Alternative, die (mir) auch noch Spaß macht. Entspannt durch die Landschaft zu gleiten ist einfach schön – und wenn es sein muss: Kein Auto hat so eine Beschleunigung wie Elektro-Flitzer.

– Freiwillig Tempo 100 auf der Autobahn, Tempo 80 auf Landstraßen. Übrigens auch, wenn man elektrisch fährt.

– In den Geschäften und Läden ringsum statt im Internet einkaufen. Es ist persönlicher. Man wird beraten. Man kauft viel eher bloß das, was man wirklich braucht. Und man unterstützt die lokale Wirtschaft. Wer verbraucht mehr Umweltressourcen? Internationale Versand-Konzerne oder die Buchhandlung ums Eck?

– Bei Kleidung überlegen, woher sie kommt und unter welchen Bedingungen sie erzeugt wurde. Lieber weniger und dafür Besseres kaufen.

– Natürlich Plastik vermeiden. Keiner zwingt einen, Plastiksackerl zu verwenden oder Produkte zu kaufen, die mehrfach in Kunststoff eingeschweißt sind.